普通高等教育"十一五"国家级规划教材

21世纪高等学校机械设计制造及其自动化专业系列教材

柔性制造自动化概论

（第二版）

刘延林　编著

陈心昭　主审

华中科技大学出版社

中国·武汉

内容提要

本书是由湖北省教学改革基金支持、为高等学校机械设计制造及其自动化专业编写的一本教材,内容涉及柔性制造自动化系统及其单元技术,包括柔性制造系统(FMS)、柔性装配系统(FAS)、人与柔性制造自动化系统、柔性制造自动化系统的机床特征、柔性制造系统的刀具及刀具管理、工业机器人、自动仓库和自动导向小车(AGV)、柔性制造自动化的控制技术和监视技术、柔性制造系统的计算机管理软件、柔性制造系统的建模与仿真、柔性制造系统的设计、柔性制造系统的开放、基于柔性制造的先进生产模式。

柔性制造自动化是多个学科的高新技术交叉融合的产物,本书绝大部分内容取材于先进工业国家的文献资料,全面反映了当代机械制造自动化的技术特色和发展趋势。全书各章节组成了由面到点、由远到近、内容均衡的体系结构,衬托出柔性制造自动化的完整面貌,展现出多学科成果交叉融合的科技创新道路。

本书立足于入门和应用,因此尽量选用了源于生产、具有示范意义的实例,语言通俗流畅,有较多图例配合文字叙述。本书还有配套的教学光盘,可用来增强教学效果。

本书可作为机械工程、工业工程、工业自动化等学科的教学用书,也适合工程技术人员自学和参考。

21 世纪高等学校
机械设计制造及其自动化专业系列教材
编审委员会

顾问： 　姚福生　　　　　黄文虎　　　　　张启先
　　　　（工程院院士）　（工程院院士）　（工程院院士）

　　　　　谢友柏　　　　　宋玉泉　　　　　艾　兴
　　　　（工程院院士）　（科学院院士）　（工程院院士）

　　　　　熊有伦
　　　　（科学院院士）

主任： 　杨叔子　　　　　周　济　　　　　李培根
　　　　（科学院院士）　（工程院院士）　（工程院院士）

委员： （按姓氏笔画顺序排列）

　　　　于骏一　王安麟　王连弟　王明智　毛志远
　　　　左武炘　卢文祥　朱承高　师汉民　刘太林
　　　　李　斌　杜彦良　杨家军　吴昌林　吴　波
　　　　吴宗泽　何玉林　何岭松　陈康宁　陈心昭
　　　　陈　明　陈定方　张春林　张福润　张　策
　　　　张健民　冷增祥　范华汉　周祖德　洪迈生
　　　　殷国富　宾鸿赞　黄纯颖　童秉枢　傅水根
　　　　廖效果　黎秋萍　戴　同

秘书： 　刘　锦　　徐正达　　万亚军

21世纪高等学校
机械设计制造及其自动化专业系列教材

总　　序

"中心藏之,何日忘之",在新中国成立60周年之际,时隔"21世纪高等学校机械设计制造及其自动化专业系列教材"出版9年之后,再次为此系列教材写序时,《诗经》中的这两句诗又一次涌上心头,衷心感谢作者们的辛勤写作,感谢多年来读者对这套系列教材的支持与信任,感谢为这套系列教材出版与完善作过努力的所有朋友们。

追思世纪交替之际,华中科技大学出版社在众多院士和专家的支持与指导下,根据1998年教育部颁布的新的普通高等学校专业目录,紧密结合"机械类专业人才培养方案体系改革的研究与实践"和"工程制图与机械基础系列课程教学内容和课程体系改革研究与实践"两个重大教学改革成果,约请全国20多所院校数十位长期从事教学和教学改革工作的教师,经多年辛勤劳动编写了"21世纪高等学校机械设计制造及其自动化专业系列教材"。这套系列教材共出版了20多本,涵盖了机械设计制造及其自动化专业的所有主要专业基础课程和部分专业方向选修课程,是一套改革力度比较大的教材,集中反映了华中科技大学和国内众多兄弟院校在改革机械工程类人才培养模式和课程内容体系方面所取得的成果。

这套系列教材出版发行9年来,已被全国数百所院校采用,受到了教师和学生的广泛欢迎。目前,已有13本列入普通高等教育"十一五"国家级规划教材,多本获国家级、省部级奖励。其中的一些教材(如《机械工程控制基础》、《机电传动控制》、《机械制造技术基础》等)已成为同类教材的佼佼者。更难得的是,"21世纪高等学校机械设计制造及其自动化专业系列教材"也已成为一个著名的丛书品牌。9年前为这套教材作序的时候,我希望这套教材能加强各兄弟院校在教学改革方面的交流与合作,对机械工程类专业人才培养质量的提高起到积极的促进作用,现在看来,这一目标很好地达到了,让人倍感欣慰。

李白讲得十分正确:"人非尧舜,谁能尽善?"我始终认为,金无足赤,人无完人,文无完文,书无完书。尽管这套系列教材取得了可喜的成绩,但毫无疑问,这套书中,某本书中,这样或那样的错误、不妥、疏漏与不足,必然会存在。何况形势总在不断地发展,更需要进一步来完善,与时俱进,奋发前进。较之9年前,机械工程学科有了很大的变化和发展,为了满足当前机械工程类专业人才培养的需要,华中科技大学出版社在教育部高等学校机械学科教学指导委员会的指导下,对这套系列教材进行了全面修订,并在原基础上进一步拓展,在全国范围内约请了一大批知名专家,力争组织最好的作者队伍,有计划地更新和丰富"21世纪机械设计制造及其自动化专业系列教材"。此次修订可谓非常必要,十分及时,修订工作也极为认真。

"得时后代超前代,识路前贤励后贤。"这套系列教材能取得今天的成绩,是众多机械工程教育工作者和出版工作者共同努力的结果。我深信,对于这次计划进行修订的教材,编写者一定能在继承已出版教材优点的基础上,结合高等教育的深入推进与本门课程的教学发展形势,广泛听取使用者的意见与建议,将教材凝练为精品;对于这次新拓展的教材,编写者也一定能吸收和发展同类教材的优点,结合自身的特色,写成高质量的教材,以适应"提高教育质量"这一要求。是的,我一贯认为我们的事业是集体的,我们深信由前贤、后贤一起一定能将我们的事业推向新的高度!

尽管这套系列教材正开始全面的修订,但真理不会穷尽,认识不是终结,进步没有止境。"嘤其鸣矣,求其友声",我们衷心希望同行专家和读者继续不吝赐教,及时批评指正。

是为之序。

中国科学院院士

2009.9.9

再版前言

本教材第一版出版后，笔者一直承担着"柔性制造自动化概论"课程的教学任务，并且多次到兄弟院校和企业讲课，有以下体会。

（1）第 11 章是本教材的重心，涉及柔性制造系统设计的步骤和方法，学完本课程，要求能够着手进行柔性制造系统的初步设计。第 1 章到第 9 章涉及柔性制造自动化系统的一些基本知识，内容结构以第 11 章为中心展开，其中：① 第 1 章到第 3 章从制造系统的角度，介绍了柔性制造系统的基本特征；② 第 4 章和第 5 章从零件加工的角度，介绍了柔性制造自动化的主机特征和刀具系统的特征；③ 第 6 章和第 7 章从物料输送设备的角度，介绍了工业机器人、自动仓库、自动导向小车的初步知识，及其在柔性制造自动化的应用；④ 第 8 章和第 9 章从系统规划层面，介绍了柔性制造自动化的控制、监视、计算机管理软件，它们是柔性制造自动化的特征技术。

（2）第 10 章给柔性制造系统的建模和仿真勾画了浅显的轮廓，第 12 章和第 13 章涉及柔性制造自动化的发展趋势以及部分相关领域的浅显知识。如果学时较少，对于这三章可以提及一下，或者不介绍了。

（3）本教材之所以定名为"柔性制造自动化概论"，是因为其内容还没有达到"详细设计"的深度，但是对"初步设计"说来，它的内容还是比较全面和充实的。

另外，根据教学中的感受，笔者借再版的机会，对第一版的文字进行了修订和补充，抛砖引玉地在"绪论"中给"柔性制造自动化"下了一个描述性的定义。目前人们对柔性制造自动化的感性认识比较少，实践教学的资源也比较少，因此，采用尽可能多的图片和视频，以应用实例的形式进行教学，可以获得较好的效果，这也是本教材在客观上预留的教学空间。

本教材出版后，得到了广大读者的肯定和鼓励，笔者心怀感谢。由于个人水平有限，且柔性制造自动化技术处在发展之中，恳请读者批评指正，提出宝贵意见和建议。

作 者

2009 年 10 月于武昌喻家山下

第一版前言

十年前,因为负责筹备建设我校(华中理工大学)CIMS实验室,笔者开始涉足新兴的柔性制造自动化学术领域。八年前,中国、意大利教育科技合作项目立项和建设HUST-FMS,使笔者获得一次实践机会。国家教委对我校本科教学质量进行评估期间,笔者产生了为机械制造及其自动化专业讲授柔性制造自动化概论的设想,获得湖北省教改基金的支持。但是,开始工作时却发现困难很大,面对国内新出版的多本同类专著和教材,笔者望而却步,打算明智地知难而退。

可是骑虎难下。经过一番考虑,笔者又回到十年前的心理状态,决定把学习柔性制造自动化的心得和工作体会整理出来。笔者力图表达自己从无知到有所知、从书本到实践的认识经历,力图围绕应用讲清柔性制造自动化的全貌及其技术特征,尽力选用具有示范性的实例,尽力由远及近、由表及里地描述柔性制造自动化发生、发展的过程,并期望初学者因此能获得入门的启示,期望经验者因此能获得有益的联想,期望读者因此能碰撞出创新的思想火花。能否获得期盼的结果虽难预料,但聊以自慰的是这十年走完的过程。这次认真的写作,就是向关心和支持这一过程的国内外友人的回报,期待指正和批评。

感谢我校教务处章富智同志,在笔者退缩的时刻,给予了热情鼓励和有力支持。感谢众多的同行专家与学者,感谢推动我国柔性制造技术发展的众多生产厂商,没有他们的辛勤劳动成果,就没有这次写作的成功。感谢合肥工业大学陈心昭教授的审阅和指导,感谢华中科技大学出版社钟小珉副编审对本书出版的支持和帮助。

作 者
2001年6月

柔性制造自动化概论

绪论	(1)
思考题与习题	(4)
第1章 柔性制造系统	(5)
1.1 从自动线到柔性制造系统	(5)
1.2 柔性制造系统的功能及适用范围	(6)
1.3 柔性制造系统的结构与分类	(8)
思考题与习题	(16)
第2章 柔性装配系统	(17)
2.1 柔性装配系统的特征	(17)
2.2 柔性装配系统的控制技术	(21)
2.3 柔性装配系统的传感技术	(24)
2.4 柔性装配系统实例	(36)
思考题与习题	(42)
第3章 人与柔性制造自动化	(43)
3.1 "人机合一"的制造观	(43)
3.2 面向操作人员的数控机床	(46)
3.3 面向现场工作人员的柔性制造自动化系统	(49)
3.4 人机协调的柔性装配系统	(52)
思考题与习题	(56)
第4章 柔性制造自动化系统的机床特征	(58)
4.1 适用于柔性制造系统的机床特征	(58)
4.2 面向柔性制造系统的加工中心	(61)
4.3 车削中心	(72)
思考题与习题	(83)
第5章 柔性制造自动化系统的刀具及刀具管理	(84)
5.1 柔性制造自动化系统对刀具的要求及对策	(84)

5.2　刀具室管理的设备配置 …………………………………… (88)
　　5.3　刀具识别和刀具预调 ……………………………………… (91)
　　5.4　刀具管理系统的运作过程 ………………………………… (95)
　　5.5　刀具监控 …………………………………………………… (97)
　　思考题与习题 ……………………………………………………… (99)

第6章　工业机器人 …………………………………………… (100)
　　6.1　工业机器人及其结构 ……………………………………… (100)
　　6.2　工业机器人的分类及选用 ………………………………… (103)
　　6.3　工业机器人的应用 ………………………………………… (105)
　　思考题与习题 ……………………………………………………… (114)

第7章　自动仓库和自动导向小车 …………………………… (115)
　　7.1　自动仓库 …………………………………………………… (115)
　　7.2　自动导向小车 ……………………………………………… (121)
　　思考题与习题 ……………………………………………………… (132)

第8章　柔性制造自动化的控制技术和监视技术 …………… (133)
　　8.1　概述 ………………………………………………………… (133)
　　8.2　面向柔性制造自动化的 PLC 技术 ………………………… (133)
　　8.3　面向柔性制造自动化的数控系统 ………………………… (136)
　　8.4　DNC 系统 …………………………………………………… (140)
　　8.5　多级分布式控制系统 ……………………………………… (144)
　　8.6　柔性制造自动化的监视技术 ……………………………… (152)
　　思考题与习题 ……………………………………………………… (157)

第9章　柔性制造系统的计算机管理软件 …………………… (158)
　　9.1　柔性制造系统的管理软件 ………………………………… (158)
　　9.2　系统管理软件 ……………………………………………… (159)
　　9.3　刀具管理软件 ……………………………………………… (161)
　　9.4　刀具室管理软件 …………………………………………… (163)
　　9.5　生产规划软件 ……………………………………………… (164)
　　9.6　作业规划软件 ……………………………………………… (166)
　　9.7　统计报告软件 ……………………………………………… (167)
　　9.8　预防维护软件 ……………………………………………… (169)
　　思考题与习题 ……………………………………………………… (170)

第10章　柔性制造系统的建模与仿真 ………………………… (171)
　　10.1　仿真 ………………………………………………………… (171)
　　10.2　柔性制造系统的逻辑模型 ………………………………… (173)

  10.3 柔性制造系统仿真的算法原理和仿真语言……………………………(182)
  10.4 决定柔性制造系统仿真的主要事项…………………………………(185)
  10.5 建模与仿真实例………………………………………………………(186)
  思考题与习题…………………………………………………………………(190)

第11章 柔性制造系统的设计………………………………………………(191)

  11.1 柔性制造系统的设计步骤……………………………………………(191)
  11.2 柔性制造系统的初步设计……………………………………………(191)
  11.3 柔性制造系统的详细设计……………………………………………(193)
  11.4 柔性制造系统的布局设计……………………………………………(202)
  11.5 柔性制造系统设计方案的评价………………………………………(219)
  11.6 设计实例………………………………………………………………(229)
  思考题与习题…………………………………………………………………(233)

第12章 柔性制造自动化系统的开放………………………………………(234)

  12.1 柔性制造自动化系统的开放…………………………………………(234)
  12.2 分布式信息处理系统…………………………………………………(236)
  12.3 控制装置的开放………………………………………………………(239)
  12.4 通信系统的开放………………………………………………………(245)
  12.5 生产过程控制的开放…………………………………………………(247)
  思考题与习题…………………………………………………………………(250)

第13章 基于柔性制造的先进生产模式……………………………………(251)

  13.1 计算机集成制造系统(CIMS)…………………………………………(251)
  13.2 智能制造系统(IMS)…………………………………………………(258)
  13.3 精良生产(LP)…………………………………………………………(266)
  13.4 敏捷制造(AM)…………………………………………………………(268)
  思考题与习题…………………………………………………………………(275)

参考文献……………………………………………………………………………(276)

绪　论

对于所谓的"朝阳行业"和"夕阳行业",我们可以毫不夸张地说,机械制造业就是日不落行业。且不论人类始祖在使用和制造工具的过程中如何进化,且不论历史学家如何用旧石器、新石器、青铜器、铁器来划分远古的历史时代,且不论蒸汽机的制造与广泛使用如何把人类推进到近代文明社会,放眼当今,就是那些位于科学研究前沿的热门技术,例如微电子、计算机、信息、航空航天、海洋、核能、生物工程,又何尝能不以机械制造提供的技术和设备作支撑?在生活领域中我们也不难发现,被称为物质文明的一些重要标志,例如家用电器、轿车,也是以机械制造业为后盾的。

机械制造业之所以被称为日不落行业,是因为它始终不渝地陪伴着人类,随着人类社会的形成、进步而产生、发展。制造业所用的工具和机器不仅是人体器官的延伸,其生产组织形式还与人类社会的结构紧密相连,例如:从制作和改进自己的工具转变到小作坊制造和出售工具,人们很难区分这是制造业的进步,还是人类社会的进步;当商品大潮冲垮无数小作坊、让手工业者和失去土地的农民集合在资本旗帜下面的时候,以大生产方式为特征的近代机械制造业也走上了历史舞台。

人类向机械制造的精度和效率不断提出更高要求,是推动机械制造业发展的动力。在产业革命(即第一次工业革命)和信息革命中,精密制造技术之所以能获得不朽功勋,是因为精密镗削技术使蒸汽机走向了实用化,而大规模集成电路的推广应用,又以微细加工技术的新突破为必要条件。

为了提高生产效率,降低工人的劳动强度,机械制造业推出了机械制造自动化技术和装备。19世纪后叶(1870年),自动机床开始走进制造行业,1895年发明的多轴自动车床今天还有存在的价值。20世纪初叶(1924年),机械制造自动线诞生了,这种"刚性"制造自动化系统今后仍是一种基本的制造装备。20世纪中叶(1952年)发明的数控(numerical control,NC)机床,被认为是机械制造自动化技术发展史上的一个里程碑;计算机技术与数值控制技术相结合,培育出了计算机数控(computerized numerical control,CNC)机床,使单机自动化的技术水平发展到当代最高峰。借助计算机技术和信息处理技术,制造自动化还在辅助工序和设计规划中得到长足发展,工业机器人(IR)、自动导向小车(AGV)、计算机辅助设计(CAD)、计算机辅助编制工艺(CAPP)、计算机辅助制造(CAM)等,就是该发展的标志。

机械制造自动化技术发展史上还有一个里程碑,这就是"柔性"制造自动化系统

20世纪60年代,英国人提出了柔性制造系统(flexible manufacturing system, FMS)这一概念,1967年,英国 Molins 公司开发出的"Molins System-24"被认为是世界上第一个柔性制造系统。这种新型的制造自动化系统由6台数控机床构成,一组不同的工件被工人安装在托盘上,计算机系统控制着机床的运行和托盘的流动,在无人看管条件下可以实现每天24 h的连续加工制造。从此,柔性制造系统及其相关技术得到了制造业的广泛重视,获得了迅速的发展。

柔性制造系统为一种全新的机械制造自动化系统,人们按照自己的理解,分别对它进行了定义,有关文献介绍如下。

美国国家标准局的定义为:"柔性制造系统指由一个传输系统联系起来的一些设备,传输装置把工件放在其他连接装置上并送到各加工设备,使工件加工准确、迅速和自动化,中央计算机控制机床和传输系统;柔性制造系统有时可同时加工几种不同的零件。"

国际生产工程研究协会指出:"柔性制造系统是一个自动化的生产制造系统,在人工干预最少的情况下,能够生产任何范围的产品族,系统的柔性通常受到系统设计时所考虑的产品族的限制。"

欧共体机床工业委员会认为:"柔性制造系统是一个自动化制造系统,它能够以最少的人工干预加工任一范围的零件族工件;该系统通常用于有效加工中小批量零件族,可以不同批量加工或进行混合加工;系统的柔性一般受到系统设计时考虑的产品族限制,该系统含有调度生产和产品通过系统路径的功能,也具有产生报告和系统操作数据的手段。"

中华人民共和国国家军用标准的定义为:"柔性制造系统是由数控加工设备、物料运储装置和计算机控制系统组成的自动化制造系统,它包括多个柔性制造单元,能根据制造任务或生产环境的变化迅速进行调整,适用于多品种、中小批量生产。"

如上所述,柔性制造系统的各种定义虽然不尽相同,但是,都给人们描绘出了一种全新的制造自动化技术和制造方式,这就是柔性制造自动化。

许多公开发表的论文、正式出版的专著和教材已经使用了"柔性制造自动化"这个名词。其实,柔性制造自动化是一种与刚性制造自动化相对的新概念,它起始于柔性制造系统,在后来的应用中,由于不断地拓展自己的内涵,从而突破了柔性制造系统的框架,成为在现代制造企业中一种常见的制造自动化举措。虽然还没有关于柔性制造自动化的正式定义,但是综合各种文字信息和制造实践中交流的信息,不难发现,柔性制造自动化这种全新的制造自动化技术和制造方式,具有以下内涵。

(1) 从制造方式来看,柔性制造自动化是一种完成多品种、中小批量生产任务的制造自动化方式,能够获得高效、优质、低成本的制造效果。当产品的品种或批量变化时,柔性制造自动化无须变动基本的制造设备,只要更改其执行层和控制层的相关信息,更换相关的刀具和夹具,就能完成新的生产任务。

(2) 从技术支持来看,柔性制造自动化技术是多个学科最新技术成果的交叉融合,涉及精密机械技术、数值控制技术、计算机和信息处理技术、传感器和信号处理技术、现代管理技术。

(3) 从制造系统的构成来看:第一,人是柔性制造自动化系统的组成部分,且在制造系统中起着主导作用,而不像刚性自动线那样,人被排斥在制造系统之外,或者只起些辅助作用;第二,柔性制造自动化系统采取模块化结构,硬件和软件接口力求标准化;第三,柔性制造自动化系统的主体设备可以是数控机床,也可以是柔性制造单元(FMC),或者是柔性制造系统(FMS)。

根据上述内涵,可以认为,柔性制造自动化是一种外延很广泛的制造自动化方式。一个企业让若干台数控机床组成一个制造单元,就可以实现具有上述内涵的柔性制造自动化生产;一个企业也可以让某个车间(或工段)成为自动化水平很高的柔性制造系统(FMS),这就是经典意义的柔性制造自动化;一个企业甚至可以按照计算机集成制造(CIM)哲理,把企业改造成一个计算机集成制造系统(CIMS),但即使这样,该企业采用的仍是具有上述内涵的柔性制造自动化生产方式。

2006年,我国公布了《国家中长期科学和技术发展规划纲要(2006—2020年)》(以下简称《纲要》),其"重点领域"包括"制造业"。《纲要》指出:"制造业是国民经济的主要支柱。我国是世界制造大国,但还不是制造强国;制造技术基础薄弱,创新能力不强;产品以低端为主;制造过程资源、能源消耗大,污染严重。"为了改变这种状况,《纲要》规划了包括"数字化和智能化设计制造"在内的若干个"优先主题",该主题的任务是:"重点研究数字化设计制造集成技术,建立若干行业的产品数字化和智能化设计制造平台。开发面向产品全生命周期的、网络环境下的数字化、智能化创新设计方法及技术,计算机辅助工程分析与工艺设计技术,设计、制造和管理的集成技术。"

"数字化和智能化设计制造"这个优先主题的实施,将使我国机械制造自动化水平得到跨越式发展。作为数字化制造的技术支撑之一,柔性制造自动化也将得到更广泛的推广应用。一个人口众多、幅员辽阔的发展中国家,在从制造大国走向制造强国的过程中,一定会形成自己的特色。我们的制造企业,不应该沿着先进工业国家走过的道路前进。可以预计,在信息集成平台上,传统的制造方式与柔性制造自动化方式联手,共同担负起机械(机电)产品的制造任务,将是我国制造企业特别是中小企业普遍采用的制造模式。

柔性制造自动化不仅使制造技术和制造方式发生了一次革命,还推动了生产模式的变革。计算机集成制造(CIM)、智能制造(IM)、精良生产(LP)、敏捷制造(AM)都把柔性制造自动化作为自己的基础。如同每种重要的生产模式出现都会影响社会的结构那样,基于柔性制造技术的新的生产模式,也向当今社会结构发出了改革的呼唤。例如,智能制造的倡导者们便向所谓"自由主义经济"的体系提出了质疑,主张通过智能制造系统(IMS)研究,构建一种以知识贸易为主要特征的"新自由主义经济"秩序。又如,敏捷制造勾画出了一种跨越地区和国界的生产组织形式,成为人们探讨社会结构的研究课题。

本书是为了满足"柔性制造自动化"课程教学而编写的,从 13 个侧面对柔性制造自动化系统及其特征技术做出了概括性的论述。学习本课程应达到以下目的:

(1) 认识柔性制造自动化技术产生和发展的规律,熟悉多学科成果交叉融合的科技创新方法;

(2) 把握柔性制造自动化系统的范例,领悟举一反三的创造性思维方法;

(3) 分析柔性制造自动化系统的特点,学习从特殊性中寻求普遍规律的科学研究方法;

(4) 掌握柔性制造自动化系统的概貌和设计思想,为今后对其进行设计或管理储备基础知识;

(5) 了解柔性制造自动化的特征技术,为今后对其深入研究准备入门知识。

思考题与习题

0-1 为什么说机械制造业是"日不落行业"?

0-2 为什么说柔性制造自动化是制造自动化技术发展史上的一个里程碑?

第1章

柔性制造系统

面对"柔性制造",人们常常会问:什么是"柔性"?"柔性"是指对环境变化的适应能力。在制造过程中,当制造条件发生变化的时候,经过培训、拥有一定技能的人,能够迅速调整自己的状态,完成预定的制造任务。于是人们认为,作为制造系统的一个组成部分,技术人员拥有很高的"柔性"。

然而,本书涉及的柔性制造自动化中的"柔性"并不是技术人员拥有的那种"柔性"。柔性制造自动化是在20世纪60年代激烈的市场竞争中,相对"刚性"制造自动化提出的一个新理念,它是精密机械、数值控制、传感器与信号处理、计算机与信息处理、现代管理等学科的最新成果交叉融合形成的一种新的自动化制造技术,是一种新的自动化制造方式。

1.1 从自动线到柔性制造系统

1947年,位于美国底特律的福特汽车公司建成了机械加工自动线,把机械制造自动化技术推向了新的发展阶段。

图1-1是加工箱体类零件的组合机床自动线的示意图(只示意了加工箱体孔的工序段),图中,3台组合机床是自动化加工设备(主机),工件输送装置、输送传动装

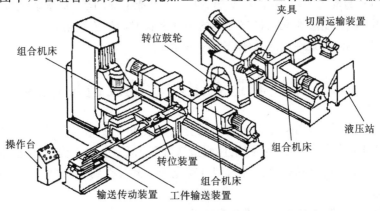

图1-1 组合机床自动线

置、转位装置、转位鼓轮是工件自动输送设备,夹具、切屑运输装置是辅助设备,液压站、操作台是控制设备。

从图1-1可以看出,机械加工自动线具有以下特征:

(1) 自动化加工设备按照稳定成熟的工艺流程进行布局;

(2) 工件自动输送设备和辅助设备把自动化加工设备联成一个制造系统;

(3) 控制设备控制工件按固定的生产节拍,等节奏地"流"过每个工位;

(4) 工件的输送、定位夹紧、切削加工、切屑排除、质量监测是自动地完成的,无须人工参与。

某个零件成熟的制造工艺,是设计一条自动线的前提条件。为了提高生产效率和产品质量,自动线还采用了功能和结构都有很强针对性的自动机床、刀具、夹具。因此,某条自动线,只能承担某个(或某几个)零件的制造任务,从这层意义上来看,人们又把自动线称为"刚性"自动线。

第二次世界大战结束后,市场对商品的需求量远远大于生产厂家的制造能力。自动线承担着单一品种大批量生产的任务,从自动线上源源不断地"流"出了价廉物美的产品,极大地满足了市场的需求,使社会财富迅速积累起来。

20世纪70年代,先进工业国家在经济上取得了显著发展,人们生活水平得到了很大提高。这些成就反映在消费市场上,就是消费者对产品的多样化要求,就是商品的生命周期变得很短。以市场经济为基础的现代制造业,因此面临着严峻的挑战,制造厂商要想在激烈的市场竞争中获利,必须将单一品种大批量生产模式转变成多品种小批量生产模式,并解决以下问题:

(1) 当产品变更时,制造系统的基本设备配置应该保持不变;

(2) 按订单生产,在库的零部件和产品不能多;

(3) 能在很短时间内交货;

(4) 产品的质量高,而价格应低于大批量生产模式下制造的产品;

(5) 面对劳动力市场高龄、高学历、高工资而带来的问题,制造系统应该具有很高的自动化水平,能够在无人(或少人)的条件下长时间地连续运行。

在这种背景下,柔性制造系统(FMS)诞生了。

1.2 柔性制造系统的功能及适用范围

1967年,英国Molins公司在美国的分公司提出了一项发明专利申请,发明人John Bond申请保护一种命名为"柔性制造系统"(FMS)的技术构想。从此,"柔性制造系统"这种全新的自动化制造技术和自动化制造系统受到人们的广泛重视,并得到快速的发展。

1. 柔性制造系统的基本组成和主要功能

图1-2是一种柔性制造系统的布局图。图中,两台同型卧式加工中心和一台立

式加工中心是该柔性制造系统的"主机",它们都是数控机床,属于加工制造设备。装卸站、托盘缓冲站、托盘交换器、有轨自动小车(RGV),以及盘形刀库、大容量刀库、运刀器、工具自动交换装置,组成了该柔性制造系统的"物流系统",其中:① 装卸站是毛坯、工件进入或离开柔性制造系统的窗口,是人工作业点,在该作业点,工人按照预定的要求把毛坯安装到托盘上,把加工好的工件从托盘上拆卸下来;② 托盘缓冲站是存储毛坯、工件的临时仓库;③ 托盘交换器承担着把毛坯送进加工中心,把工件搬出加工中心的任务;④ 有轨自动小车的职能是在装卸站、托盘缓冲站、托盘交换器之间搬运毛坯和工件;⑤ 盘形刀库和大容量刀库是刀具的存储设备(前者是加工中心的部件,通常称为机床刀库;后者是加工中心的一个附件,通常称为辅助刀库);⑥ 运刀器担负着在大容量刀库与盘形刀库之间交换刀具的职责;⑦ 工具自动交换装置担负着在盘形刀库与机床主轴之间交换刀具的职责。

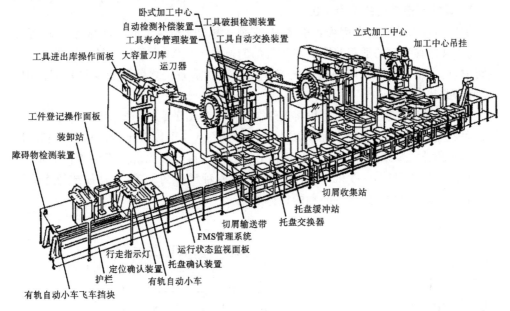

图 1-2 柔性制造系统(FMS)

图 1-2 中的 FMS 管理系统,是控制整个柔性制造系统运行的计算机系统的主体单元,柔性制造系统的各种设备就是在该计算机系统的控制下,协调一致地、连续地、高效地运行的。系统管理人员可以通过观看运行状态监视面板来实时监控各台设备的工作状态。

与承担单一品种大批量生产任务的"刚性"自动线不同,柔性制造系统之所以能承担多品种变批量的生产任务,就是因为拥有控制整个柔性制造系统运行的计算机系统。柔性制造系统运行所必须的作业计划、制造调度信息、数控加工程序存放在该计算机系统中,当被加工的零件的品种(或批量)变更时,不必变更加工制造设备,只需更换相应的控制流程和数控加工程序,就能完成新的制造任务。

值得注意的是,图 1-2 所示柔性制造系统的特征具有普遍的意义,也就是说,一

个制造系统被称为柔性制造系统,至少应包含三个基本组成部分:
① 主机,即数控(NC)机床;
② 物流系统,即毛坯、工件、刀具的存储、输送、交换系统;
③ 控制整个系统运行的计算机系统。

从图 1-2 还可以看到,常见的柔性制造系统具有以下功能:
① 自动制造,在柔性制造系统中,由数控机床这类设备承担制造任务;
② 自动交换工件和刀具;
③ 自动输送工件和刀具;
④ 自动保管毛坯、工件、半成品、工夹具、模具;
⑤ 自动监视(如刀具磨损、破损的监测)、自动补偿、自诊断等;
⑥ 作业计划与调度。

2. 柔性制造系统的适用范围

柔性制造系统诞生在市场竞争之中,它是一种技术密集型的先进制造系统,但并不万能,只拥有一定的适用范围。与传统的制造系统比较,在品种和批量组成的二维空间中,它占据了专用机床制造系统与通用机床制造系统之间的中间区域,即如图 1-3 所示的状态。

以箱体类零件加工为例,可以将图 1-3 具体化为图 1-4。生产纲领为 1 万件以上称为大量生产,10 件至 1 万件称为成批生产。从图 1-4 可以看出,对于箱体类零件,人工操作的卧式镗床(通用机床)适用于 50 件以下的批量、成百上千种零件的加工,柔性制造系统适用于 5~1 000 件的批量、5~100 种零件的加工,自动线或流水线适用于成千上万件的批量、单一品种的箱体加工。

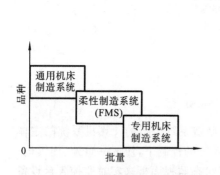

图 1-3 各种制造系统的应用范围

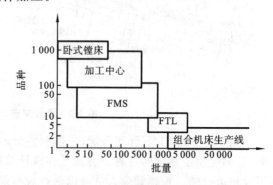

图 1-4 制造系统与生产纲领

1.3 柔性制造系统的结构与分类

1. 柔性制造系统的结构

在世界各地运行的柔性制造系统,虽然千姿百态、物理结构极少雷同,但可以根据其本质特征,把它们抽象成如图 1-5 所示的统一的逻辑组成结构。图中,水平箭头代表物料的流动状况,竖直箭头代表信息的流动状况,构成柔性制造系统的物料流子系统和信息流子系统,相互关联、密切协同地完成同一个制造任务。

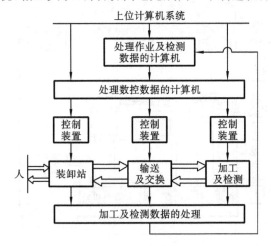

图 1-5　FMS 的组成结构

如图 1-5 所示的柔性制造系统的逻辑组成结构,其各组成单元在现实中都有具体的对象。

1) 加工设备

对零件加工的柔性制造系统说来,承担加工任务的设备是数控机床,例如立式加工中心、卧式加工中心、五面体加工中心、数控铣床、数控车床。如图 1-6 所示的柔性制造系统,4 台六角头数控机床是其加工设备。

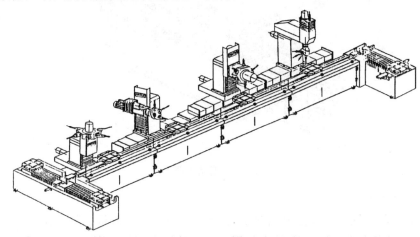

图 1-6　六角头数控机床组成的 FMS

对产品装配的柔性制造系统说来,承担装配任务的设备有自动装配机和装配机器人。图 1-7 所示为彩色电视机组装线的一个装配单元,它采用机器人作为装配设备。

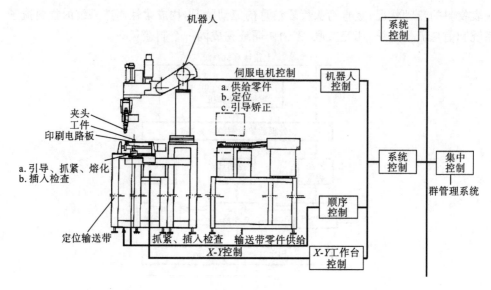

图 1-7 装配单元

2) 检测设备

对零件检测的柔性制造系统说来,承担检测任务的设备有坐标测量机、测量用机器人等。如图 1-8 所示的拖拉机齿轮箱在线检测系统,测量机器人是其检测设备。

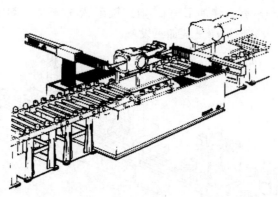

图 1-8 测量用机器人

3) 输送设备

柔性制造系统中,承担物料输送任务的设备有输送机、堆垛机、有轨小车(RGV)、自动导向小车(AGV)等。如图 1-9 所示的汽车轮壳刹车片柔性装配系统,采用输送机输送工件;如图 1-10 所示的柔性制造系统,由乘坐自动导向小车的机器人给数控车床输送工件。

图 1-9 输送机

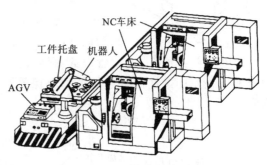

图 1-10 机器人与 AGV

4) 交换装置

柔性制造系统中,承担物料交换任务的装置有托盘交换器(automatic pallet changer,APC)、上料机器人等。图 1-11 所示为卧式加工中心,其物料交换装置是平行式托盘交换器。

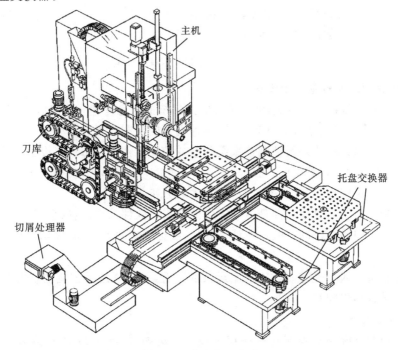

图 1-11 卧式加工中心

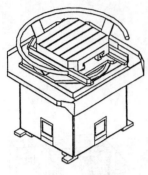

图 1-12 装卸站

5）装卸站

柔性制造系统中，把毛坯安装到托盘上，把工件从托盘上拆卸下来，这一作业通常由工人在装卸站（见图 1-12）完成。

6）物料保管装置

虽然在如图 1-5 所示的 FMS 组成结构没有标注"物料保管装置"，但是为了长时间（如 24 小时）无人自动运行，柔性制造系统的物料流子系统都配备了物料保管设备，例如托盘缓冲站（平面仓库）、立体自动仓库。

如图 1-13 所示的柔性制造系统的物料保管装置，既有托盘缓冲站，又有立体自动仓库。

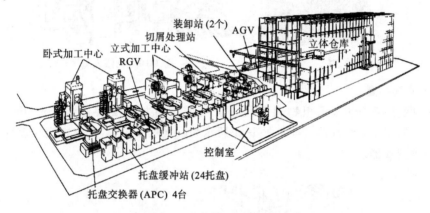

图 1-13 平面仓库和立体自动仓库

7）信息管理及设备控制装置

图 1-5 所示信息流子系统，涉及柔性制造系统的信息管理和设备控制，包括计算机网络系统、柔性制造系统的管理软件、各种设备的控制装置。

计算机网络系统管理柔性制造系统信息并控制柔性制造系统各设备协调一致工作，可以采用由中央计算机（公司级）、主计算机（工厂级）、单元控制器（车间级）、数控系统和可编程逻辑控制器（设备级）组成的多级分布式结构。

柔性制造系统的管理软件是一个庞大的计算机软件系统，包括系统管理软件、工具管理软件、工具室管理软件、作业计划软件、统计管理软件、系统故障诊断与维护软件，等等。

数控系统（CNC）是控制数控机床运行的装置，可编程逻辑控制器（PLC）能够对物料输送设备实现控制。

8）辅助设备

柔性制造系统还必须配备一些辅助设备。例如，如图 1-11 所示的卧式加工中心，就配备了切屑处理器，如图 1-14 所示的两种切屑处理器都是商品化的装备。

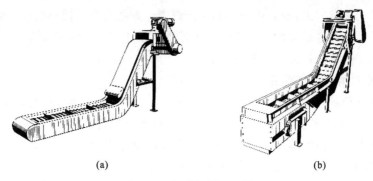

图 1-14　两种切屑处理器

2. 柔性制造系统的分类

以上简述了柔性制造系统的定义、功能和组成结构,然而在实际生产中,柔性制造系统却没有统一的标准形态。按柔性制造系统承担的制造任务,可以把柔性制造系统分成柔性零件加工系统、柔性装配系统、柔性检测系统。其中,柔性装配系统(flexible assembly system,FAS)的特点完全由担负装配作业的设备决定,常用的装配设备有四类:自动装配机、装配机器人、装配中心、焊接机器人。

通常人们对柔性制造系统进行讨论,如果不作特别说明,就是指柔性零件加工系统。按主机与物料输送系统的组合方式,有人曾经把柔性零件加工系统分成如下几个类型。

1）柔性制造单元

柔性制造单元(FMC)由主机、工具交换装置(ATC)、工件交换装置(例如托盘交换器(APC))、物料保管装置(例如托盘缓冲站)组成,能够从事长时间的自动化制造。柔性制造单元能够承担由多种零件组成的混流作业计划,这就是它的"柔性"。图 1-15 所示为加工箱体零件的柔性制造单元。

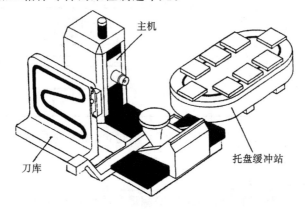

图 1-15　以加工中心为主机的 FMC

2）柔性制造单元群

一个柔性制造单元就是一个自动化制造孤岛。如果用物料自动输送装置把几个柔性制造单元连接起来，或者用统一的生产调度计划把几个柔性制造单元组合起来，这就组成了柔性制造单元群。柔性制造单元群实质上是一个制造系统，因为各柔性制造单元承担的制造任务是相互关联的。

3) 典型的柔性制造系统

用物料自动输送装置把若干台以数控机床为主体的机械设备（或 FMC）有机地组合起来，使其成为独立的制造系统，并用计算机来管理、控制整个系统的运行，这就是典型意义上的柔性制造系统（FMS）。组成柔性制造系统的机械设备可以不是单一的，不仅有数控机床，还可以有测量机、清洗机等其他设备。

由于物料的输送方法和输送路径不同，柔性制造系统呈现出多姿多彩的形态。柔性制造系统的物流路径可以归纳成如表 1-1 所示的基本形式。确定柔性制造系统的物流路径，主要考虑设备的种类、数量及厂房结构和大小，物流路径一旦确定后，柔性制造系统的布局和性能就基本定型了。

表 1-1 FMS 的物流路径

物流路线		示　例
线性路线	单线	
	双线	
	线性多道	
环状路线	单环	
	多环	
	环状多道	
网络路线	—	
随机路线	—	

通常进行的所谓"柔性制造系统（FMS）"的讨论，就是对典型的柔性制造系统的讨论。

4) 柔性自动线(FTL)

本书认为，FTL（flexible transfer line）翻译为柔性自动线比较恰当，它也属于柔性制造系统。如果用固定的输送方式和路径把若干台设备（其中也包括数控机床）连接在一起，就成为柔性自动线。柔性自动线通常用来作为大批量生产的制造系统，其机床多采用专用的高效机床，如多轴头机床、专用数控机床。

西班牙 ETXE-TAR 公司推出了连杆加工柔性自动线，其平面布局图如图 1-16 所示。图中，"0"是上料工位，"4"是下料工位。在"1"工位，机床 1R 从夹具右侧用复合刀具粗镗连杆小头孔，机床 1L 从左侧对连杆大头孔进行倒角。在"2"工位，机床 2R 用复合刀具对连杆大、小头孔镗孔和倒角。在"3"工位，机床 3R 精镗大、小头孔。1R 和 1L 是拥有 4 个主轴的数控组合机床，2R 和 3R 是拥有 8 个主轴的数控组合机床，因此能同时加工 4 根连杆，加工时 4 根连杆小头朝下、大头向上，平行地安装在夹具上。

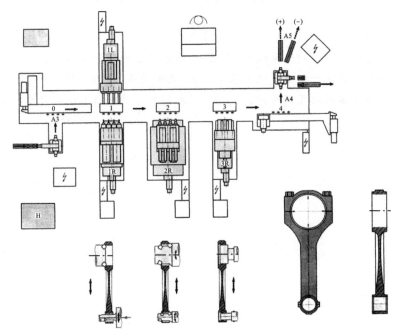

图 1-16　连杆加工柔性自动线

3. FMC 与 FMS 的区别

面对 FMC(柔性制造单元)和 FMS(典型的柔性制造系统)这两个被广泛使用的名词术语，人们赋予它们的含义有时看起来有很大的差别，例如：日本的厂商把由一台数控机床组成的制造系统也称为 FMS；欧洲的厂商则把多台(两台以上)加工中心、有轨小车(RGV)、托盘缓冲站构成的制造系统称为 FMC。当这种差别给决策带来困扰的时候，人们不禁会问：FMC 与 FMS 究竟有什么区别？

本书认为，从广义上讲，FMC(柔性制造单元)与 FMS(典型的柔性制造系统)都属于柔性制造系统，但深究一下它们之间的区别，可以归纳成：

(1) FMC(柔性制造单元)是由单台(或同型的少数几台)制造设备构成的小系统，而 FMS(典型的柔性制造系统)可以是由包括制造设备在内的多台设备构成的大系统；

(2) FMC(柔性制造单元)只具有某一种制造功能，而 FMS(典型的柔性制造系

统)可以拥有多种制造功能,例如加工、检测等;

(3) FMC(柔性制造单元)是自动化制造孤岛,而 FMS(典型的柔性制造系统)应该与上位计算机系统联网并交换信息;

(4) 因为区别(3),一个很小的 FMS(典型的柔性制造系统),其功能也比复杂的 FMC(柔性制造单元)强大得多。

思考题与习题

1-1　柔性制造系统(FMS)诞生的背景是什么?
1-2　试阐述"柔性"制造系统与"刚性"自动线的共同性和特殊性。
1-3　简要指出柔性制造系统的基本组成、主要功能、适用范围。
1-4　本书是如何对柔性制造系统分类的?每种柔性制造系统有什么特点?

第 2 章

柔性装配系统

柔性装配系统(flexible assembly system,FAS)也是一种柔性制造自动化系统,顾名思义,柔性装配系统的职能是柔性地完成多品种、中小批量产品的装配作业。根据柔性装配系统的主体设备,可以把柔性装配系统分为以下三类:

① 以自动装配机为核心的柔性装配系统;

② 以装配机器人为核心的柔性装配系统;

③ 以焊接机器人为核心的柔性装配系统。

柔性装配系统的"柔性"也体现在计算机软件上:对应不同的装配作业,只需更换相应的计算机程序,柔性装配系统就能完成预定的作业计划。

2.1 柔性装配系统的特征

把若干个零件(或部件)组合成一个部件(或设备),这种作业被称为"装配"。

面对不同的生产纲领,装配作业也应该采取不同的生产方式和装备。多品种、小批量产品的装配作业,通常让拥有熟练技术的工人承担;少品种、大批量生产的装配作业应该采用装配流水线来完成;柔性装配系统则在中品种、中批量生产中负责完成装配作业任务。

装配流水线和柔性装配系统是两种不同的装配作业方式,图 2-1 所示为它们的结构示意图,图中,"圆圈"表示装配作业站,"矩形"表示零件的供料装置。从图 2-1(a)可以看出,装配流水线的作业由三个步骤构成。

(1) 输送:被组装的对象安放到托盘上,按水平箭头指示,输送到装配作业站。

(2) 供料:在一个装配作业站,通常只装配一个(或一种)零(部)件,因此通常只给它配备一个零(部)件供料装置,借助供料管、振动供料器、传送机等方式,把被组装的零(部)件送给装配作业站。

(3) 装配:在装配作业站,技术工人把零(部)件装配到被组装的对象上。

上述分析告诉我们,输送、供料、装配是组成装配流水线的三要素。

柔性装配系统是推广应用工业机器人的产物。为了充分发挥工业机器人的作用,在 1 个装配作业站,要求 1 台机器人装配多个零(部)件,因此,就应该给 1 个装配

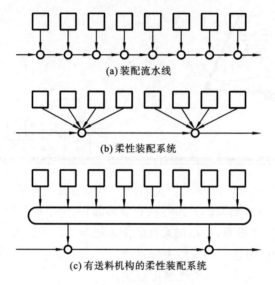

图 2-1 装配系统

作业站配备多个供料装置。图 2-1(b)所示的柔性装配系统中,1 个装配作业站拥有 4 个供料装置,所以,1 台工业机器人可以装配 4 种零(部)件。

对于手表这类小型产品的装配,一个以机器人为核心的装配作业站,其周围可以布置多个供料装置。然而,装配大中型产品,由于它们的供料装置比较庞大,在装配作业站周围布置多个供料装置,就受到了布局空间的制约。因此,人们提出了如图 2-1(c)所示的供料方案,把装配的供料过程分解成"送料"和"供料"两个步骤,并把向装配作业站输送零(部)件的任务分配给"送料机构"来完成。

如果采取由"送料"和"供料"两个步骤组成的供料方案,被装配的零(部)件可以存放在远离装配线的某一地方(例如,车间外面的仓库),向装配作业站输送零(部)件的"送料机构"通常选用自动导向小车或输送机。

图 2-2 所示为磁带式录像机柔性装配系统的一个装配作业站,装配机器人是主体设备,由它完成装配作业。该柔性装配系统总共配置了 11 个这种作业站,两台自动导向小车把它们与零(部)件仓库联成一体,在仓库中垒放的零件盘被自动导向小车输送到各装配作业站。为避免自动导向小车频繁地来回地运行,每个作业站还配置了拥有零件盘循环机构的缓冲设备,该缓冲设备也具有一定的送料能力。

实践中,人们有时也把"送料系统"设计成装配作业站的一个部件。如图 2-3 所示的送料、装配一体化单元已经在机电产品柔性装配系统中得到实际应用。

综上所述,柔性装配系统具有四个组成要素,即输送、送料、供料、装配。

此外,人们还要求柔性装配系统具有良好的重构性。模块化是实施柔性装配系统重构的基本技术措施。如图 2-4 所示的电机柔性装配系统由机器人模块、输送器

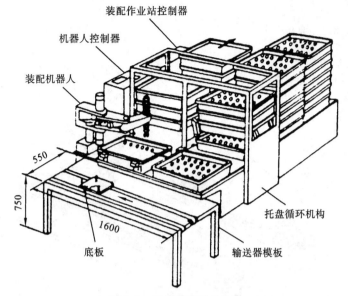

图 2-2 录像机装配作业站

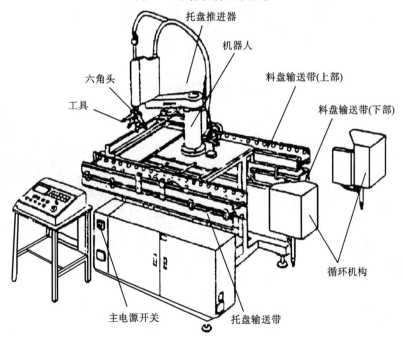

图 2-3 送料装配一体化单元

模块、方向转换模块所组成。采用同样的模块,还能构造出如图 2-5 所示的录音机柔性装配系统。

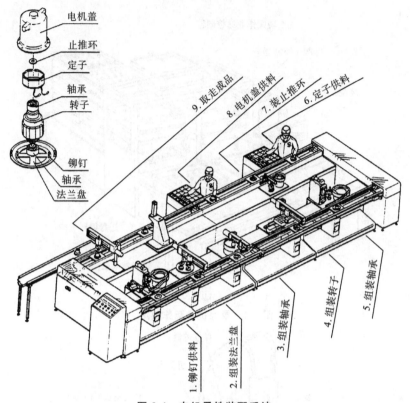

图 2-4 电机柔性装配系统

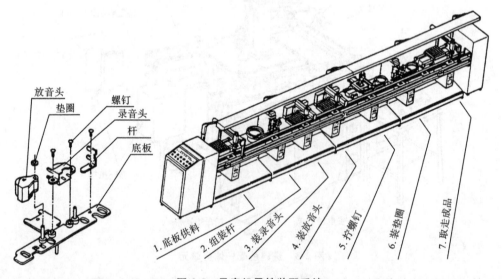

图 2-5 录音机柔性装配系统

输送器模块如图 2-6 所示,其主要组件有随行工作台(托盘)、提升部件、制动部件、定位部件、照明部件、控制箱等。

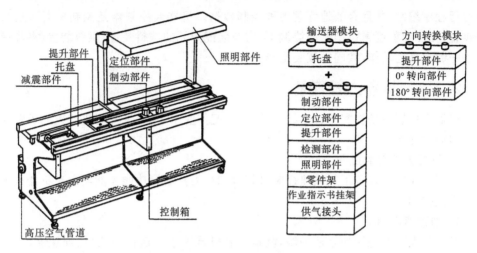

图 2-6　模块式输送器

2.2　柔性装配系统的控制技术

图 1-7 是彩色电视机组装线的一个装配单元的示意图,它描绘了该柔性装配系统的控制结构;以工业机器人为主体设备的柔性装配单元,可以采用如图 2-7 所示的控制方案。在图 2-7 中,微型计算机和可编程逻辑控制器(programmable logic controller,PLC)组成了"控制系统",通过高速通信网络,微型计算机与担负"集中控制"任务的上位计算机(或控制器)连接了起来,能够从事机器人的运行轨迹规划、机器人

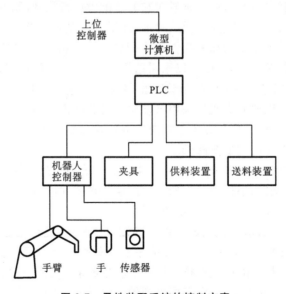

图 2-7　柔性装配系统的控制方案

的运行程序编制,并且有效地管理各种控制数据。机器人控制器是控制机器人运行的装置,在可编程逻辑控制器的协调下,它与装配单元的送料装置、供料装置、夹具等设备一起有序地动作,共同完成装配作业任务。

2.2.1 机器人控制器

机器人控制器是装配单元的核心装置,装配作业中,它着重控制机器人的手臂和手(工具)的动作。

1. 机器人手臂的控制

机器人控制器具备了加减速控制、伺服控制、力控制等功能才能实现对机器人手臂的有效控制。

1) 加减速控制

对机器人手臂进行加减速控制,就是控制机器人手臂运行的位置、加速度、减速度。为了缩短机器人的工作循环时间,加减速控制还应该控制机器人手臂在最短的时间内摆出某种姿势,例如:机器人手臂以伸展状态旋转,加减速时间常数较大;以收缩状态旋转,加减速时间常数较小,因此应该控制机器人臂以收缩状态旋转。

2) 伺服控制

组成机器人手臂的各数控轴受伺服电动机的驱动而有序地动作。DSP(digital signal processor)适用于数值信号的高速处理。在伺服电动机的伺服控制板中使用多个 DSP,可以极大地提高其伺服控制性能,有效地改善机器人控制器的加减速控制性能,从而使机器人手臂带动手指(或工具)沿着规划的轨迹高速运行。

3) 力控制

机器人从事装配作业时,还常常要对它的装配力进行控制,原因如下。

(1) 装配机械零件的过程由接触、对准、装配三个基本动作组成,从事精确的装配作业时,完成这三个基本动作需要使用专用的工具。机器人如果拥有了控制零件装配力的能力,进行精确装配,就可以采用通用工具,而不必设计制造一些专用工具。

(2) 力控制可以监测装配力,能够防止因装配力过大而损坏零件的事故发生。有了力控制,人们可以放心大胆地采用自动化方法装配贵重零(部)件。

(3) 力控制可以使机器人沿任意方向完成精确装配作业,从而使工夹具的结构简化,使柔性装配系统的建造费降低。

实施力控制,常常选用能检测 $X、Y、Z$ 轴分力和分力矩的 6 轴力传感器。在机器人手腕上安装力传感器,根据力传感器的检测信号来控制机器人手臂发出的装配力,就能为精确装配作业的完成提供必要的条件。

图 2-8 是装配力的阻抗控制原理图。如图 2-8 所示,配合中心设定在孔板零件的顶端,当销接触孔板时,销的轴线与孔的中心线如果没有对准,孔板作用在销的某分力、某分力矩及其相应的机械阻抗,就会超过预设值。根据该检测信号,机器人控制器调整机器人手臂的方位,使它们回落到预设值以内(即销与孔板的对准信号),并把销插进孔板之中。

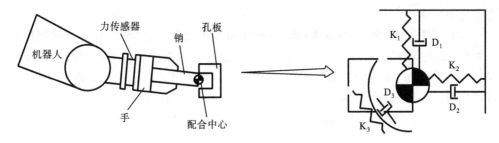

图 2-8 装配力的阻抗控制

K—弹性系数；D—阻尼系数

力控制的计算量很大,因此机器人控制器应配置高性能的主板。

2. 手(工具)控制

让一台机器人完成多个不同形状的零件装配,有两种可供使用的技术方案。

(1) 提高机器人的性能,让机器人的手有很高的柔性。如图 2-3 所示机器人的手就是一个安装了多个不同工具的"六角头",根据零件的形状特征,"手(工具)控制"让六角头旋转,选用相应的装配工具。

(2) 根据零件更换机器人的手。换手是一种常用技术方案,使用安装在手腕上的自动换手器(automatic hand changer,AHC)可以把货架上的手(或工具)换到机器人手臂上。

单功能手(或工具)多采用气动 ON/OFF 控制。多功能手如果是图 6-3 所示的夹钳,其开合应该采用伺服控制。电动螺丝刀是一种常用的装配工具,机器人控制器以交流伺服电机来控制其动作。

2.2.2 可编程逻辑控制器

柔性装配系统中,可编程逻辑控制器(PLC)常常用来控制图 2-7 所示的装置,即夹具、供料装置、送料装置。

1. 夹具

装配作业中,把零(部)件准确地固定在某个位置上必须使用夹具。柔性装配系统要装配多种不同形状的产品,就应该增加夹具的种类和数量,这样柔性装配系统的建造费用也会随着增加。因此提高夹具的柔性,使一种夹具能装配多种产品便成为重要的研究课题。

对夹具的控制一般采用简单的 ON/OFF 控制。但是,为了应付零(部)件形状的变化、提高夹具的柔性,应该采用伺服控制,图 1-7 所示的装配单元,其"X-Y 工作台控制"就是对夹具的作业位置进行伺服控制。

2. 零(部)件供料装置

为了提高供料的效率,人们设计了多种供料装置,以解决不同种类物料的供给,简介如下。

(1) 专用供料装置 小型零(部)件多采用该种装置,它能从零件堆中把零件一个个地取出来。

(2) 零件盘(托盘)　中型零(部)件的供料多借助零件盘(或托盘),为方便机器人处理,工人(或机器人)通常预先把零(部)件整齐地放置到零件盘(托盘)上。如果零(部)件堆放在零件盘中(见图 3-6),那么机器人就应该具有三维视觉功能,零(部)件的位置和姿势被检测出来后,机器人才能拾起某个零(部)件。

(3) 送料装置　大型零(部)件的供料,常借用送料装置,该装置应该兼备供料功能。

(4) 料斗式供料装置　螺钉(螺栓)是常用紧固件,装配作业中常用料斗式供料装置向装配作业站供应螺钉(螺栓),该装置能够把堆放的螺钉(螺栓)一个个地取出来,并按规定的姿势把它们送到指定的作业点。

3. 零(部)件送料装置

装配过程中,从仓库取出零(部)件、把成品送到仓库、在装配作业站间转换工序等作业,虽然可以让工人来承担,但对于自动化水平很高的柔性装配系统来说,则应该配备送料装置,如输送带、机器人、自动导向小车等来完成这些作业。

2.2.3　故障监控

为了安全可靠地完成装配作业,机器人控制器应该具备故障监控功能。例如,在机器人手腕上安装力传感器,可以对装配作业状态进行实时监测,当力(或力矩)很大,以及力(或力矩)发生急剧变化的时候,机器人控制器便会让机器人立即停止动作。

随着传感技术的发展,控制技术已经成为使柔性装配系统智能化的一项关键技术。故障发生时要让装配系统不停止运行,就应该让系统有自我修复能力,为此应该让传感器和控制器更加紧密地配合动作。

2.3　柔性装配系统的传感技术

传感技术是支持柔性装配系统的基础技术之一,本节从应用的角度,简要介绍几种传感器对柔性装配系统的物料监视。应该指出,这些传感器不仅在柔性装配,而且在柔性加工、柔性检测以及其他技术领域,也有广泛的用途。

2.3.1　视觉传感器

1. 机器视觉的结构

图 2-9 是机器视觉系统的结构示意图。图中,摄像机担负着摄取工件图像的任务,摄像机前端安装的镜头,能对工件图像进行适当地放大或缩小。控制器是视觉装置的核心组件,它不仅要对摄像机摄取的图像进行处理和判别,还要输出其结果。为了便于人们设定图像摄取、处理、判别的条件,确认处理结果,视觉系统配备了监视

屏。光源可提高摄像机的图像质量,增强图像处理的效果。

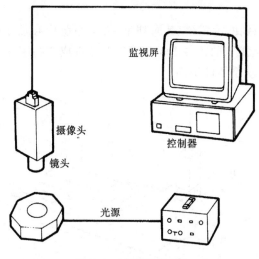

图 2-9　机器视觉系统

2. 应用实例

柔性装配系统中,可用视觉系统来识别工件,检查工件的质量,监测工件的姿态。

1) 电阻检测

如图 2-10 所示的视觉系统可以识别电阻的色码,判别电阻的种类和放置状态,其原理是:在彩色视觉系统中预先存放了一些标准单色图片,摄取电阻的彩色图像后,用取景框把图像的色码分解成若干单色图片,再把取景框的单色图片与标准单色

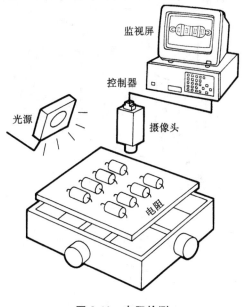

图 2-10　电阻检测

图片进行比较,从而判别出色码和电阻的种类。

2) 零件识别

图 2-11 是零件识别的示意图,其原理是:视觉系统中存放了一批零件的标准图片,摄像机从传送带上摄取的零件图像被控制器处理成实物图片,实物图片与标准图片之间的比较和确认就是零件识别。

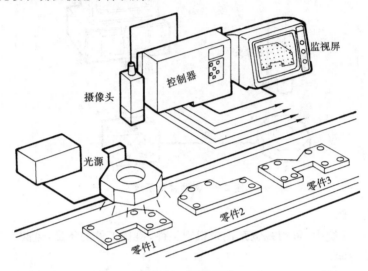

图 2-11 零件识别

3) 电子元件组装

图 2-12 是机器人组装电子元件的示意图,其原理是:视觉系统检测出印刷电路

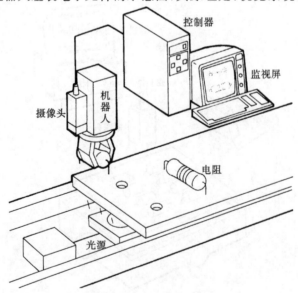

图 2-12 电子元件组装

板上的电子元件插脚孔的重心偏移量和角度偏移量,根据检测结果,机器人的控制器使机器人手臂作相应移动,从而把电子元件插进孔中。

4) 工件搬运

如图 2-13 所示,工件的重心位置和放置角度被视觉系统检测出来并传送给机器人控制器,根据该检测数据,控制器控制机器人手臂作相应移动,抓走工件。

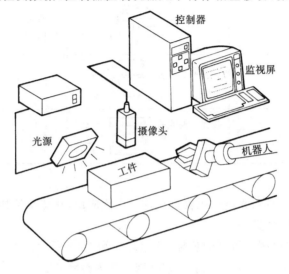

图 2-13 工件搬运

2.3.2 光电传感器

1. 光电传感器的组成和分类

光电传感器通常又称光电开关,它由投光、受光头、放大器、电源、控制器等组件组成。实际产品中,这些组件有时被做成一个部件,有时只把投光、受光头和放大器做成一个部件。

按光电信号的检测方式,人们把光电传感器分成六类:透射型、回归反射型、扩散反射型、标记识别用反射型、限定反射型、沟槽型,它们的工作原理及特点如表 2-1 所示。传感器光源可以选用白炽光、红光、绿光、红/绿光。

表 2-1 光电传感器工作原理及特点

分 类	工 作 原 理	特 点
透射型	投光头 受光头 工件	动作稳定性好,检测距离长
回归反射型	投光、受光头 反射 工件	布线及光轴调整容易

续表

分 类	工作原理	特 点
扩散反射型	投光、受光头 工件	能检测出包括透明物体在内的一切物体
标记识别用反射型	投光、受光头 工件	能检测登记码等色差微妙的标记
限定反射型	投光、受光头 工件	能检测微小凸凹
沟槽型	投光、受光头 工件	动作位置精度高,调整容易

2. 应用实例

在柔性装配系统中,光电传感器也获得了广泛应用,具体实例如下。

1) 二极管色标检测

用光电传感器检测二极管的色标,其原理如图 2-14 所示。检测系统由光纤头、放大器、控制器组成,采用具高反射率的不锈钢作为检测二极管的背景。检测系统总共布置了 4 个检测点,同时检测滚动向前的二极管,不锈钢和二极管的白色标记对投射光能够产生反射作用,检测点感受到反射信号,就发出"ON"信号;不合格的二极管没有白色标记,它对投射光不能产生反射作用,检测点感受不到反射信号,从而发出"OFF"信号。4 个检测点如果接连发出了"OFF"信号,则表明进入组装作业的二极管中混有不合格品。

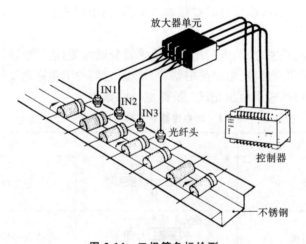

图 2-14 二极管色标检测

2) 螺母正反面判别

螺母是装配作业中用量较大的一种零件,在柔性装配系统中螺母的供料和正反面的判别已经实现了自动化,其原理如图 2-15 所示。螺母正面平整光洁,形成镜面反射,螺母反面加工有齿形花纹可形成漫反射,选用只能接受漫反射光的光电传感器就能区别螺母的正面与反面。

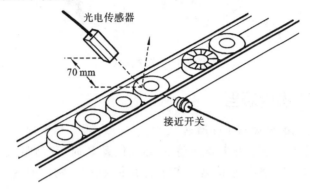

图 2-15 螺母正反面判别

3) 螺孔检测

图 2-16 所示机壳的螺孔,钻孔后直接流入装配作业线就会造成不必要的损失。使用光电传感器可以有效地对其进行监测,其原理是:光线投射到螺孔,受螺纹面反射将沿着原路返回,传感器接收到反射光后,发出放行信号"ON";光线投射到光孔,圆柱面就把它反射到其他方向,传感器接收不到反射光,便发出警示信号"OFF"。

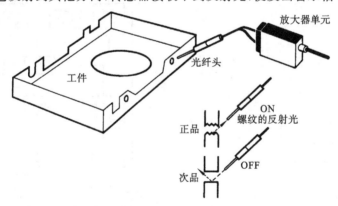

图 2-16 螺孔检测

4) 安全光栏

利用光电传感器可以用光构筑出一道安全屏障。如图 2-17 所示,当人或其他运动物体闯入危险工作区域时,光电传感器便发出报警信号,并让自动导向小车和机器人紧急停止工作。

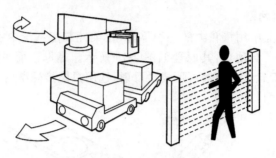

图 2-17 安全光栏

2.3.3 位移传感器

1. 位移传感器的分类与工作原理

如图 2-18 所示,当工件由基准位置 A 移到位置 B 时,移动距离 y 称为位移,该位移量可以采用位移传感器来检测。实际应用中,把同一物体的两个表面的距离也看成位移。

依据工作介质,人们把位移传感器分成两类:光位移传感器、超声波位移传感器。

激光是光位移传感器的最佳光源,激光束投射到工件,利用如图 2-19 所示的三角测量法,就能测量出工件的位移量。激光位移传感器的光束直径很小,能够有效地

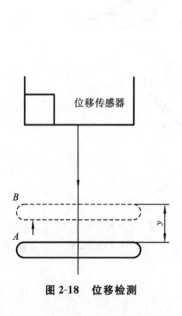

图 2-18 位移检测

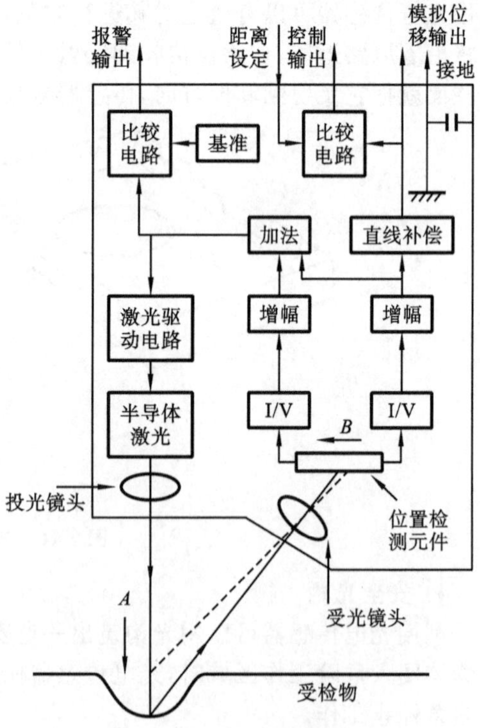

图 2-19 三角测量法

检测出工件的高度差。

超声波位移传感器的工作介质是超声波。超声波投射到工件表面后被反射回来，计算该过程所用的时间就能检测出工件的位移量。颜色不影响超声波位移传感器的检测效果，因此多色物体、透明体、镜面体等都能成为它的检测对象。

2. 应用实例

1) 底板翘曲检测

进入装配作业的底板是否翘曲，可以用激光位移传感器来检测。如图 2-20 所示的检测系统配置了两台激光位移传感器，一台作为基准值的输入，一台作为检测值的输入，此外，检测系统还为"基准值±偏差"设定了参照量。当检测值与基准值的代数和不超过参考量时，控制器为底板向微机发出认可信号"OK"；否则，发出拒绝信号"NG"。

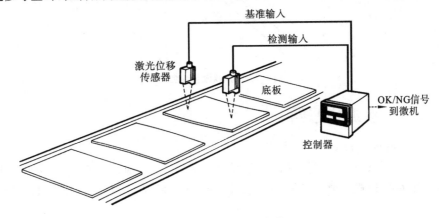

图 2-20 底板翘曲检测

2) 电子元件插入高度判别

如图 2-21 所示，激光位移传感器还能检测出印刷电路板上电子元件的插入高度，当某电子元件的插入高度超过设定值，则表明它没有被组装到位。

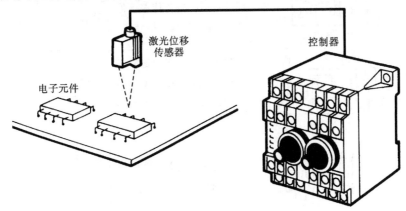

图 2-21 电子元件插入高度判别

3) 玻璃厚度测定

超声波位移传感器可以用来测定玻璃等透明物体的厚度。如图 2-22 所示,超声波具有穿透玻璃的能力,它受玻璃的上、下表面反射回到传感器将产生一个时间差,计算出时间差就能测出玻璃的厚度。

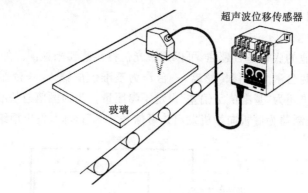

图 2-22 玻璃厚度测定

2.3.4 接近传感器

1. 接近传感器的工作原理和分类

接近传感器就是通常所说的"接近开关",其种类多、应用范围广。按照工作原理,接近开关被分成 2 类 4 种(见表 2-2),按照外形又可以把它们分成 6 种(见表 2-3)。

表 2-2 按工作原理分类的接近开关

分类		工作原理	特点
基于磁场效应	高频振荡型	高频振荡电路中,振荡线圈的阻抗变化使振荡停止,从而产生检测信号	应答速度高,检测金属物体
	差动线圈型	根据检测线圈和比较线圈的差值,检测受检物体内产生的涡流所导致的磁通量	能检测较长距离的金属物体
	磁力型	利用永久磁铁的吸引力驱动舌簧接点开关	只能检测磁性金属物体

续表

分 类		工 作 原 理	特 点
基于电场效应	静电电容型	被检物 电极 振荡电路 开关元件	随着静电电容的变化,振荡电路的振荡忽起忽停,从而产生检测信号	能检测金属和非金属物体

表 2-3 按形状分类的接近开关

分 类	形 状	特 点
棱柱型 扁平型 微开关型		用螺钉安装,封闭式可嵌在金属内
圆柱型		用螺母安装或直接旋入螺孔,封闭式接近开关可嵌在金属内
贯通型		受检物体要通过环形检测头
沟型		安装位置容易调整
多点型		检测速度高,寿命长,可靠性高
平面安装型		大型接近开关,检测距离长

2. 应用实例

1) 机器人握紧信号的传送

图 2-23 是一种以非接触方式传送机器人握紧信号的示意图,限位开关的 ON/

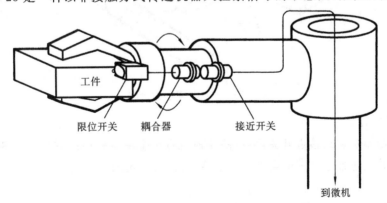

图 2-23 机器人握紧信号的传送

OFF 状态对应着机器人是否握紧工件。限位开关与耦合器通过导线相连,耦合器与接近开关则借助电磁力的作用(非接触方式)结合成一体,握紧信号的传送原理如图 2-24 所示:当限位开关处于 ON 状态,耦合器的线圈就成为闭合回路,受接近开关线圈的电磁场作用,耦合器线圈中就有感应电流产生;耦合器线圈中的感应电流能使接近开关的电功率消耗变大,于是,就形成了机器人处于握紧状态的信号。

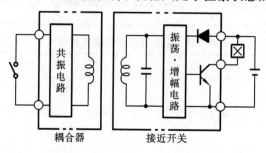

图 2-24　握紧信号的传递原理

2) 螺钉拧紧状态检测

在柔性装配系统中,采用自动化设备拧紧螺钉,而借助接近开关,可以检测出螺钉的拧紧状态。这是因为接近开关通过拧紧、漏拧、未拧紧的螺钉(见图 2-25)时将产生不同的感应信号。

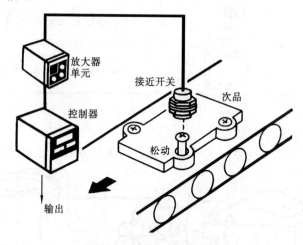

图 2-25　螺钉拧紧状态检测

3) 零件计数

使用金属贯通式接近开关,可以高速地清点出金属零件(如螺钉)的数量。零件的形状及其通过接近开关的姿态不影响清点的结果(见图 2-26)。

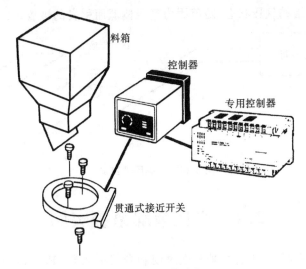

图 2-26 零件计数

2.3.5 压力传感器

柔性装配系统中,有些机械要依靠气体压力或真空吸附作用来工作,安装压力传感器可以确保这些机械安全地运行。

压力传感器的工作原理分别如图 2-27(a)、(b)所示;具有基准压力的气体和接受检测压力的气体同时分别作用到半导体硅膜(传感片)的两个表面,如果基准气压和受检气压不相等,厚度约为几十微米的硅膜就会翘曲,硅膜的扩散电阻因此就会发生变化,把扩散电阻的变化转换成电信号就能测定气体压力。这种半导体压电元件可以用来制作压力传感器的检测头。

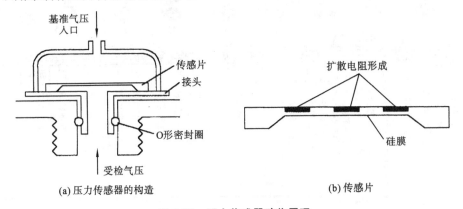

图 2-27 压力传感器动作原理

图 2-28 是采用压力传感器监测主管道气体压力的示意图。压缩机排出的压缩空气经过输气管道输送到各用气装置,在用气装置的气管入口处安装的压力传感器

就能监测输气管道的气压状态,防范因为气压偏低而引发的事故。

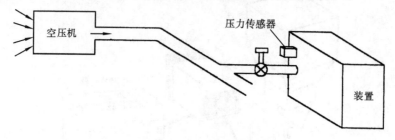

图 2-28　气体压力监测

2.4　柔性装配系统实例

某电风扇厂生产 60 多种落地式电风扇和台式电风扇,其中 24 个品种的生产量占生产总量的 72%。电风扇虽然有稳定市场,但是样式和性能更新较快,生产量随着季节变化有较大波动,所以该厂决定采用柔性装配系统从事电风扇的装配。

2.4.1　电风扇装配工艺流程和装配系统布局

图 2-29 是电风扇的装配工艺流程图。图 2-30 是电风扇柔性装配系统的布局图,图中还描绘了风扇电动机的装配工艺流程。

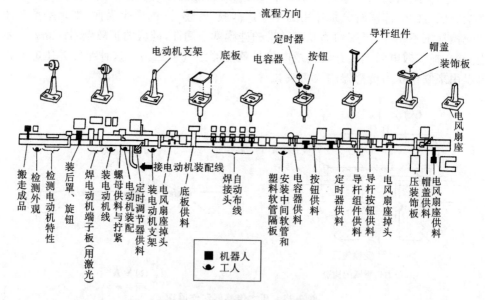

图 2-29　电风扇装配工艺流程图

电风扇的装配经历如下步骤:

(1) 悬挂式输送机把在其他车间铸塑成形的电风扇座输送到装配系统的入口,

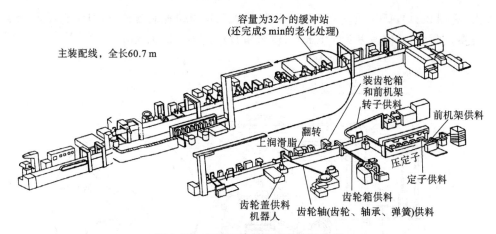

图 2-30 电风扇柔性装配系统的布局

机器人把电风扇座搬到传送带的托盘上；

(2) 装配机器人把帽盖螺栓拧入电风扇座；送料器把装饰板穿到螺栓上，并把它压到位；装配机器人拿来帽盖，并将它拧紧；

(3) 电风扇座掉头；

(4) 自动装配机和机器人完成压弯装饰板脚，组装导杆组件、按钮、定时器、电容器等作业；

(5) 一位工人安装中间软管、塑料软管、隔板；

(6) 5 台机器人布线、焊接头；

(7) 装底板，电风扇座掉头；

(8) 3 位工人组装电动机支架、定时调节器、电动机、导线，激光焊接机焊接电动机端子板，自动装配机组装电动机后罩、旋钮；

(9) 自动检测电风扇的性能，一位工人检查电风扇的外观；

(10) 机器人从传送带上搬走成品。

2.4.2 电风扇柔性装配系统的主体结构

1. 柔性装配系统的构成

如图 2-30 所示，电风扇柔性装配系统的主体设备由 17 台机器人和 22 台自动装配机组成。17 台机器人中，12 台是装配机器人，2 台是简易机器人，3 台是搬运机器人。

主装配线安排了 5 位工人工作，电动机装配线则是全自动地运行。19 个输送器模块把主装配线的 57 个作业点（工位）联结成一条装配作业线，其中机器人和自动装配机的机械作业点有 38 个，人工作业点有 5 个，其余 14 个是缓冲作业点。

2. 关键设备

1) 装配机器人

电风扇柔性装配系统采用的装配机器人，是六自由度水平、竖直多关节复合型机器人(见图2-31),抓举质量为5 kg。该机器人采用点位控制方式,可以为它设置286个位置控制点,动作速度为1.5 m/s,位置重复精度为±0.05 mm。

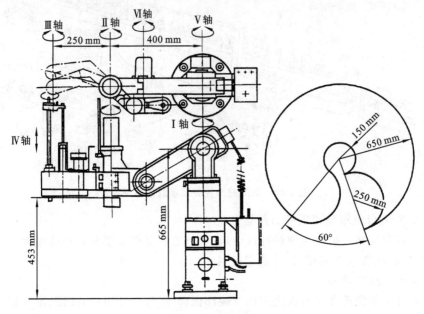

图 2-31 装配机器人

在图2-30所示的柔性装配系统中,装配机器人不仅输送按钮、定时器、电容器、定时调节器等零件,还要把这些零件组装到电风扇座上。从事帽盖输送和装配的机器人,其送料头上安装的光电传感器能够检测电风扇座的位置数据;根据该数据,机器人控制器控制装配机器人做出相应移动,装上、拧紧帽盖(见图2-32)。

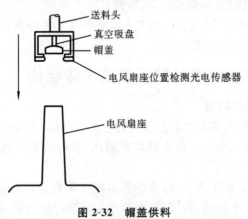

图 2-32 帽盖供料

担负电动机装配作业的装配机器人也配备了光电传感器,电动机被工人安放到电动机支架后,光电传感器能检测出电风扇座高度的微小变化及电风扇座上的螺孔位置。根据检测数据,上下微调驱动电动机,调整螺母拧紧工具的高度(见图2-33),

机器人拧紧电动机的六角螺母和锁紧螺母。

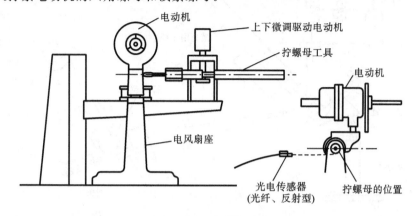

图 2-33 六角螺母拧紧

有 5 台装配机器人在布线、焊接头作业段工作。如图 2-34 所示,在装配机器人的手(夹钳)把导线头拉向电器元件(按钮)的过程中,利用机器人手臂的柔软特性,定位机构的导向销使烙铁、导线头、端子贴合起来,从而完成焊接任务。

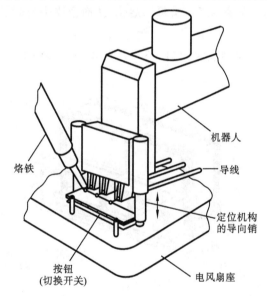

图 2-34 钎焊机器人

2) YAG 激光自动焊接装置

烙铁头比较大,很难抵达狭窄的焊接作业区,此外,机器人使用烙铁来完成焊接作业,很难满足快节拍的生产要求,因此,对电动机的动力线焊接,电风扇柔性装配系统采用了如图 2-35(a)所示的 YAG(钇铝石榴石)激光自动焊接装置,其功率为 80W。

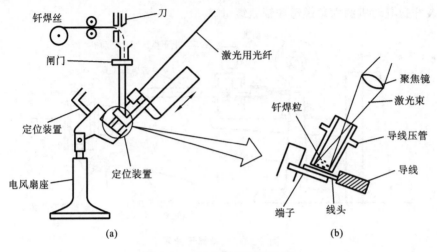

图 2-35 YAG 激光焊接装置

在装配过程中,安装在电动机支架上的电动机被强制性地定位到焊接作业点。如图 2-35(b)所示,导线压管把导线的接头与端子压紧,钎焊丝被切成颗粒状,落入导线压管之中后受激光照射 4.5 s 就可以熔化,从而把线头与端子焊牢。

3) 输送器模块

主装配线选用的输送器模块如图 2-36(a)所示,一个输送器模块最多可以布置 6 个缓冲准停器。

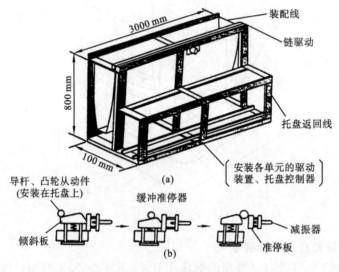

图 2-36 输送器模块

在机器人作业点、自动装配机作业点、人工作业点布置的缓冲准停器能使承载工件的托盘无冲击地停止、精确定位,重复定位精度达到±0.05 mm。托盘准停过程如

图 2-36(b)所示:托盘抵达作业点,当安装在托盘上的导杆把缓冲准停器的倾斜板压下,托盘就开始滑行;当导杆碰撞到准停板,受减振器的阻尼作用,托盘滑行速度急剧下降;当托盘完全停止时,倾斜板也恢复到原来位置。

在缓冲作业点布置的准停器是辅助准停器。托盘在缓冲作业点只作停留,不承接装配作业,因此,采用定位精度不高的气缸迫使它停止。

4) 系统控制

电风扇柔性装配系统的系统控制,采用了如图 2-37 所示的分布式控制结构。

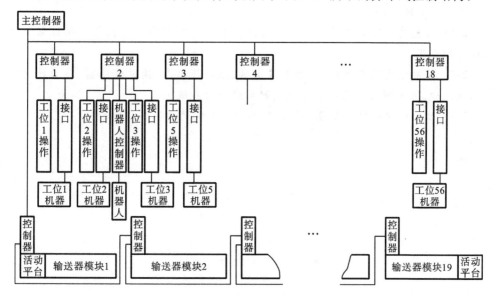

图 2-37 电风扇柔性装配系统的控制系统

处于上位的主控制器控制柔性装配系统的各个设备的协调运行。处于下位的 18 个装配作业控制器对装配系统的 56 个作业点(工位)进行分段管理,控制机器人、自动装配机等作业机器的运行。结合电风扇装配工艺流程图、布局图、装配步骤,可以看出:控制器 1 控制的工位 1 机器,是搬运机器人,它把电风扇座从悬挂式输送机搬到传送带的托盘上;控制器 2 控制的机器人、工位 2 机器、工位 3 机器,分别是装配机器人、电风扇座供料机器、装饰板供料压装机器;控制器 3 控制的工位 5 机器,是使电风扇座掉头的机器……控制器 18 控制的工位 56 机器,是把电风扇从装配线上搬走的机器人。

在控制系统中,19 个输送器模块的控制器依次串联起来,输送器模块 1 的控制器也布置在下位。通过检测缓冲准停器(见图 2-36(b))的倾斜板移动状态来控制装配机器人、自动装配机等机器开始动作。

2.4.3 效果

与传统的装配系统比较,电风扇柔性装配系统可以减少 92% 的工人,更换装配流程的时间可以减少 92%,制造准备时间可以减少 25%,日产量(三班)可以达到 5 000 台。

思考题与习题

2-1 试阐述柔性装配系统对装配流水线的共同性和特殊性。

2-2 以机器人为核心设备的柔性装配系统,其控制系统有什么特色？试阐述其主要功能和实现办法。

2-3 传感技术对柔性制造自动化有何重大意义？试举例说明它在柔性装配系统以外的应用。

2-4 简要指出视觉传感器、光电传感器、位移传感器、接近传感器、压力传感器的工作原理,并举例说明它们在柔性装配系统中的应用。

2-5 试分析柔性装配系统与柔性零件加工系统的共性和个性。

第 3 章 人与柔性制造自动化

作为一种全新的制造自动化装备，柔性制造自动化系统的研发和应用也走过一段曲折的路程。在推广应用柔性制造系统(FMS)、探索构造计算机集成制造系统(CIMS)的进程中，人们曾经热情满怀地期待"无人化工厂"的诞生，于是，发展柔性制造自动化应该采用什么技术路线便成为一个基本议题。

在当代经济和技术的条件下如何处理人与柔性制造自动化的关系，是该议题探讨的内容之一，涉及制造哲理、制造主机的技术方案、制造系统的构建方案。

3.1 "人机合一"的制造观

处理人与柔性制造自动化的关系，不应该采用形而上学的方法，应该采用辩证的方法。因为在现代的自动化制造过程中，人和柔性制造自动化装备仍然是一个统一体的两个侧面，它们相互依存、相互影响、相互转化。

3.1.1 人与机器的同一性

为众多产业部门提供装备和技术，为人们生活提供物美价廉的消费品，是制造业的永恒主题，也是人类社会的一项基本活动。从制造业的发展历程看，人们制造工具和机器虽然拓展了体能，增强了自身的制造能力，但工具和机器也反过来改变了传统的工艺流程，重新调整了人体器官(如手、眼等)的作用。

现代制造已经不是一个人的单独行为，而是必须由很多人相互配合才能实现的社会行为。在生产过程中大量使用机器，虽然空前提高了人类驾驭自然和创造财富的能力，但是劳动组织形式，以及人与机器在制造系统中的分工，也因此受到影响，其表现在以下三个方面。

(1) 生产关系，即生产中人与人的关系。例如，造成了从事技术及管理的白领人群和从事机器操作、辅助作业的蓝领人群。

(2) 制造模式，即劳动组织形式。例如，流水线制造模式中，机器按细分的工艺流程布局，操作工和辅助人员按机器设岗。

(3) 社会结构。机器大生产引发了现代社会结构的诞生，现在人们又感受到了跨地区、跨国界的制造方式对当代社会结构的影响。

这就是说,在制造活动中,人类与机器相互依存,人们创造了一个又一个制造系统,并且因此一次又一次调整自己的活动方式。

面对迅速发展的"无人化"柔性制造自动化系统,人与机器这对矛盾又一次被摆到了突出的位置,劳动力资源充足的国家是否需要发展柔性制造自动化,人在柔性制造自动化系统中应该占据什么位置等问题,一时成为制造业的热门话题。我们认为,这类"新"话题的解决方案,仍寓于人与机器的对立统一之中,即发展柔性制造自动化,拓展自己的制造能力,是人们的自然愿望;在新兴的柔性制造自动化系统中,人们不但应该,而且能够确立自己的位置。

3.1.2 劳动力资源与柔性制造自动化

1986年开始实施的"863计划"是我国为了跟踪位于国际前沿的科学技术发展步伐而制订的科学研究规划,柔性制造自动化就是"863计划"的一个跟踪目标。

中国是一个人口众多的国家,因此,国外有人发表论文指出:"如果要建立制造基础工程学,假定拿到中国去,那绝不是CIM(计算机集成制造)而是HIM(人力集成制造),由于中国有很多人,应最大限度使用人的能力来制造汽车等高级产品。""人很多的地方没有必要无人化,人力不足的地方应该无人化。无人化工厂与人海战术工厂是完全不同的技术体系,适用于一方的方案就不适用于另一方,因此不能共同化。"

显然,对于劳动力资源和柔性制造自动化技术,以上论述仅仅看到了它们之间相互对立的一个侧面。我国目前劳动力资源还很丰富,还需要发展柔性制造自动化技术吗?这个问题的正确答案是:我国应该发展柔性制造自动化技术。因为,自动化虽然是弥补劳动力资源短缺的有效对策,但是,在实现"民富国强"这个百年梦想的道路上,还有许多人类体力无法完成的制造任务,要依靠柔性制造自动化技术来承担。

(1) 人与制造环境相互排斥　有些制造要求很洁净的环境,很严格的环境温度和湿度,由于人也是污染源,所以"人海战术工厂"是不能胜任这类制造的。有些制造会产生严重危害人身安全的物质,例如放射线、有害气体、粉尘等,这类制造也不应让人承担。

(2) 严格要求产品一致　标准化、互换性、成组技术、模块化设计、敏捷制造等技术措施和管理策略,要求产品的零部件具有严格一致的制造质量,"人海战术工厂"不可能成批地生产出严格一致的产品。人的情绪容易波动、注意力容易分散、体力容易下降,人与人的技能和体能差异很大,这些因素都会直接影响制造质量。

(3) 受人类体能的制约　人体器官很容易达到疲劳极限,"人海战术工厂"是不能完成精细、精确、高速、大负荷等制造。

(4) 民族利益和国家安全　柔性制造自动化推出了一种新的制造方式,能有效地增加国家和民族的实力,涉及民族利益和国家安全的部门,理所当然地不应该放弃这种技术。

3.1.3 人在柔性制造自动化系统中的定位

依靠当代的科技水平和经济实力,由人创造的柔性制造自动化系统还不能把人完全排斥到制造系统之外,应该恰当地调整人在制造系统中的位置,因为"无人化工厂"是一种超现实的制造方式。在现实的柔性制造自动化系统中,人不仅拥有自己的位置,而且也乐于自己的位置,机器要最有效地发挥出作用还有赖于人的加盟。

1. 超现实"无人化工厂"的弊端

在追求"无人化工厂"的道路上,人们发现"无人化工厂"带来两大弊端。

(1) 高投入、低回报 "无人化工厂"就是企图把人调整到制造系统之外,为此,人们投入大量资金为机器设备开发(或配置)一些高级功能,使它们不仅能独立作业,能监测作业状态,当故障发生时,还能自我诊断,自我处理故障,自动恢复到作业的继续状态。"无人化工厂"还勉为其难地让机器承担对人说来是"举手之劳"的作业(如工夹具准备、工件装卸等),还要对整个系统的运行实施监控。投入到这些项目的大量资金,并不能从经济上得到相应回报,因为这些项目并不能提高生产效率、降低制造成本。

(2) 高复杂度、低可靠性 如上所述,"无人化工厂"要求给机器设备和制造系统增加一些功能,这就使柔性制造自动化系统变得更加复杂。大量新装置、新器件增加到制造系统之中,将使故障点增多;某些新技术在采用之前由于不可能经历大量工业应用的检验,也会降低系统运行的可靠性。

2. "人机合一"的制造观

发展我国的制造业,不应是"无人化工厂"和"人海战术工厂"两者之中取其一,而应走"人机合一"的道路。确立"人机合一"的制造观,是基于对以下三个问题的认识。

(1) 人类的自然愿望 机器是人体的延伸,由若干机器构成的制造系统是人们劳动组织的延伸,让机器承担尽可能多的制造任务,尽可能地减少人们的劳动负担,是人类的自然愿望。

(2) 技术和经济的条件 制造系统的柔性和自动化水平受到当前技术和经济条件制约,每个工厂都应根据自己的条件确立切实可行的柔性制造自动化实施方案,不能单凭自然愿望去追求超现实的柔性和自动化。

(3) 宜人的环境 当代条件下,柔性制造自动化系统不应该也不可能没有人的参加,而人的作用的正常发挥,有赖于制造系统的运行环境对人是否适宜。宜人的环境能促使员工热爱自己的工作,从而发挥出最大的主观能动性和创造性;宜人的环境可以使员工在工作之时不产生多余的精神负担,从而保持稳定的心态;宜人的环境可以最大限度地减少人体器官为工作而消耗的能量,从而比较长久地维持员工的正常体能。

3. 人在柔性制造自动化系统中的定位

在当代的柔性制造自动化系统中,客观存在着人们热爱的作业岗位。为了正确分配人和机器在制造系统中的位置,有人向制造业中工作环境条件最差的铸造厂展开了问卷调查,归纳发现,人们投身制造业的动机是:

(1) 热爱制造业;

(2) 鉴于良好的人际关系;

(3) 寄希望于工作的未来。

其中,热爱制造业位于榜首。进一步分析还发现,对制造业的热爱与以下七个因素有关:

(1) 多样性 制造的产品和从事的工作都不单调,内容很丰富;

(2) 创造力的发挥 工作比较复杂,只有发挥出自己的创造力才能够完成任务;

(3) 主观能动性 能够按照自己的思想和计划来推进工作;

(4) 反馈效果 自己的能力和努力能够以具体的结果表现出来;

(5) 趣味 所承担的作业和制造的产品都与本人的兴趣爱好相关;

(6) 学到技艺 随着不懈努力和经验积累,本人感到自己的能力和技术水平在不断提高;

(7) 对社会有贡献 使本人感到自己制造的产品确实对社会(或自己感兴趣的领域)有用。

因而,研究者认为,在柔性制造自动化系统中,凡符合上述七个因素的作业应该分配给人来完成,"无人化"只应针对那些不符合上述七个因素的作业。

值得庆幸的是,从人的"满足感"出发协调人与机器的关系,不仅能满足人的意愿,而且也符合技术经济性的评判标准。因为因素(5)、(7)属于人的感情色彩,机器无法体会,符合其他因素的作业如果让机器完成,必须要有很强的技术支撑和经济支撑。

现阶段,柔性制造自动化系统的下述作业一般分配给人来完成:

(1) 规划 例如,设计产品、确定制造对象、制定工艺方案、编写生产计划和作业调度计划、编制加工程序等;

(2) 准备工序 例如,准备工具和夹具、工件装卸、作业区之间输送物料等;

(3) 巡回监视 例如,定时或不定时地抽检各作业点的运行数据,观察各作业点的运行状态,并提供正常的运行维护服务;

(4) 突发事件处理 例如,系统故障分析、排除、恢复、试运行等。

3.2 面向操作人员的数控机床

在探讨人与柔性制造自动化系统的关系的时候,人们发现,数控机床虽然拥有普通机床无法比拟的自动化水平,但是,在它的面前操作普通机床的技术工人却被降格为辅助工和维修工。这种"人机分立"的设计,给数控机床带来了一些"意外"缺陷。

3.2.1 传统数控机床的缺陷

数控机床是构筑柔性制造自动化系统的基本设备,有很强的自动化加工能力。当数控程序编写好后,它就独立地实施作业计划,不需要熟练技术工人的介入。为了充分发挥数控机床的加工能力,人们进一步开发出了能够自动设定工艺参数的专家系统和自动编程系统,从而把技术人员的知识和经验转"教"给机床,进一步使人与机器分立开来。

柔性制造自动化的发展历程表明,人机分立的数控机床具有很大的"刚性",选用这类机床构筑的柔性制造系统并不具备人们渴望的某些"柔性"。沿袭传统的设计思想,不可能推出更先进的制造技术和更名副其实的柔性制造自动化系统,原因如下:

(1) 数控机床只是一种动作装置　其实,数控机床只能起到一种作用,即完成一套动作去实现某个制造过程。数控机床自己不会设计动作,具有人工智能的自动编程系统也不能赋予数控机床设计新动作的能力,因为自动编程系统所设计的动作都包含在人们按已往知识和经验所设计的动作之中。

(2) 制造在不断呼唤新的动作设计　多品种变批量的生产方式,不断地要求制造拥有新的几何形状、材质和精度的工件。为了完成新工件的制造,应该按照新的知识和经验来制定加工工艺方案,选择刀具,确立辅助对策(如冷却、断屑、排屑等),并为机床设计出一套新动作。

(3) 新的知识和经验仅仅存在于实践者的头脑之中　严格地说,任何工艺数据库存储的数据都是以前的知识和经验。而在制造现场,每天都会有新的问题被提出,激发现场工作人员的思考和总结,于是,就产生了新的知识和经验,并在人们的讨论中成熟和传播起来。因此,最实用、最有活力的新知识和新经验仅仅存在于实践者的头脑之中。

3.2.2 数控机床面向操作人员

要想克服传统的数控机床的缺陷,就应该让它像普通机床那样,走"人机合一"的道路。

数控机床有高速准确的动作能力,操作人员有知识、经验、综合决策能力。在设计制造面向操作人员的数控机床的时候,可以构造一个宜人的人机界面,把人与机器组合起来,让操作人员能够自主地掌控数控机床的运行,最大限度地发挥自己的创造能力和应变能力,即"柔性"。

面向操作人员的数控机床并不追求无限的自动化,它舍弃了一切不必要的功能,同时向操作人员全面开放。在数控机床运行过程中,操作人员可以实时地提取加工信息,更改加工条件,还可以自主地干预机床运行。操作人员获得了最新的知识和经验,实时更改了数控程序,并让数控机床独立自动地运行之后,操作人员就可以离开加工现场去从事其他工作。

面向操作人员的数控机床具有以下两个特点。

（1）结构简单　数控机床舍弃了一些功能，因而结构变得简单，故障发生率变低，设备维护费用减少。

（2）性能可以不断提高　技术人员可以参加数控机床的操作，并用自己获得的新知识来改变数控机床的运行程序，因此，在不增加设备费用的条件下，使机床的加工能力和柔性能够不断提高。

3.2.3　面向操作人员的人机界面

开发面向操作人员的数控机床，关键是设计宜人的人机界面。该界面以容易被感知、认识、记忆的形式，向操作人员提示出有关加工的信息；借助这些信息，操作人员才能准确地把握加工状态，正确地操作机床。

加工过程中的信息主要来自工件、机床、机床的信息处理单元。有人以数控车床为对象，展开了面向操作人员的人机界面的研究，用机器视觉系统采集工件的加工状态信息，用机械触感系统采集机床的运行状态信息，用与可视化图像信息相关联的图形和数值显示信息处理单元的处理结果。

1. 加工过程的可视化

视觉是人的第一感官，人们习惯使用眼睛来快速地获取大量的综合信息。

数控车床的切削加工在封闭的防护罩中进行，人们很难看到罩内的状况。为了采集防护罩内的工件状态，该研究在数控车床上安装了CCD摄像机，通过可变方向的镜头摄取工件的加工状态，并以动画方式让工件加工的图像一幅幅地显示在电视屏幕上。借助电视屏幕，操作人员能够看到以前很难观察的工件表面状态、切屑形状，从而判断切削用量（如切削深度、进给速度等）是否合理，刀具是否磨损，排屑是否流畅，切屑是否划伤已加工表面。同时，人们还可在屏幕前展开讨论。

2. 让机床操作部件产生触感

触觉是人的另一重要感觉，操作普通机床的时候，工人习惯用手触摸机床，感受切削加工的振动和发热，判断加工的状态。

然而，数控车床通常是在防护罩中自动地加工工件，因此，操作人员无法用触觉器官（手）采集机床的状态信息。为了让操作人员感受切削加工的振动，该研究开发了一种能够再现切削振动的操作盘，其原理是：在数控车床的切削区域布置一个振动传感器，把传感器采集的切削振动信息放大处理，变换成机床的机械振动信号，驱动操作盘振荡；操作盘安装在数控车床的操作面板上，它能提供手动进给功能，操作人员转动操作盘操纵车床的进给运动，操作盘的振动便传到手上，使其觉得自己好像正在用手触摸机床的切削区域，感受到机床的振动。

3. 定性与定量相结合的信息显示

视觉和触觉所感受的信息是综合的、定性的，这种信息不能满足高精度机械零件的制造需要。因此，数控机床的信息处理单元应该给操作人员提供定性与定量相结合的信息。如图3-1所示的屏幕显示较好地解决了这一问题,图3-1中既有视觉系统采集的可视化图像,又有用条形图和数值表示的刀具进给速度和主轴转速,因而,操作人员一眼就能综合而准确地掌握加工状态。

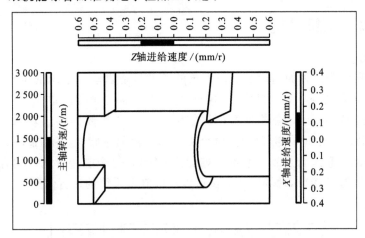

图3-1 定性与定量的信息显示

3.3 面向现场工作人员的柔性制造自动化系统

在探讨人与柔性制造自动化系统的关系的时候,有人构想了一种面向现场工作人员的柔性制造自动化系统,该系统具有下述特点和结构。

3.3.1 系统特点

在制造的过程中,设备发生故障、产生废品、刀具(或毛坯)供应中断、突击生产某产品等"偶然"因素都能影响柔性制造自动化系统的运行状态。为了使制造系统高效率地运行,系统管理人员应当密切注视"偶然"因素的动向,及时排除其影响。人们通常按下述流程分析和处理柔性制造系统的故障:

(1) 监视有关传感器和显示器的输入、输出信号;

(2) 分析制造系统的运行状态,判断故障是否发生,故障发生时显示故障的类型;

(3) 参照制造系统的原设计目标,研究处理故障的目的和方法;

(4) 采取具体措施,使制造系统恢复正常运行。

在目前的技术条件下,只有现场工作人员才有能力完成流程(3)和流程(4)。有人把处理流程(3)和流程(4)的过程称为"非决定论处理",其处理决策具有下述特点:

(1) 这是对不可预测事件做出的处理决策;

(2) 处理决策既要顾及原定目标,又要考虑后续影响,只有人才能完成。

只要有"非决定论处理",工作人员的介入就不可缺少。面向现场工作人员的柔性制造自动化系统与柔性制造系统的区别仅仅在于,前者拥有一个界面,使现场工作人员能方便地从事"非决定论处理"。

3.3.2 系统结构

1. 结构

图 3-2 所示为一种面向现场工作人员的柔性制造自动化系统的示意图,该系统采用自律分布式结构。数控机床、机器人、自动仓库都是独立的单元,自动导向小车(AGV)在各制造单元间输送物料;局域网络(LAN)和数据存储块(data carrier,DAC)在各制造单元间传递着信息,每个工件都有数据存储块,各制造单元利用数据存储块存储的信息进行加工或装配。如图 3-2 所示,每个制造单元都拥有一个人机接口(I/F),通过该接口,现场工作人员可以获取制造系统的运行信息,并向制造系统做出决策指示。

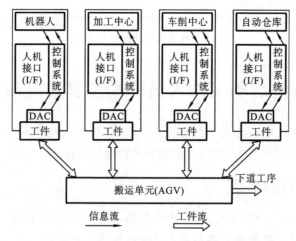

图 3-2　面向人的柔性制造自动化系统

图 3-3 所示为构成上述制造系统的一个加工单元,它具有下述技术特点。

(1) 传感器与数据存储块(DAC)同行　每个工件都带有传感器,能用来把握制造系统的状态,数据存储块存储着工件的加工(或装配)信息。工件在制造系统中流动的时候,传感信息和加工(或装配)信息伴随工件一起流动,综合这两种信息就能很准确地监测加工和装配的状态,掌控异常征兆。

(2) 多传感器融合　工件带有传感器,加工单元配备有传感器,融合各个传感器的监测信息就能对制造系统的运行状态进行可靠的监视。每个传感器虽然都能提供制造系统运行的状态信息或故障的性质信息,但是准确度各不相同。加工单元用概率论的方法综合各个传感器的信息准确度,从而判断制造系统的运行状态和故障性质。

第3章 人与柔性制造自动化

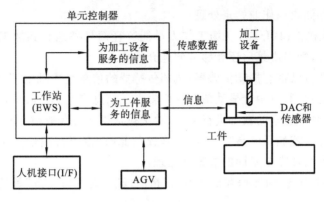

图 3-3 加工单元

（3）宜人接口 制造系统运行的状态信息和故障的性质信息以便于人观察、理解、记忆的方式显示在人机接口（I/F）上，根据这些信息，现场工作人员就可以决定自己是否应该介入制造系统的操作，或者决定自己应该如何排除故障。

2. 实验系统

根据上述思想构筑的实验系统如图 3-4 所示，由图可以看出：

（1）面向现场工作人员的柔性制造自动化系统由多个制造单元组成，每个制造单元配置了传感器、数据存储块（DAC）、终端（point of production，POP），人们可以自由地从终端读写数据存储块的信息；

（2）各个托盘站（P/S）都配置了终端，终端不具备的功能由作业站（EWS）来补充，通过人机接口（I/F），人们可以在终端或作业站上对制造系统的运行进行仿真，作业站还能够与机床、终端通信；

（3）工件被自动导向小车（AGV）从一个加工单元运送到另一个加工单元，加工

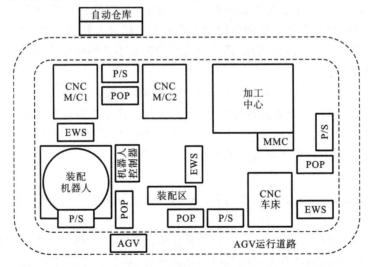

图 3-4 实验系统

信息则由数据存储块和作业站来处理；

（4）通过人机接口（I/F），现场工作人员能够轻而易举地获到加工的过程信息、故障的状态信息，做出决策后还能够方便地介入作业。

系统的工件自己带有振动传感器，机床传感器的信息是主轴电压值。在如图3-3所示的钻削加工中，通过融合振动信息和主轴电压信息来监测刀具的破损和磨损，其过程是：作业站对传送来的数据进行分析，并把对加工状态和故障状况的判断显示在终端和作业站上。若显示的是"刀具已经磨损"，此时，由于有现场工作人员介入，所以可以做出以下两种完全不同的决策和处理：

① 自动更换刀具，向数据存储块写入"精度低"、"装配时注意"等信息，并把工件送给下道工序；

② 现场人员认为刀具磨损量不大，否定更换刀具的决策，让刀具继续服役。

3.4 人机协调的柔性装配系统

汽车制造厂商认为，当今在汽车市场上的竞争，其成败不仅取决于商品的质量和价格，还取决于商品的新颖性和抢占市场的速度。

为了在汽车市场上取得竞争的主动权，国外某著名汽车公司针对汽车部件的组装提出了人机协调的柔性装配系统的构想，希望该系统既能确保装配的质量和效率，又能支持新产品的高速开发。该公司认为，充分发挥人的主观能动作用，让人与机器设备协调一致地工作，是完成装配作业的最理想方案。

3.4.1 人与机器的互补性

该研究认为，对一个装配系统的性能进行评价，可以从三个方面来开展，即生产效率、装配质量、对新产品开发和生产的支持力度。如果人和机器都是构成装配系统的基本单元，那么人和机器在装配系统中将发挥出互不相同的作用，其理由如下。

1. 生产效率

作业速度、工作持久性、故障，是影响装配效率的主要因素。

机器能够以较高的作业速度持久地运行，但是会产生突发性的故障，从而使装配系统停止工作。与机器完全不同，人不能保持恒定的工作速度，为了恢复体能需要工间休息，但是一般不会出现突发性的差错。

2. 装配质量

能否专注工作，能否分析判断出有哪些因素决定装配的质量，这直接关系到装配的质量。

机器能"专心致志"地工作，但是机器只能依照人们给出的模式来分析装配质量。与机器完全不同，人的注意力不能长时间地集中，但是人有能力对突发的质量事故进行综合判断。

3. 对新产品的支持

柔性、智力、运算处理能力,直接影响新产品的开发与生产。

机器只具备有限的柔性和一定的逻辑推理能力,但是具有高速准确的运算处理能力。与机器完全不同,人具有很高的柔性和卓越的思维预测能力,但是运算处理速度慢,并且容易产生差错。

以上分析表明,人与机器的能力具有互补性。因此,在追求高度自动化(无人或只有很少人)装配系统的同时,应该注意并发挥人的独特作用。

3.4.2 人机协调的柔性装配系统

让人与机器在装配系统中协调工作,充分发挥各自的特长,这一点不同于装配系统无人化。如图 3-5 所示的原理结构图,描述了人机协调的柔性装配系统的构想,其特征如下。

(1) 由人和机器组成 装配系统有不可缺一的两个结构要素,即自动化机械设备和使该设备发挥作用的人。

(2) 人机互相学习 装配系统运行时,人和机器处于互相学习的状态。机器不断地把自身的运行状态和运行环境的变化告诉人,而人根据各种信息和自己的经验想出一些处理方法,在向机器学习的过程中进一步寻找处理方法,并把这些方法不断地传授给机器。

(3) 人机协调工作 在通信技术支持下,人机互相学习、共同进步,不断地提高自身的能力,协调一致地完成装配作业。

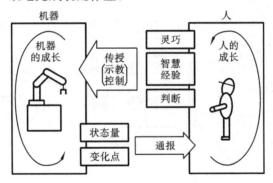

图 3-5 人机协调装配系统的构想

构筑人机协调的柔性装配系统要借助下列 4 项技术的支撑:

(1) 机器状态信息的传递 包括传感(视觉、振动、时序等)、监测、宜人接口等技术;

(2) 机器对人的培训 如技能的定量化、智力和技巧的提取(即知识获取)、仿真预测等技术;

(3) 人的技能的传授 如离线示教、控制调度、机器接口等技术;

(4) 人对机器的培训　如自学习诊断恢复、自律分布式、实时仿真预测等技术。

3.4.3　机器向人学习

在人机协调的柔性装配系统中，机器为何要向人学习？如何向人学习？有项研究以机器人分料系统为例说明了机器向人学习的过程。该研究认为，机器人这类依靠复杂的程序运行的设备，通过向人学习，可以迅速地提高自己的性能。

在如图 3-6 所示的机器人分料系统中，机器人的任务是把零件盘中堆放的零件（见图 3-7）分拣出来，并按指定姿势把它们安放到预定位置。通常情况下，视觉机器人按照下述步骤完成零件的分拣作业：

（1）获取信息　CCD 摄像机摄取的零件堆图像信息经过视觉装置处理后转变成某个零件的位置与姿势的数据；

（2）自动编程　这个零件的位置与姿势的数据经过机器人控制装置的自动编程转变成机器人的动作命令；

（3）分料　执行动作命令，机器人分拣出该零件，并按指定的姿势把它送到指定的位置。

如此分拣物料，首先是对零件堆的三维图像进行识别，因为被处理的信息量很大，所以需要几十秒钟才能完成一个动作循环。

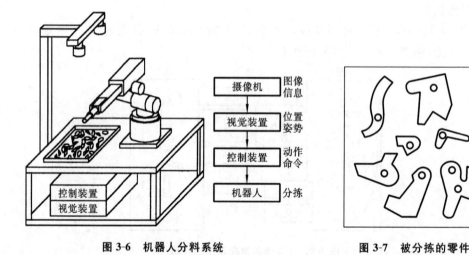

图 3-6　机器人分料系统　　　　　图 3-7　被分拣的零件

一般说来，人们按照如图 3-8 所示的过程分拣物料，完成同样的作业只用几秒钟。

（1）观察　观看零件堆，认定最容易取出的某个零件的位置。

（2）分拣　用手拣出这个零件。

（3）放置　在眼睛的监测下，认定该零件的姿势，并把它放到指定的位置。

机器人向人学习，就是把对零件堆的三维图像的识别和处理转变成识别和处理

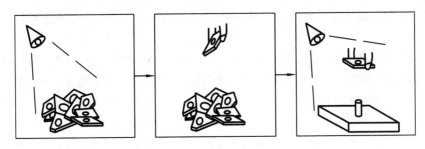

图 3-8 人工分料的过程

零件的二维特征图像,于是,采取如图 3-9 所示的步骤分拣零件:

(1) 观测 CCD 摄像机摄取零件堆的图像,视觉系统通过识别零件的周边轮廓和孔的形状,确定被取出的零件及其被夹持的部位;

(2) 分拣 不管零件的姿势如何,机器人将手指插入零件的孔中,把它抓牢;

(3) 放置 借助 CCD 摄像机和实时模式匹配技术,确定机器人手中零件的具体位置和姿势,并把它放到指定的位置。

机器人向人学习后,其作业速度可以提高 10 倍。

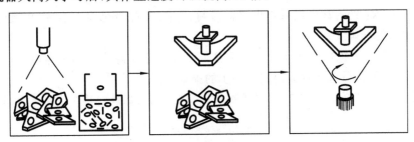

图 3-9 机器学习人工分料

3.4.4 人与机器相互学习、共同进步

人机协调的柔性装配系统建成后,人与机器还应该相互学习,不断地提高柔性装配系统的性能。

有研究认为,由若干台机器人组成的装配系统是最常见的装配系统,随着系统规模的扩大和系统柔性的提高,人们对系统运行的可靠性有了很高期求,因此,提高机器人的可靠性和性能,便成为重要研究课题。

该研究认为,按照人机协调的观点,在装配系统中,人与机器相互学习、共同进步。对机器人来说,提高其可靠性和性能可以采取以下三种方式:

(1) 自我提高 给机器人预先设置人的知识和思维方式,使机器人能自主地提高自己的性能;

(2) 相互促进 机器人把自己的信息按管理人员希望的形式整理出来,并提供给他们,管理人员发挥人类独有的创造能力,想出有效对策并传授给机器人;

(3) 专家帮助　把专家的高超技能转变成知识库,用专家系统帮助机器人提高性能。

该研究还认为,"专家系统"是实现人机互助的最完美形式,并以"机器人故障诊断"为例说明了在专家系统的支持下,如何实现人机互助。其思路是:对待像人那样灵巧地完成复杂动作的机器人,需要技术水平很高的维护人员为它服务;机器人出现故障时,经验丰富的维护人员为了查明故障原因,有时也颇费周折,在这段时间内机器人不得不停止工作;借助人工智能技术,开发出"机器人维护专家系统"就能实现人和机器的共同进步,从而提高机器人的运行可靠性和效果。

如图 3-10 所示的机器人维护专家系统具有以下特征:

(1) 通报　机器人发生故障停止运行时,立刻向维护人员提示当前的运行状态信息及机器人内部的各种信息,并准确地回答维护人员的提问;

(2) 自诊断　在专家系统的知识库中存储着专家的技能,借助知识库,机器人自己推断引发故障的可能原因,确定排除故障的方法,并向维护人员提示出自诊断的结果。在维护过程中,专家还可以对知识库中的"技能"进行追加和修改;

(3) 综合诊断　结合经常变化的外部因素和环境信息(机器人不可能提供),维护人员对机器人的自诊断结果作出综合评判。由于依据的信息更全面,因此综合诊断具有更高的准确度;

(4) 传授　人机协调共同开发的新技能不仅用于排除当前的故障,还可以追加到知识库中,使机器人的性能得到进一步的提高。

总之,在专家系统的支持下,可缩短故障排除时间,降低对维护人员的技术要求。

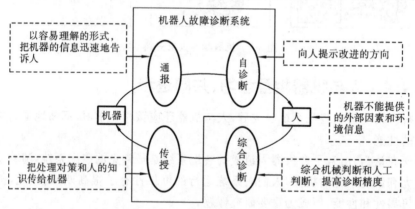

图 3-10　机器人维护专家系统

思考题与习题

3-1　在追求柔性制造系统"无人化"的道路上,人们有何重大发现?

3-2 为什么说制造系统是"人机合一"系统而不是人机互斥系统?

3-3 我国是人口大国,有无必要发展柔性制造自动化技术?

3-4 如何确定人在柔性制造自动化系统中的位置?

3-5 为什么要用"人机合一"的思想设计数控机床?有何具体措施?

3-6 面向现场工作人员的柔性制造自动化系统与传统的柔性制造系统有何区别?在结构上它有什么特点?

3-7 在柔性装配系统中,人与机器有何互补性?试说明人机协调的柔性装配系统的特点。

第 4 章
柔性制造自动化系统的机床特征

4.1 适用于柔性制造系统的机床特征

目前,在世界各国运行的柔性制造系统(FMS)绝大部分从事着零件的机械加工,金属切削机床是其内核。为了把某台机床纳入柔性制造系统,人们要对它的结构和性能进行改进。随着柔性制造自动化技术的不断发展,用于柔性制造系统的机床便具有了一些不同于其原型机床的特点。

1. 结构布局便于工件自动交换

为了方便工件自动交换,卧式加工中心的结构布局由床鞍移动改进成如图 1-11 所示的立柱移动。因为工作台与托盘交换器交换托盘,床鞍移动式机床的工作台必须完成左右方向的定点运动和前后方向的定点运动才能抵达交换托盘的位置;而立柱移动式机床的工作台抵达同一交换位置,只需完成左右方向的定点运动。

为了提高工件交换的可靠性和效率,人们还把原本属于物流系统的设备划作机床的部件,从整体上对原型机床重新布局。例如,一些厂商把加工中心和托盘交换器设计制造成一台整机,把车削中心与上下料机器人设计成一台整机(见图 4-1)。

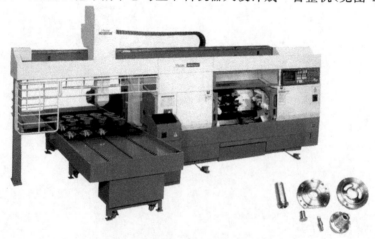

图 4-1 带机器人的车削中心

2. 大容量刀库或辅助刀库

柔性制造系统在运行中要使用大量刀具,例如,柔性制造系统常常要求加工中心的机床刀库具有 60 至 200 把刀具的容量,因此用于柔性制造系统的机床应该拥有大容量刀库。为了满足柔性制造自动化的需要,有些机床还配备有辅助刀库,机床刀库与辅助刀库之间的一批刀具交换,可以在柔性制造系统运行过程中完成(见图 4-2)。

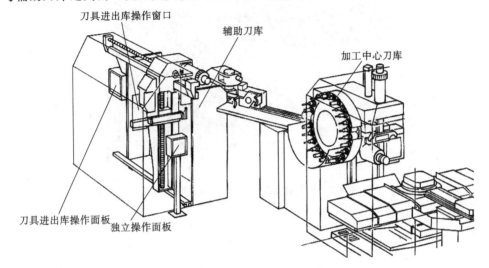

图 4-2 带辅助刀库的加工中心

3. 综合加工能力强

为了提高生产效率,根据工序分散原则,刚性自动线按照等节奏、快节拍的流水作业方式来布置机床和设备,在某个工位作业的机床具有某种专用性。为了提高生产效率,同时为了提高产品的加工质量,柔性制造系统把尽可能多的切削加工作业集中在一道工序中完成,因为这一技术措施不仅能够有效地缩短辅助加工时间(如工件交换、工件找正等),增加机床的切削加工时间,还能减少工件的多次装夹所引起的重复定位误差。

根据这一原则,柔性制造系统要求机床具有很强的综合加工能力,机床的结构也因此发生了重大变化。例如,20 世纪 90 年代初出现的五面体加工中心便综合了立式加工中心和卧式加工中心的制造能力,在一次装夹中就能加工出工件的各个侧面和顶面。五面体加工中心是卧式加工中心的升级产品,它的主轴头可以作立式与卧式的自由转换(见图 4-3)。

有些厂商采取提高主轴旋转精度和速度的技术措施,使加工中心能夹持磨削工具完成磨削加工作业;有的通过提高工作台旋转速度,使加工中心能完成车削加工作业(见图 4-4)。有些加工中心还具有主轴头交换功能(见图 4-5),能在一次走刀中用多把刀具加工多个表面。

为了工序集中,不少生产厂商还把不同类型机床的关键模块组合起来,构筑出了

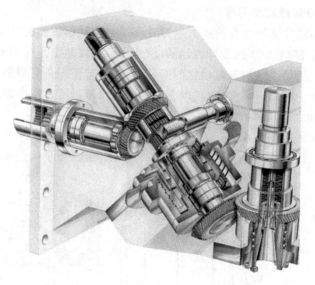

图 4-3 五面体加工中心的立卧转换主轴头

图 4-4 加工中心从事车削

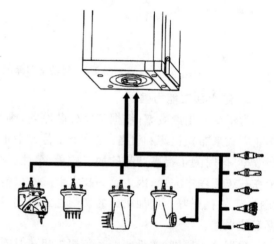

图 4-5 主轴头交换功能

一些新型机床。例如,车削中心就是综合数控车床和数控铣床的产物。

4. 高性能

强力切削和高速切削是提高生产效率的基本措施,因此,柔性制造系统选用刚性好的机床,要求机床具有较高的主轴转速和进给速度,并要求主轴电动机和进给电动机具有较大功率。

在相同制造环境下,柔性制造系统的机床精度高于常规的通用机床精度。例如,绝大多数厂商生产的加工中心,其各个数控轴的定位精度和重复定位精度都不大于 $\pm 0.01\ \text{mm}$,可代替普通坐标镗床完成具有较高位置公差要求的孔系加工。

5. 通信接口

通信接口是数控机床进入柔性制造系统的必要条件。

6. 强大的辅助功能

很多柔性制造系统要求机床配备大流量切削液设备。这种设备把切削液从机床的各个方位喷射到工件、夹具、工作台上，不仅能有效地带走切削热，保护刀具，防止热变形对加工精度的影响，还能把工件和托盘基面清洗干净，把切屑冲刷到切屑处理器中。

柔性制造还要求机床具有切屑处理功能。图 1-14 所示是两种商品化的切屑处理器，图 1-11 所示的卧式加工中心配置了切屑处理器。

为了保证柔性制造系统安全运行，比较先进的机床都具备刀具管理功能、功率监测和自适应控制功能、自动检测和补偿功能、突发性事故监视和处理功能，等等。

4.2 面向柔性制造系统的加工中心

按照零件的几何形状，人们把机械零件分成棱体零件和回转体零件两种类型，箱体、墙板、支架等属于棱体类零件，轴、套、圆盘等属于回转体类零件。

加工中心是功能最强大的棱体类零件加工机床，是一种以卧式镗床（或立式铣床）为基础开发出来的一种通用数控机床。与数控镗床（或数控铣床）比较，加工中心多配备了一个刀库，在数控系统的控制下能够实现刀具的自动交换，从而能够连续地对工件实施铣、钻、扩、铰、镗、攻螺纹等加工。

4.2.1 加工中心的改造

作为单机使用的普通加工中心是在操作人员的管理下运行的，操作人员不仅要装夹和校正工件、输入数控程序、配备切削刀具，还要密切注视加工过程中的机床运行状态、刀具状态、加工质量状态。普通加工中心要求操作人员进行这类干预，因此，不适应柔性制造自动化系统的需要。

为了让普通加工中心成为柔性制造系统的内核，有人按照表 4-1 列举的目的、措施、注意事项对它进行了改造。20 世纪 80 年代初期制订的这份技术方案，描绘出了面向柔性制造系统的加工中心区别于普通加工中心的技术特征。

表 4-1 加工中心改造

目　的	措　施	注 意 事 项
增加刀具数量	增加辅助刀库	·应增加刀具补偿组数 ·改造费用较大
	用机器人交换刀具	·应增加刀具装配控制装置 ·刀具补偿值自动重写 ·防止交换位置松弛

续表

目 的	措 施	注意事项
自动交换工件	增加自动交换工件装置	• 改造工作台费用较高 • 增加辅助工作台将缩小加工范围 • 托盘难用液压方案
	改造自动交换工件装置	• 不同种类机床之间托盘的互换性 • 与不同尺寸托盘的小车对应 • 统一输送高度 • 变更自动交换工件的序列
	识别托盘号	• 增加托盘识别代码 • 增加自动交换工件检测器
提高数控功能	• 扩大内存 • 检索外存储器程序号 • 增加双向通信接口	• 换新 NC 装置 • 给旧 NC 装置增加特殊附件
其他	• 无人化功能 • 与小车接口	• 自动断电 • 用限位开关检测刀具破损 • 增加时序器 • 多个生产厂家介入时要分工明确 • 小车、自动交换工件装置、托盘缓冲站、装卸站的定位

4.2.2 加工中心的选用

1. 选用要点

在探索如何提高加工棱体类零件的效率和质量的过程中，人们开发出了加工中心，并不断地改进它们的结构，完善它们的功能，因此，开发棱体类零件的柔性制造系统的时候，加工中心就成为这类柔性制造系统的首选设备。选用加工中心，应该注重下述要点。

（1）工件自动交换　涉及：采用什么方式把工件(毛坯)运出(送给)加工中心，加工中心是否需要配备托盘交换器，对托盘交换器的类型和布局有何要求。

（2）刀具自动交换　涉及：机床刀库的类型和规格，加工中心是否需要配备辅助刀库，机床刀库与辅助刀库之间如何交换刀具，等等。

（3）数控系统　重点考察数控系统的内存容量，考察与上位计算机双向自动通信的功能。

（4）加工精度的稳定性　涉及：热变形补偿，工件自动找正、测量、误差补偿，等等。

(5) 排屑问题　例如,能否在加工中心内部用切削液把切屑收集起来,是否有高压空气吹净托盘的定位基准面,是否有排屑装置把切屑送走。

(6) 功能扩展　即如何扩展无人条件下自动运行的功能,如何同其他设备集成,等等。

(7) 可靠性问题　例如,加工中心容易发生哪些故障,是否有保护措施防止切削液和切屑的溅射对设备造成破坏。

(8) 可维护性　考虑加工中心是否有故障诊断功能等问题。

2. 重点考察的技术条款

选用加工中心还应具体考察其规格和必备性能,主要技术条款如下。

(1) 托盘尺寸、各数控轴行程、联动轴数　托盘规格制约着被加工的零件尺寸范围,它应比相关夹具大 10 ％～15 ％;数控轴行程和联动轴数直接决定着被加工的零件种类和大小。

(2) 主轴转速范围、最大输出功率和力矩　用硬质合金立铣刀切削铝合金工件,要求采用较高的切削速度(主轴转速可达 10 000 r/min 以上);小孔的钻孔和镗孔,也要求加工中心拥有比较高的主轴转速。强力铣削钢件或铸铁件,则要求主轴电动机有较大的输出功率。

(3) 主轴刀柄锥度号和主轴轴承直径　刀柄锥度号取决于被加工零件,主轴轴承直径取决于强力切削的刚度。

(4) 刀库容量和允许存放刀具的最大直径、长度、自重　刀库容量关系到混流加工的零件种类多少,关系到无人运行的作业计划制定。刀具的最大直径、长度、自重不仅关系到被加工零件的规格,还关系到高效强力切削的可能性(例如,采用大盘形铣刀铣削平面)。

(5) 快速进给速度和切削进给速度　它们直接影响着切削加工效率。

(6) 刀具自动交换(ATC)时间和托盘自动交换(APC)时间　要交换刀具或交换工件,必须停止对工件进行切削加工,因此,刀具自动交换时间和工件自动交换时间对生产效率有直接影响。

(7) 主轴振摆和机床坐标系的原点偏移。

(8) 定位精度和重复定位精度。

(9) 分度精度和重复精度。((7)、(8)、(9)三项指标直接影响着零件的加工精度。)

(10) 螺距误差补偿和反向间隙补偿　它们对提高零件加工精度有重要意义。

此外,还应该通过切削如图 4-6 所示的试件来考核加工中心的动态精度和数控插补精度。考察项目包括:孔的尺寸精度、圆度、轴线倾斜度、圆柱度等形状误差,孔与孔的位置误差;平面的平面度;以单轴控制方式和两轴联动直线插补方式用立铣刀切削矩形凸台,检测矩形凸台的尺寸精度、平行度、垂直度;以两轴联动圆弧插补方式用立铣刀切削圆形凸台,检测圆形凸台的尺寸精度和圆度。

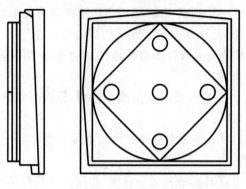
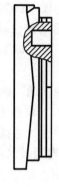

图 4-6 加工中心验收试件图

4.2.3 加工中心的重要功能

加工中心的如下功能对柔性制造系统的设计方案和运行效果有重要影响。

1. 刀具存储与自动换刀

加工中心配备有机床刀库,具有自动换刀功能,这是它与数控铣床和数控镗床的一个基本区别。加工中心的机床刀库有以下四种常见的结构形式。

(1) 盘式刀库 如图 4-7 所示,盘式刀库占用较小的空间,能与主机组合成紧凑的整体,可以提供快速换刀的必要条件,但是刀具存储容量小。

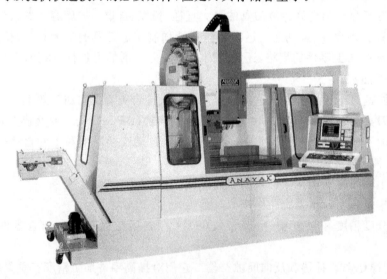

图 4-7 加工中心的盘式刀库

(2) 链式刀库 很多厂家生产的加工中心采用了链式刀库(见图 4-8),它拥有较大的刀具存储容量。可以把链式刀库设计制造成独立的部件,给加工中心配备多个链式刀库,能够使刀具存储容量得到成倍扩充。如图 4-9 所示的加工中心,配置了 5 个链式刀库,一个刀库有 60 个刀位,因此,该加工中心的刀具存储容量达到 300 把。

图 4-8 加工中心的链式刀库

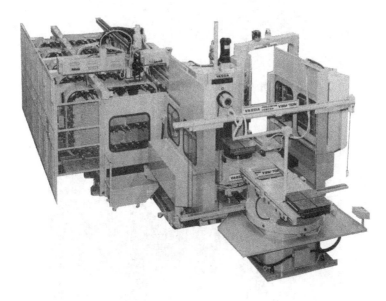

图 4-9 加工中心与扩充刀库

（3）盒式刀库 把加工中心存储刀具的两维空间（通常是水平面）划成若干方格，每个方格放置一个存放了若干把刀具的刀盒，这样就组成了盒式刀库。盒式刀库的刀具存储容量可以扩充到很大，通过更换刀盒，可以方便、迅速地实现刀具室与机床刀库之间的刀具交换（见图 4-10）。

（4）架式刀库 架式刀库的刀具悬挂在三维空间的挂架上，每把刀具占用直角坐标系的一个坐标位置（见图 4-11）。在架式刀库中，允许存放更长的刀具和更重的刀具，所以它能够用于配备大型号的加工中心。

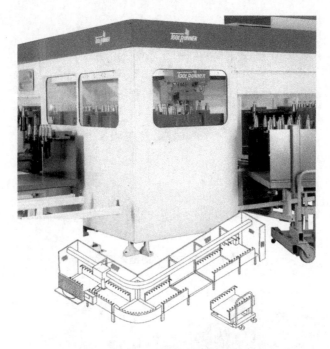

图 4-10　加工中心的盒式刀库

图 4-11　加工中心的架式刀库

2. 工件自动交换

把已加工的工件从加工中心搬走,把待加工的工件送给加工中心,这种作业被称为工件交换。在柔性制造系统中,工件交换作业分配给了工件交换装置。

在物料输送设备(例如,有轨自动小车)上安装工件交换装置,就可以实现与加工中心直接的工件自动交换。这种交换工件的方式,虽然能减少柔性制造系统的设备成本和占地面积,但只适用于加工中心数量少、工件切削加工时间长的柔性制造系统。

一般情况下，物料输送设备与加工中心交换工件要经过托盘交换器。托盘交换器拥有实施工件自动交换的装置，拥有能存放已加工工件和待加工工件的两个工位。

托盘交换器是加工中心的一个独立部件，有如图 1-11 和图 4-12 所示的两种结构形式，供用户选择。如图 1-11 所示的结构称为"平行式"托盘交换器，它把存放工件的两个工位安排在相互平行的两个固定位置，在实施工件交换的时候，加工中心和物料输送设备必须根据工件的加工状态来确定自己的作业地点。如图 4-12 所示的结构称为"旋转式"托盘交换器，其存放工件的两个工位并不固定，它能通过自身旋转来改变两个工位的位置，在实施工件交换的时候，加工中心和物料输送设备无须确认工件的加工状态，它们都有自己固定的作业地点。

图 4-12　旋转式 APC

为了支持工件自动交换，加工中心的工作台上安装了一套自动夹具。托盘采用一面两销定位，被液压夹紧装置压紧，托盘送进（运出）加工中心时，混有高压空气的切削液喷射到托盘的定位基准面上，把这些重要表面清洗干净。

3. 接触传感器

高性能加工中心都配备有接触传感器（见图 4-13），其内部结构和工作原理如图 4-14 所示：测头球接触到工件，测头就会发生偏移，从而使某个销脱离 V 形销槽、切断流过销槽的电流、发出一个接触信号，根据该信号，就能计算并显示出测头球与工件的接触点坐标位置。

由于加工中心经常交换刀具，所以传送接触信号采用了非接触电磁感应方式。为了保证结构上的稳定性，接触传感器用三点来支持测头，因此，测量力对三个支点有特殊方向性。

借助接触传感器，加工中心可以完成如下作业：

1) 工件自动找正

依照"基准同一"准则，人们通常选择零件的设计基准作为零件加工的工艺基准，

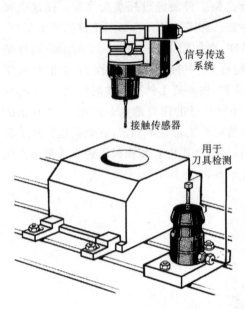
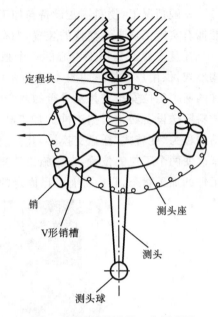

图 4-13 加工中心与接触传感器　　　　图 4-14 接触传感器工作原理图

编写数控程序所涉及的"工件坐标系"同这些基准有直接的对应关系。物料输送设备把工件送到加工中心后,用接触传感器检测工件的基准面就能确定工件坐标系在机床坐标系中的位置,在此基础上,加工中心才能按照预置的数控程序对该工件进行加工。

采用接触传感器找正工件,不仅能使柔性制造系统在无人的条件下运行很长时间,还能消除热变形、重复定位等因素造成的误差,提高零件的加工精度。

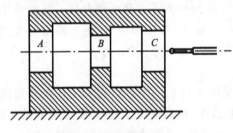

图 4-15 工件自动找正

例如,如图 4-15 所示的工件有 $A \rightarrow B \rightarrow C$ 三个同轴孔,由于位于中间的 B 孔较小,所以不便从一个方向(如 $A \rightarrow B \rightarrow C$ 方向)对它们进行镗削加工,因此很难获得较高的同轴度。利用接触传感器可以简便地加工出具有很高同轴度的 A、B、C 三孔,其工作流程是:① 从 $A \rightarrow B \rightarrow C$ 方向镗削 A、B 孔;② 加工中心的工作台旋转 180°;③ 接触传感器找正 B 孔,使镗杆轴线与 A、B 孔轴线重合;④ 镗削 C 孔。

2) 刀具破损监测

小钻头、小立铣刀、丝锥等金属切削刀具都比较脆弱,监测它们的破损状态是保证设备安全运行和工件加工质量的基本措施之一。

接触传感器能监测刀具的破损,其工作原理是:接触传感器安装在加工中心的某一固定位置(见图4-13),在切削开始前或切削结束后,把被监测的刀具移动到预定位置与传感器接触;正常刀具能生成接触信号,数控系统收到接触信号便启动数控程序,让刀具切削工件;破损刀具不能生成接触信号,数控系统未收到接触信号便启动换刀程序,让备用刀具替代当前刀具。

4. 加工尺寸检测与自动补偿

常规生产中,多用"试切法"来控制零件的尺寸精度,其步骤是:①试切;②人工测量加工尺寸;③调整切削参数;④重复上述步骤,直到尺寸精度达到要求。显然,试切法不能用于柔性制造系统。给加工中心增加自动检测补偿功能,柔性制造系统加工的零件的尺寸精度就能得到有效保证。

图4-16是一种自动检测补偿装置的结构原理图。从图4-16可以看出:"加工中心主机"、"驱动单元"、"数控(NC)装置"、"机床操作面板"是构成加工中心的基本部件;接触传感器"附件"从事数据采集,它通过"机械接口"与加工中心的主机相连接,通过"数据接口"与加工中心的信息处理单元相连接;"自动检测补偿附件"从事数据处理,它借助"数据I/O接口"与接触传感器"附件"交换数据;在数据采集、数据处理、补偿控制的作业过程中,"通用控制器"起到枢纽作用,它是架设在主机和两个附件之间的桥梁。自动检测补偿的工作流程是:①试切;②接触传感器测量加工尺寸;

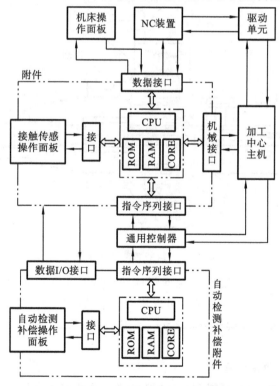

图4-16 自动检测补偿系统的结构

③计算测量尺寸与公称尺寸的差值;④控制器控制刀具做出相应的补偿动作;⑤再切削。

在精密镗孔的研究中,人们开发出了具有自动补偿功能的镗杆。图 4-17 是一种自动检测补偿镗杆的结构图,镗杆端部的测头承担测量孔径的任务,刀具自动补偿的步骤如下:

(1) 安装在主轴头内的止转销伸出,并阻止内齿圈转动;
(2) 刀体随主轴回转,带动齿轮 1 绕内齿圈公转,并迫使齿轮 1 自转;
(3) 齿轮 1 推动齿轮 2 转动;
(4) 齿轮 2 带动齿轮 3 和齿轮 4 绕齿轮 5 公转;
(5) 齿轮 5 迫使齿轮 3 自转;
(6) 齿轮 3 带动齿轮 4 自转;
(7) 齿轮 4 把转动传递给齿轮 6;
(8) 齿轮 6 与推杆是螺旋机构关系,齿轮 6 把自己的转动变换成推杆的移动;
(9) 推杆迫使顶销沿着孔的径向作补偿运动;
(10) 止转销缩回,开始镗孔。

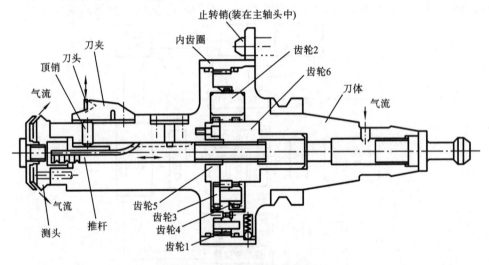

图 4-17　自动检测补偿镗杆

由于齿轮 3、齿轮 4、齿轮 5、齿轮 6 组成的机构是差动齿轮机构,因此刀体转动一圈,推杆只移动微小距离。该镗杆可以使刀头沿孔的半径方向做出 1 μm 的补偿,且它沿半径方向的最大补偿量为 0.2 mm。

5. 功率监控

1) 切削状态的功率监视

机械加工过程中,刀具可能磨损、破裂、折断,毛坯加工余量可能不均匀,毛坯可能有夹砂。这些故障产生后如果不及时被排除,轻则影响加工质量,重则导致工件报废、设备受损。

生产实践还告诉人们,刀具和毛坯的缺陷都会引起切削功率与进给功率的变化。根据这种物理现象,生产厂家给加工中心增添了功率监控器,通过检测主轴电动机的功率变化来监测刀具和毛坯的切削状态。切削状态的功率监视原理是:

(1) 依据本厂积累的工艺数据,确定每种刀具进行正常切削的主电动机功率;

(2) 以该主电动机功率为基准,设定每种刀具的主切削功率门限值;

(3) 检测并判断主电动机功率是否超过了门限值;

(4) 若超过门限值,功率监控器就中断切削加工,并发出报警信息。

2) 切削状态的自适应控制

某些加工中心还拥有自适应控制(AC)功能,它能够对切削状态进行更有效的监视和控制。

图 4-18 是一种自适应控制器的工作原理框图。控制器中布置了五个监测点,用功率检测装置监测主轴电动机的功率,用振动检测装置监测主轴的振动,用三个分流器监测 X 轴、Y 轴、Z 轴三个轴的伺服电动机的电流。由于某些刀具的切削状态能引起伺服电动机的进给功率发生显著变化,因此监测伺服电动机的电流值对提高自适应控制器的性能有着重要意义。

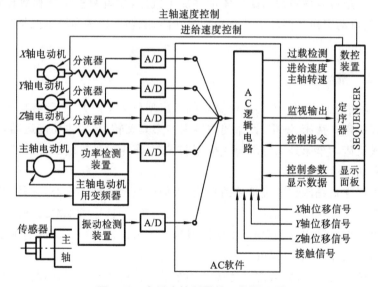

图 4-18 自适应控制器的工作原理图

自适应控制也要求为相关物理量设定门限值,进行测量值与门限值的对照比较。如图 4-18 所示,监测得到的模拟量,经过 A/D 转换,以数字量的形式传送给自适应控制(AC)逻辑电路,由自适应控制(AC)软件把它们与已经存储在逻辑电路中的控制参数和控制指令进行对照比较。

所谓自适应控制,就是依据监测值及对照比较的结果,实时地调整切削用量,把被监测的物理量控制在门限值之内。例如,柔性制造系统虽然对工件毛坯的精度有比较高的要求,但是毛坯尺寸还会在比较大的范围内波动,因此加工中心铣削平面,第一刀的实际切削深度就会出现随机变化。切削深度很大时,如果加工中心仍然保持原定的主轴转速和进给速度,那么切削力就会很大(同时,主轴电动机的功率和进给电动机的电流也会很大),并引发机床颤振和刀具破损。这种态势一出现,自适应控制器就向数控装置发出过载检测、主轴转速、进给速度等信号,于是数控装置便降低主轴电动机和进给电动机的转速,使切削力回落到正常状态(同时,主轴电动机的功率和进给电动机的电流回落到门限值内),从而使设备和刀具得到保护;反之,如果切削深度很小,自适应控制器就提高主轴电动机和伺服电动机的运转速度,使机床和刀具既高效又安全地工作。

自适应控制器不仅能保护刀具或机床免遭破坏,还能让加工中心保持最佳的切削状态,充分发挥其生产效率。

4.3 车削中心

车削中心是功能最强大的回转体零件加工机床,兼备数控车床和数控铣床的能力,拥有刀具自动交换功能和工件自动交换功能,能够承担多品种小批量的柔性制造任务。

4.3.1 概述

按照主轴的工作状态,人们把金属切削机床划分成了两大类:刀具旋转式机床和工件旋转式机床。钻床、铣床、镗床的主轴夹持刀具旋转,形成主切削运动,它们属于刀具旋转式机床。车床是工件旋转式机床的代表,车床主轴夹持工件旋转,形成了车削加工的主切削运动。

通过扩展立式铣床和卧式镗床的功能,人们开发出了加工中心,它是钻床、铣床、镗床的综合体,在数控系统的控制下,能够自动交换刀具,连续地对工件实施铣削、钻孔、镗孔、攻螺纹。采用加工中心,不仅能够减少装夹工件和找正工件的次数,提高生产效率,还能消除多次装夹工件所引起的重复定位误差。

经过车削的工件,有四分之一还需要继续接受铣削和孔加工,因此人们自然而然地期待一种机床拥有工件旋转式机床和刀具旋转式机床的特点,对工件只需要进行一次装夹,就能完成其全部切削加工。

20世纪70年代,车床迎来了数控化的高潮,全机械式单轴自动车床的数控化促成了车削中心这种新型机床的诞生。

4.3.2 车削中心的主要结构特点

车削中心属于高档数控机床,与数控车床相比,其关键部件具有鲜明的结构特点。

如图 4-19 所示的单轴自动车床型车削中心能够把棒料切削加工成由旋转面、凸台、槽、横孔、偏心螺孔等形体组合而成的复杂零件,棒料由自动供料装置供给,零件完工后被成品分选器收集到储料器中。主轴箱、20 刀座回转刀架、对置式刀架三个重要的基本部件是该车削中心的特征部件。

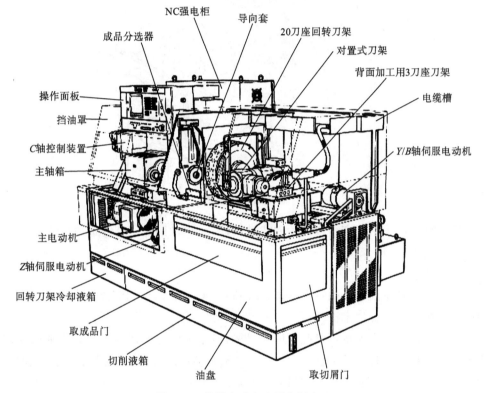

图 4-19 单轴自动车床型车削中心

1. 主轴箱

开发车削中心的第一个必要技术措施,是把数控车床的主轴改造成数控轴(C 轴),在功能上至少应该实现 C 轴与 X 轴的联动,以及 C 轴与 Z 轴的联动。

图 4-20 是主轴箱的结构示意图。如图 4-20 所示,它有两条传动链:主轴电动机通过 V 带传动,驱动主轴旋转,实现车削的主运动;C 轴伺服电动机通过齿轮传动,驱动主轴旋转,实现铣削的 C 轴进给运动。车削的主运动与铣削的 C 轴进给运动之间的状态切换,是借助滑移齿轮机构实现的。在数控系统的控制下,"拨叉动作油缸"驱使"拨叉"推动大"中间齿轮"在"花键轴"上滑移,第二对"中间齿轮"处于啮合位置

时为车削中心的铣削状态,处于脱离位置时为车削中心的车削状态。

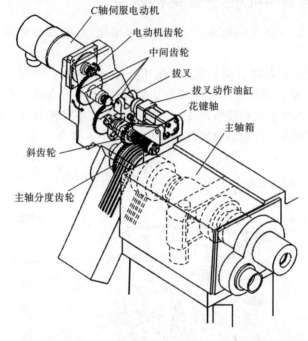

图 4-20 主轴箱

该车削中心采用了高精度齿轮和花键轴,因此 C 轴的定位精度达到 $\pm 2'$,重复定位精度达到 $\pm 1'$。

2. 刀架

回转刀架是车削中心的一个标志,使回转刀架上的刀具能够高速旋转是开发车削中心的第二个必要技术措施。

普通数控车床虽然也可以配备回转刀架,但车削中心的回转刀架具有如图 4-21 所示的结构特点,即:刀具主轴驱动用 AC 主轴电动机的转动,经过电动机齿轮、驱动轴齿轮、伞齿轮副传递到刀具主轴,使钻头、立铣刀等刀具高速旋转,形成主切削运动。

不同刀具要求不同的主切削运动:铣槽要求低转速、大扭矩,钻小孔要求高转速,攻螺纹对加减速性能有很高要求,因此,如图 4-19 所示的车削中心采用了功率大、性能好的 AC 主轴电动机。如图 4-21 所示的回转刀架有 20 个刀位。在每个刀位,既能安装钻头、铣刀这类需要作旋转运动的刀具,又能安装车刀这类无须旋转的刀具。安装车刀的刀位不配备锥齿轮与伞齿轮啮合,车削加工时,刀具主轴驱动用 AC 主轴电动机也不应该运行。

3. 对置式刀架

对置式刀架不是车削中心的必备部件,但是有了对置式刀架,车削中心的加工能

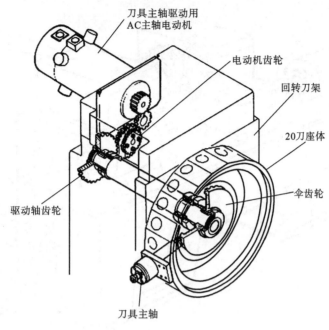

图 4-21 回转刀架

力可以得到扩大。

被车削中心夹持的工件,有时受到机械结构的限制,不能对其朝向夹头的端面(简称背面)进行加工。为了防止两次装夹引起的误差,或者为了减少辅助加工时间,可以在对置式刀架上安装具有回转能力的刀具,对工件背面的孔进行加工。

4.3.3 车削中心的主要工艺特点

车削中心具备工件旋转式机床和刀具旋转式机床两类机床的结构特点,因此,车削中心的加工工艺也不同于普通数控车床。

1. 多轴数控加工

普通数控车床只有一个主轴、一个刀架,只有 X 轴和 Z 轴两个数控轴,只能完成 X 轴与 Z 轴联动的数控加工。

对车削中心来说,它最少有 X 轴、Z 轴、C 轴三个数控轴,可以完成 X 轴、Z 轴、C 轴三轴联动的数控加工,以及 X 轴、Z 轴、C 轴任意两轴联动的数控加工。

一些厂商还推出了双主轴、双刀架的车削中心,如图 4-22 所示,这类机床拥有六个数控轴。图 4-23 所示为加工如图 4-24 所示工件的工艺流程,为了加深理解车削中心的多轴数控加工功能,对该工艺流程作以下简要说明:

(1) 第 1 主轴(左侧)夹持毛坯,X_1、Z_1、C_1 轴配合,完成对其右端的车削、铣削;

(2) 第 1 主轴和第 2 主轴(右侧)同时向车削中心的中央移动,在车削中心的中央位置,工件从第 1 主轴转移到第 2 主轴,然后,新毛坯被装夹到第 1 主轴;

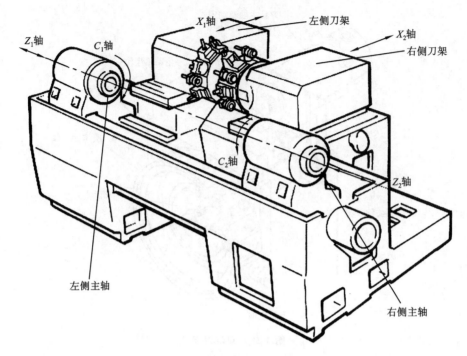

图 4-22 双主轴车削中心

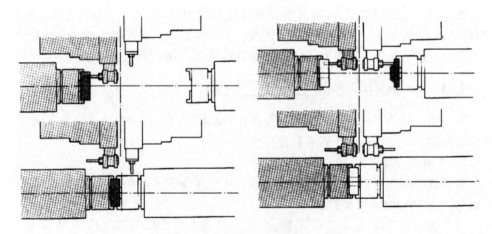

图 4-23 双主轴车削中心的加工特点

(3) X_1、Z_1、C_1 轴配合,加工毛坯的右端,X_2、Z_2、C_2 轴配合,加工毛坯的左端;

(4) 第(3)程序段完成后,从第 2 主轴上取下工件,接着执行第(2)程序段。

2. 加工综合化

除具备普通车床的车削功能外,车削中心还有很强的综合加工能力。

如图 4-25 所示,车削中心的 Z 轴与 C 轴联动,可以铣削螺旋槽;X 轴与 C 轴联动,可以铣削端面凸台;控制 C 轴,可以加工端面沟槽。此外,车削中心还能加工如

图4-26所示的横孔、侧平面、偏心孔、横偏心孔等特殊表面,因此,它是一种能有效地对复杂回转体零件进行综合加工的先进设备。

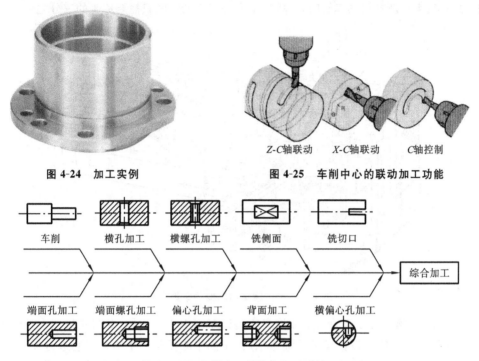

图 4-24　加工实例　　　　图 4-25　车削中心的联动加工功能

图 4-26　车削中心的综合加工功能

3. 加工节奏快

加工节奏是指完成一个工件的全部切削加工所花费的时间,它包括:切削加工时间,辅助加工(含工具交换、对刀、切屑处理等)时间,上下工件时间。

无论是普通机床还是数控机床,对工件进行车削、铣削、钻削,其切削加工时间都没有很大差别,因为切削加工时间仅仅与工件的特征和刀具的性能有关。提高设备的性能虽然可以缩短辅助加工时间和上下工件时间,但是设备性能的提高总有限度。因此,要加快制造节奏,只能使工序集中,尽量减少上下工件的次数。

车削中心有很强的综合加工能力,能够以工序高度集中的特长来完成回转体零件的切削加工,因此,它拥有很快的加工节奏。

4.3.4　车削中心的功能扩展

如同加工中心在棱体零件的柔性制造中的地位那样,回转体零件的柔性制造常常选用车削中心作为主机。在柔性制造自动化技术的推动下,车削中心的功能得到很大扩展,结构发生了进一步的变化。首先,让我们了解一个实例。

1. 加工轿车铝车轮的车削中心

如图4-27所示的车削中心是20世纪90年代中期的专利产品。作为一个能在无人条件下长时间运行的独立制造系统,它在轿车铝车轮的生产中发挥着良好作用。与由两台四轴控制的数控机床、一台加工中心组成的制造系统相比,其占地面积只有原来的一半,生产新规格的车轮时,完成加工准备工作的时间只需要原来的三分之一。

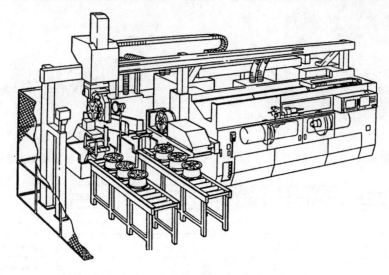

图 4-27 加工轿车铝车轮的车削中心

具有双主轴、双刀架的六轴数控车床是该车削中心的主体,龙门式机器人是物料输送设备。滚子传送带把车轮毛坯送来后,车削中心便按以下流程对它进行加工:

(1) 机器人从传送带上抓起一个车轮毛坯,把它移到视觉系统的摄像机视野中央;

(2) 摄像机对面的光源上升,摄像机检测出车轮轮辐的位置状态(转角),并把检测数据传送给 C_1 轴,C_1 轴作出相应转动,等待毛坯到来;

(3) 机器人把毛坯送给第 1 主轴,工件被夹紧后,机器人向第 2 主轴移动很小一段距离。接着,第 1 主轴低速回转,安装在机器人手掌根部的激光传感器开始检测毛坯内径的振摆,振摆如果超差,废弃毛坯;

(4) 第 1 刀架对车轮毛坯的右端进行车削,并加工周向和轴向的孔、面;

(5) 工件从第 1 主轴传递到第 2 主轴,第 2 刀架对毛坯的左端进行加工,同时,第 1 主轴也在完成自己的作业;

(6) 车轮完工后,机器人把它送给清洗机。

车削中心还装配了低压大流量冷却液系统,它能方便地清除切屑,还可以保证不让切屑划伤工件表面。

2. 车削中心的功能及其实现措施

以上实例,涉及车削中心的综合加工、物料搬运、切屑处理、运行监视等功能。实际上,不同规格和型号的车削中心,其功能和实现功能的技术措施并不一样,有人把这些功能和措施综合整理成了图 4-28。

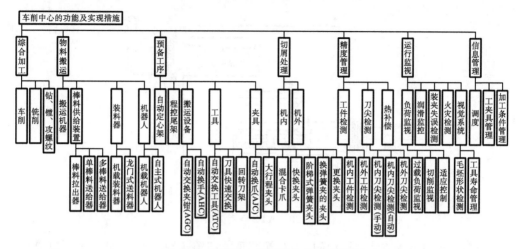

图 4-28 车削中心的功能及其实现措施

下面进一步介绍预备工序功能的自动换刀（ATC）与自动换爪（AJC）子功能，以及运行监视功能。

3. 自动换刀（ATC）与自动换爪（AJC）

作为回转体零件柔性制造系统的内核，车削中心要在无人条件下长时间地连续运行，完成多种零件的混流加工任务，必须具备自动换刀（ATC）和自动换爪（AJC）功能。自动换刀能够无限扩充刀具的实际使用数量，自动换爪能够有效增大工件的加工范围。

1) 自动换刀（ATC）功能

对车削中心来说，可以借助专用换刀装置或机器人来交换刀具。如图 4-29 所示，专用换刀装置的工作原理和结构与加工中心的换刀装置很相似，由于其设计和制造以具体的主机为背景，因此，其布局和结构比较合理，能够获得快速交换刀具的效果。

如果车削中心没有专用换刀装置，则可以借助搬运工件的机器人来实现刀具的自动交换。机器人交换刀具的作业是在工件交换的空余时间内完成的，因此应该对机器人的控制和定位提出更高要求。

车削中心有回转刀架，还可以配置自动换刀专用刀架（见图 4-30）。自动换刀专用刀架有较好的刚性，能够起到一些特定的作用，但其工具交换需要较长时间。

2) 自动换爪（AJC）功能

自动换爪技术并未被车削中心普遍采用。概

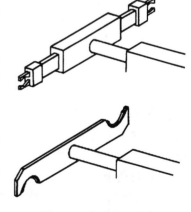

图 4-29 专用换刀装置

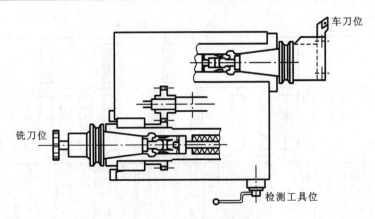

图 4-30 ATC 专用刀架

括地讲,换爪有两种方式,即仅换爪尖和换整爪。如图 4-31 所示的是一个可以更换爪尖的三爪卡盘,它的卡爪由平衡块、楔形块、爪体、爪尖组成,爪体带有 T 形销,平衡块能使卡盘平稳地高速回转。位于图 4-31 右下角的爪尖盒是换爪的辅助工具,爪尖就存放在盒中,机器人利用它可以一次取走三个旧爪尖,换上三个新爪尖。

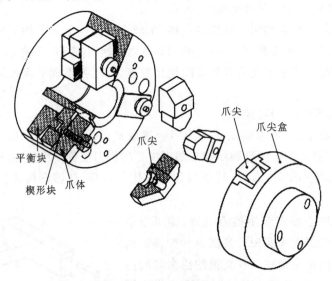

图 4-31 可换爪尖的卡盘

自动更换爪尖的优点是:可同时更换三个爪尖,因此换爪所需要的时间短;由于只换爪尖,因此爪体精度容易保持;可利用搬运工件的机器人来换爪,因此不需要配备专用的换爪装置。

4. 运行监视

作为柔性制造系统的内核,车削中心的运行状态直接影响着柔性制造系统的运行效果,为了充分发挥其内核作用,生产厂家依据不同原理为车削中心开发出了多种运行监视系统,以下介绍的工件装卡状态监视系统、活动顶尖支承监视系统、刀具状态监视系统只是其中的例子。

1) 工件装卡状态监视系统

无人条件下运行的车削中心,靠机器人来上下工件。自动卡盘能否正确地装夹机器人送来的毛坯,直接影响到切削加工的安全和质量,因此,人们开发出了如图4-32所示的监视系统,监视三爪卡盘装卡工件的状态,即工件的定位是否准确、夹紧力是否达到设定值。从图4-32可以看到,该监视系统在卡爪上设计了一个小孔,让压缩空气能在卡爪和工件之间渗漏,根据空压机的输出压力和气缸的工作压力之差来判断工件装卡状态。

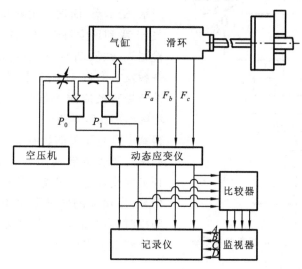

图 4-32 工件装卡状态监视系统

在图4-32中,P_0是空压机的输出压力,P_1是气缸的工作压力,F_a、F_b、F_c分别是卡爪a、卡爪b、卡爪c对工件施加的夹紧力,A、B、C、D是四个电信号。监测系统规定:当空压机的输出压力P_0达到设定值时,A为高电平;当P_0与气缸的工作压力P_1之差在设定值之内时,B为高电平,此时工件与三个卡爪贴合正常、压缩气体渗漏小于设定值;当三个卡爪对工件施加的夹紧力都达到设定值且三个夹紧力之间的差值也在允许范围之内时,C为高电平;当信号A、B、C都是高电平时,D为高电平。

D为高电平时,主轴电动机才有可能旋转。假如装卡工件时,空压机的输出气压P_0达到设定值、A为高电平、三个卡爪对工件施加的夹紧力正常、C为高电平;但是,卡爪与工件之间的切屑使某个卡爪与工件贴合不好,压缩空气在卡爪和工件之间的渗漏量变大,因而P_1变小、P_0与P_1之差超过设定值、B为低电平;A、B、C信号中的低电平信号B使D成为低电平信号,于是,主轴电动机得不到旋转允许信号。这种结果对应的装卡状态是:工件虽然已经被夹紧,但是切屑使工件装卡偏心,如果切削就会影响加工质量。

2) 活动顶尖支承状态监视系统

加工轴类零件时,常常用活动顶尖来增强工艺系统的刚度,活动顶尖与工件的中心孔的接触状态对工艺系统的实际刚度有直接影响。中心孔如果没有被活动顶尖顶紧,工件就处于悬伸状态,在切削力的作用下,它会产生挠曲、振动。

活动顶尖与中心孔接触不良还会引起顶尖与中心孔之间的相对滑动,即由于没有足够大的摩擦力,卡盘的旋转运动不能经过工件同步地传递到顶尖,从而使顶尖的转速低于卡盘的转速。

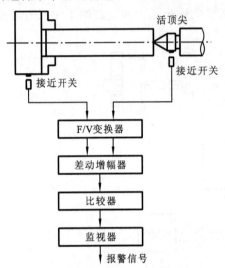

图 4-33 活动顶尖支承状态监视系统

依据这种现象,人们设计出了一种活动顶尖支承状态监视系统,其原理如图 4-33 所示:给卡盘、活动顶尖各布置一个接近开关,卡盘和顶尖每转动一圈,与它们固联的检测头(铁质凸台)就通过接近开关一次,并触发它产生一个脉冲,F/V 变换器把脉冲信号转换成频率信号和电压信号,差动增幅器和比较器进一步处理这些信号便可得到卡盘与顶尖的转数差。当卡盘的转动频率与顶尖的转动频率相等时,表明活动顶尖的支承状态正常,监视器不发出报警信号;当顶尖的转动频率小于卡盘的转动频率时,表明活动顶尖的支承状态不正常,监视器就发出报警信号。

3) 刀具状态监视系统

车削过程中,主切削力 F_z、进给抗力 F_x、切深抗力 F_y 是比较容易检测的。实践结果告诉人们,当切削速度、切入深度、进给速度、工件材料与工件形状、刀具材料和刀具几何参数、切削液等条件一定时,三个切削分力的比值,即 F_x/F_z 和 F_y/F_z 与刀具的磨损状态有必然的对应关系。

根据这种现象,人们设计出了如图 4-34 所示的刀具状态监视系统。该系统能检测出主切削力 F_z、进给抗力 F_x、切深抗力 F_y,计算出切削分力的比值 F_x/F_z 和 F_y/F_z,并把结果 F_y/F_z 送到微分器,进一步计算出 $d(F_y/F_z)/dt$。

F_z、F_x、F_y 是比较器(1)的输入信号,F_x/F_z 是比较器(2)的输入信号,F_y/F_z 是比较器(3)的输入信号,$d(F_y/F_z)/dt$ 是比较器(4)的输入信号,高电平信号是它们的输出信号。磨损判别器和破损判别器对各个比较器的输出信号进行逻辑运算后就输出刀具的状态信号,进一步说明如下。

(1) 主切削刃的磨损能够使 F_x 和 F_x/F_z 变大,F_x/F_z 如果超过设定的门限值(主后刀面磨损标志),比较器(2)就输出高电平信号 A。如果 A 持续了一段时间,说明 A 不是偶然信号,就把它输入到磨损判别器中,磨损判别器则输出高电平信号 B。信

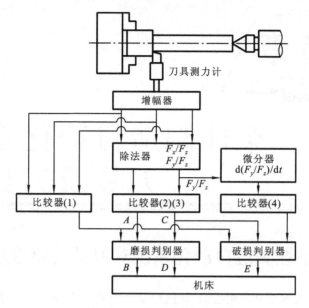

图 4-34 刀具状态监视系统

号 B 可以用作机床进给运动的停止信号。

（2）副切削刃（刀尖）磨损能使 F_y 和 F_y/F_z 急骤增大，F_y/F_z 若超过其门限值（副后刀面磨损标志），比较器（3）就输出高电平信号 C。如果 C 持续了一段时间，说明 C 不是偶然信号，就把它输入到磨损判别器中，磨损判别器就输出高电平信号 D。信号 D 可以用作机床进给运动的停止信号。

（3）副切削刃（刀尖）破损 10 ms 后，主切削力 F_z 就会超过设定的破损门限值，破损判别器就输出高电平信号 E。信号 E 可以用作机床的停止运动信号。

思考题与习题

4-1 为了柔性制造系统，机床的结构和性能发生了哪些变化？

4-2 普通加工中心为什么不能满足柔性制造系统的要求？应该如何对其改造？

4-3 怎样为柔性制造系统选用加工中心？

4-4 加工中心的哪些功能对柔性制造系统的设计和运行有重要影响？简要说明。

4-5 为什么要开发车削中心？与普通数控车床相比，它有哪些结构特点？

4-6 试简述车削中心的主要工艺特点。

4-7 简要说明车削中心的重要功能。

第 5 章

柔性制造自动化系统的刀具及刀具管理

5.1 柔性制造自动化系统对刀具的要求及对策

金属切削加工的刀具选用恰当,就能以较少投入获得较高的生产效率和优良的加工质量。为完成零件的多品种、小批量混流加工,柔性制造自动化系统对刀具提出了新的要求。因此,柔性制造自动化系统的刀具及刀具管理问题更应受到重视。

5.1.1 柔性制造自动化系统对刀具的要求

与其他生产方式相比,柔性制造自动化系统对刀具提出了以下要求。

1) 控制刀具的数量

柔性制造自动化系统要求配备数量庞大的刀具。例如,拥有 2 000~3 000 把刀具的柔性制造自动化系统并不少见,而配齐这些刀具不仅需要上百万元的资金投入,需要很大的保管空间,还要克服很大困难对它们进行维护和保管。因此,要想降低柔性制造自动化系统的运行成本,就应综合考虑相关因素,把刀具数量控制在最小的范围。

2) 刀具自动交换

在柔性制造自动化系统的运行过程中,刀具交换是自动完成的。由于刀具自动交换装置(如机械手)的抓重能力有一定限度,因此,为了使大小或重量超过额定要求的刀具也能自动交换,应该对它们的结构作出改进,或者对它们自动存取和交换的方式进行改进。

3) 高可靠性

柔性制造自动化系统是在无人条件下长时间运行的制造自动化系统,而刀具破损是影响其正常运行的重要因素之一。为了让柔性制造自动化系统达到设计目标,应该让刀具保持高可靠性。

5.1.2 对策

为了满足柔性制造自动化系统对刀具提出的要求,人们探索出了不少行之有效的对策。

1. 可靠性对策

研究发现,使用不重磨刀具是防止刀具破损的最有效方法。如果采用重磨刀具,那么在重磨过程中工艺参数控制不当就会使刀刃出现微细裂纹,就会留下破损的隐患。因此,柔性制造自动化系统应该尽可能地采用不重磨刀具——不管它们是硬质合金刀具还是高速钢刀具。

2. 超常刀具自动交换对策

如图 5-1 所示的刀具结构是解决大刀具自动交换的一种实用方案。这种刀具由刀头和基本刀体两个部件组成,基本刀体预先安装在机床的主轴上,因此交换刀具只需要交换重量很轻的刀头。锥面和端面是刀头与基本刀体的结合面,在轴向拉力作用下,钢球同时沿轴向和径向移动,从而使刀头与基本刀体牢靠地连接起来,其装配精度可以达到 $2\ \mu m$。

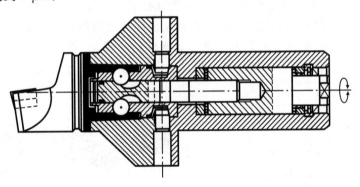

图 5-1　大刀具自动交换的实施方案

3. 刀具数量控制对策

为了压缩柔性制造自动化系统的刀具总量,人们从零件设计、刀具设计、柔性制造的运行等环节找到了不少有效对策。

1) 产品设计模块化和标准化

为了满足社会的不同需求,人们开发出了各种各样的产品。在长期的生产实践中,人们还认识到,产品是人类智慧的结晶,采用模块化和标准化的设计方法就能为不同产品设计出一些通用部件和类似部件,就能为不同零件设计出一些相同(或相似)的结构要素。这些技术措施能够控制零件的种类不随产品种类的增加而直线上升,能控制零件被加工面的类型不随零件种类的增加而直线上升,从而能够控制柔性制造自动化系统对刀具的需求总量。

2) 刀具设计模块化和标准化

用于数控机床的刀具由与主轴（或刀架）相结合的刀柄、对工件切削加工的刀头、连接刀柄和刀头的刀杆等三个部分组成，传统刀具把三者做成一个整体。实际上，对规格型号相当的机床来说，其刀具有着完全相同的刀柄，刀具之间的区别主要反映在刀头上。根据这种认识，人们把刀具设计成刀柄、连接杆、刀头三个模块（见图 5-2），针对不同加工要求再把它们组合成各种不同的刀具。

图 5-2　模块化刀具的构成

虽然采用模块化刀具需要比较大的一次性投资，但是通过三个模块的组合，可以扩大已有刀具的使用范围和实际使用时间，从而能有效地压缩柔性制造自动化系统的刀具总量。因此，采用模块化刀具最终能降低制造成本。图 5-3 所示的是上海机床附件一厂生产的 TMG-50 模块化刀具，该刀具系统图显示了模块化刀具的特点和广泛用途。

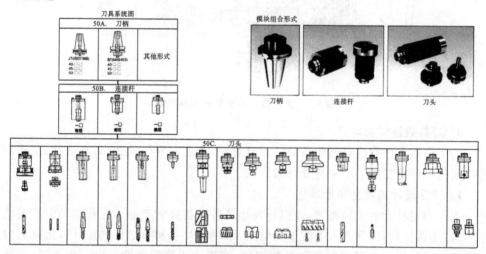

图 5-3　TMG-50 模块化刀具系统

所谓标准化，就是把生产中使用的基本刀具系统化，使其成为本厂的刀具标准。根据工厂积累起来的生产经验，把刀具分成标准刀具、专用刀具、特种刀具，就能有效地减少必备刀具数量。

3) 开发车削和铣削的通用刀具

按照传统观念,基于工件旋转的车床和基于刀具旋转的铣床是结构特点完全不同的两类机床,它们的刀具并没有什么通用性。为了减少柔性制造的刀具总量,人们通过分析数控车床自动换刀装置和加工中心自动换刀装置的结构,研究它们的共同点和不同点,开发出了车削和铣削的通用刀具。

如图 5-4 所示商品化的车削和铣削的通用刀具也采用了模块化的刀具结构。从图 5-4 可以看出,所谓车削和铣削的"通用刀具",只有刀具的连接杆和刀头能够被车削和铣削共同使用,车削刀柄和铣削刀柄则分别安装在各自的机床上,数控车床和加工中心不能交换使用它们。对这种刀具来说,刀具交换实际上就是交换连接杆和刀头。

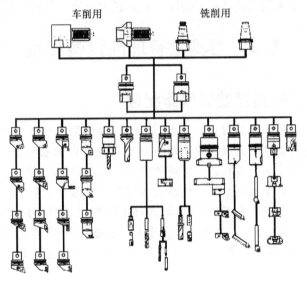

图 5-4 车、铣通用刀具

图 5-5 所示为车削和铣削通用刀具的刀头,作为旋转的刀具,图(a)所示的刀头用来铣削平面,图(b)所示的刀头可以用来铣削锥形沉孔,图(c)所示的刀头既可以成为铣削平面的单刃铣刀,也可以成为加工大孔的镗刀,图(d)所示的刀头是加工小孔的镗刀。作为不旋转的刀具,这些刀头的一个刀片可以用来车削外圆、内孔、端面、倒角。

图 5-5 车、铣通用刀头

4) 采用复合刀具和多刃刀具

在大批量生产中,为了提高生产效率,组合机床的流水线和自动线广泛采用了复合刀具和多刃刀具。这种成熟技术也可以用于柔性制造自动化系统,成为压缩刀具总量的有效方法。

例如,加工螺纹孔需要钻头和丝锥两把刀具,由于钻孔和攻螺纹是密不可分的两次加工,所以可以把钻头和丝锥做成复合刀具,使刀具减少一把。又如,加工7级精度大孔往往采用粗镗—半精镗—精镗的工艺方法,因此需要三把镗刀,如果合理地将粗镗刀头、半精镗刀头、精镗刀头布置在一根镗杆上,就可以减少两把刀具。

5) 充分利用机床的数控功能

例如,拥有比较多的高精度孔是棱体类零件的特点,这些孔的大小往往不相等,使得棱体类零件需要比较多的孔加工刀具。借助数控机床的两轴联动功能,用立铣刀可以铣削出精度比较高的圆孔,因此,一把立铣刀就能代替很多把孔加工刀具。

5.2 刀具室管理的设备配置

5.2.1 刀具室管理的设备配置

柔性制造自动化系统的刀具种类多、数量大,普遍采用模块化结构。此外,柔性制造自动化系统还要求刀具以较快速率在制造系统中自动或半自动地流动。因此,对柔性制造自动化系统的刀具进行管理就成为一项不容忽视的重要工作。

刀具管理系统是柔性制造自动化系统的重要组成部分之一,它包括刀具室管理和刀具管理两个子系统。在刀具室中,对即将上线的刀具和已经离线的刀具进行管理,是刀具室管理的任务。刀具从刀具室流入到制造现场,可能放置在机床刀库或中央刀库,也可能正在从事切削加工,对这些在线的刀具进行管理,就是刀具管理的职责。

图5-6所示为一个刀具室管理子系统的设备配置示意图,它配置有下述设备。

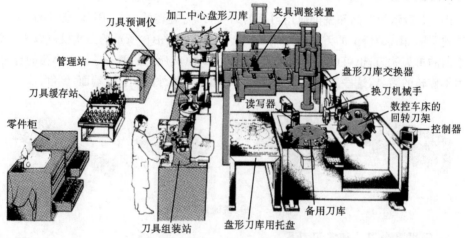

图5-6 刀具管理系统的设备配置

（1）管理站　管理站配置了一个计算机终端,在终端显示器上,可以显示出上位计算机传送来的即将加工的工件种类和数量。依据工件信息,刀具室管理人员选择出相应的刀具和组装刀具的零部件。

（2）零件柜　零件柜中保存着刀具的零部件,零件柜上的打印机能够打印出管理站的提示信息。依据提示信息,刀具室管理人员备齐组装刀具所需要的零部件。

（3）刀具组装站　在刀具组装站,刀具室管理人员把零部件组装成刀具,并把刀具的基本信息写进刀具标识块(ID 块)中。拆卸已经离线的组合刀具也在该设备上完成。

（4）刀具预调仪　借助刀具预调仪,刀具室管理人员调整出刀具的长度和直径等数据,并把这些数据写进刀具标识块。

（5）刀具缓存站　刀具组装、预调好后,临时存放在刀具缓存站。

（6）加工中心盘形刀库　把加工中心所需要的刀具装到盘形刀库上,刀具随同盘形刀库一起被送到指定机床。

（7）数控车床的回转刀架。

（8）换刀机械手。

（9）备用刀库　数控车床所需要的刀具存放在备用刀库中,备用刀库与回转刀架之间的刀具交换由换刀机械手来完成。

（10）盘形刀库交换器　移动盘形刀库存放位置的设备。

（11）读写器　刀具组装和预调时,写进刀具标识块中的数据可以用读写器读出或改写。

（12）盘形刀库用托盘　托盘是实现刀具输送自动化的辅助工具,盘形刀库被盘形刀库交换器放到托盘上,自动导向小车(AGV)就能方便地把刀具管理室的盘形刀库送给机床,或者从机床取回盘形刀库(见图 5-7)。

图 5-7　刀具交换用 AGV

(13) 控制器　控制器的职能是管理刀具室的设备和软件,使它们能协调地工作。

(14) 夹具调整装置　准备加工一批新工件时候,使用夹具调整装置可以快速地为它们的夹具更换卡爪、心轴、法兰盘等构件。

如图 5-6 所示的设备配置是一个综述性的配置,虽然有参考价值,但是实际应用中不一定这么复杂,用户应该根据具体条件精选一些必要设备。对刀具室管理来说,管理站、零件柜、刀具组装站、刀具预调仪、刀具缓存站是必要设备。

5.2.2　实例

图 5-8 所示为 CAC-CIMS 刀具管理系统的设备配置框图。由西北工业大学与成都飞机工业公司联合开发的该刀具管理系统,能够在 CIMS(计算机集成制造系统)环境下运行,刀具立体仓库和刀具室是其主体部分。

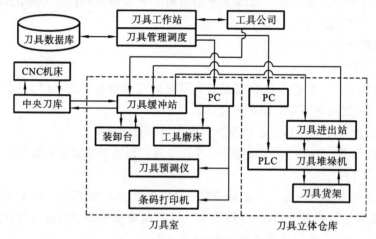

图 5-8　CAC-CIMS 刀具管理系统的结构

如图 5-8 所示的刀具立体仓库有 24 排刀具货架,存放着零件加工所需要的各种刀具。刀具进出站是刀具立体仓库的窗口,经过该窗口才能实现立体仓库内外的刀具交换。在刀具立体仓库的内部,刀具的存取由刀具堆垛机来完成。

刀具室是刀具室管理人员的作业地点,他们在装卸台上从事刀具的拆卸、组装,在工具磨床上从事刀具的刃磨。刀具预调仪是刀具室管理的核心设备,担负着刀具实际数据的预调、记录、存储、传送等任务。组装、预调后的刀具应该编码,条码打印机打印的条形码与刀具码有一一对应关系,条形码阅读机扫描粘贴在刀柄上的条形码,就能查找到该刀具的相关数据和对应的工序。

CAC-CIMS 配置了中央刀库。与加工中心和车削中心的自备刀库不同,中央刀库能够适时地为若干台数控(CNC)机床提供刀具。中央刀库中常常存放两类刀具:专用刀具和备用刀具。前者只用于某一特殊工序,使用频率不很高;后者包括频繁使用的刀具、容易磨损或破损的刀具。设置了中央刀库,几台数控机床就能共用一把刀具,就能减少整个制造系统的刀具总数。此外,在中央刀库中还存放了一些备用刀具,才能有效地应付因刀具磨损或破损而引起的停工事故。

5.3 刀具识别和刀具预调

刀具识别和刀具预调是刀具管理的两项基本任务,刀具识别系统和刀具预调仪是完成该任务的必备设备。

5.3.1 刀具编码与编码环识别

刀具编码是刀具识别的前提,不同刀具管理系统采用的编码方法和目标也许并不相同,但是,让一个刀具码唯一地对应着一把刀具则是它们应该达到的相同目标。

早期的刀具识别系统采用编码环作为刀具码的物理载体。如图 5-9 所示,编码环安装在刀柄尾部的拉钉上,让编码环的凸圆环面表示"1"、凹圆环面表示"0",它们组合起来就是一个二进制的刀具码。由于读码器的触头能够与凸圆环面接触,不能与凹圆环面接触,这样就把编码环的凸凹几何状态转变成逻辑电路的通断信号,即"读"出二进制的刀具码。

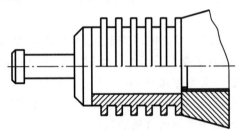

图 5-9 编码环

接触式的读码器具有寿命短、使用不方便等缺点,不久,非接触式的条形码识别系统就取代了编码环识别系统。

5.3.2 标识块识别系统

本书把国外产品样本上的"ID 系统"称为"标识块识别系统"。与条形码比较,该系统的突出优点是:抗环境污染能力强,存载的信息量大,可以多次重写存储的数据。

1. 标识块识别原理

如图 5-10 所示,标识块识别系统由标识块、读写头、识别控制单元三个基本部件组成,它们在系统中的地位和作用分别简介如下。

(1) 标识块　标识块是信息的载体,它与被监视的物料(如托盘、工件、刀具)固联,用来存储该物料的数据,借助标识块能够使信息与物料同步流动。面向现场工作

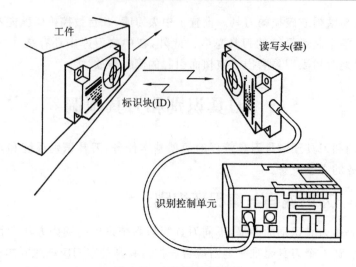

图 5-10 标识块识别系统

人员的柔性制造自动化系统(见图3-2),其数据存储块(DAC)就可以选用标识块。

(2) 读写头 读写头是标识块和识别控制单元之间的信息桥梁,通过读写头,能够读出标识块内存储的数据,或者把数据写入标识块内。

(3) 识别控制单元 识别控制单元是标识块识别系统与可编程控制器(PLC)或上位计算机的接口。

图 5-11 所示为标识块识别系统的原理框图,从框图可以看出,标识块与读写头之间是以电磁感应方式传递数据的。给标识块写入的数据是上位计算机通过控制单元传给读写头的 0、1 信号,写数据就是:对 0、1 信号进行编码,经过 LC 振荡器的调制后传送给标识块,让它译码、存储起来。读数据的过程则相反:依据内存信息,控制电路驱动线圈动作,让标识块存储的数据经过编码、电磁感应传递、译码,传送给上位计算机。

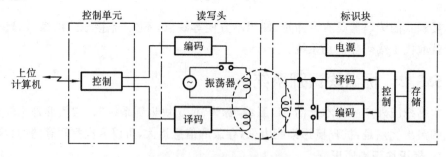

图 5-11 标识块识别原理

图 5-12 所示为标识块识别系统的应用实例,其中:在检测线上,把检测的数据写入标识块,供下道工序使用;在装配线上,把下道工序的作业数据写入标识块;在出库线上,从标识块读出产品的名称、规格(如 14″彩色电视机)等数据。

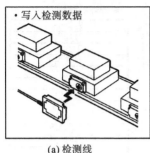 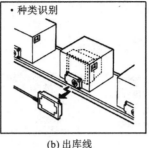 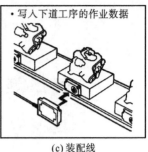

(a) 检测线　　　　　　　　(b) 出库线　　　　　　　　(c) 装配线

图 5-12　标识块识别系统的应用

2. 标识块刀具识别系统

标识块刀具识别系统的元器件较小。图 5-13 所示标识块为短圆柱体,它嵌在刀柄侧面(也可以嵌在拉钉的尾部),能存储 256 bit 数据。存储在标识块内的信息由用户设置,它们可以分为 4 类:刀具信息,包括刀号、刀具代码、刀具名、刀具直径和长度;刀具补偿信息,包括刀具直径补偿值、长度补偿值;切削用量信息,包括主轴转速、进给速度;刀具管理信息,包括刀具寿命、刀具使用时间、刀具使用次数、刀具开始使用日期、存放地点、替代刀具。

图 5-13　标识块刀具识别系统

标识块的数据可以重复写 1 万次,数据可以保存 10 年。读写头与标识块的相互位置关系如图 5-14 所示,它们之间的距离有着一定要求。例如,某厂商生产的用于 50 号刀柄的产品,"读"距离为 18 mm,"写"距离为 9 mm。

在柔性制造自动化系统中,标识块、读写头、识别控制单元被安装在相关设备的适当位置上,图 5-15 所示为一种布置方案。如图 5-15(a)所示为刀具室的布置方案:识别控制单元安装在刀具预调仪内,它与配有刀具室管理软件的微型计算机连接起来后,计算机就可以向标识块写入必要的刀具信息。该计算机与柔性制造系统的主计算机通信,还能把刀具的信息传播到各个相关作业区。

如图 5-15(b)所示为加工现场的布置方案:读写头固定在加工中心的机床刀库(或主轴箱)上,存储着大量信息的刀具随机地插入机床刀库,刀库旋转一圈,读写头

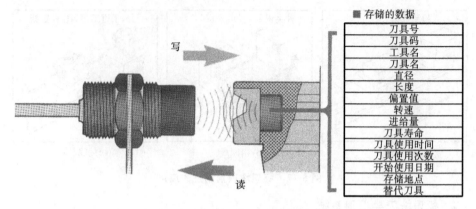

图 5-14 读写头与标识块的关系

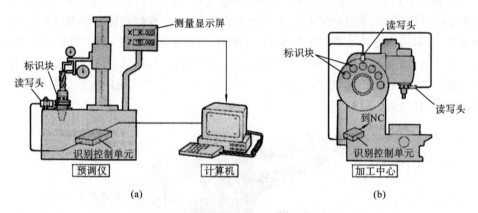

图 5-15 标识块刀具识别系统的布置方案

就能读出全部刀具的信息,并把它们传送给数控装置。机床刀库旋转时,读写头通过读取刀具码可以实现选刀。安装在主轴箱上的读写头可以进一步确认刀具选择的正确性。

5.3.3 刀具预调

数控加工中,刀具半径和长度的实际数值,直接影响着数控程序的执行和零件的加工质量。在刀具预调仪上,把刀具的半径和长度调整到设定的范围,并把它们转换成半径补偿值和长度补偿值,这项作业就是"刀具预调"。对钻头、立铣刀等固定式刀具来说,所谓"调整"只是测量出刀具半径和长度的当前值。

刀具预调仪是一种精密测量仪器,如图 5-16 所示型号的刀具预调仪,主要有以下关键部件。

(1) 测量头　测量头由显微投影仪和接触式测微仪组成,能够以手动或自动操作方式让测量头沿测量架上下(即 Z 轴)移动。

(2) 测量架　能够以手动或自动操作方式让载着测量头的测量架沿预调仪的左

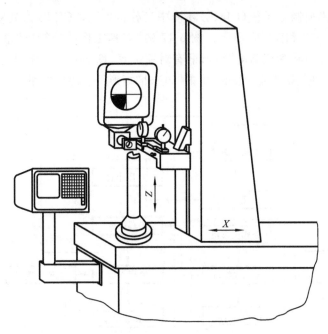

图 5-16 刀具预调仪

右(即 X 轴)移动。

(3) 刀架 刀具安装在刀架上,进行预调。

测量架沿 X 轴的运动、测量头沿 Z 轴的运动,都选用了直线滚动导轨、滚珠丝杠、无侧隙齿轮传动的精密减速器;安装刀具的刀架主轴,选用了高精度滚动轴承作为支承。采取了这些技术措施,能够保证刀具半径测量误差不超过 1 μm,刀具长度测量误差不超过 10 μm。如图 5-16 所示的刀具预调,步骤如下:

(1) 把刀具装夹在刀架主轴上;

(2) 以自动方式让测量架和测量头快速抵近刀具,临近刀尖时停止;

(3) 以手动方式让测量架和测量头缓慢靠近刀尖;

(4) 一边让刀具绕主轴的轴线摆动,一边微细地调整测量架和测量头的位置。如果采用显微投影仪,则让刀尖的横刃与水平线相切、侧刃与垂直线相切;如果采用接触式测微仪,则让千分表的测头与刀尖接触,指示出预定值;

(5) 察看显示器上的 X、Z 数值,如果符合要求,则操作计算机记录该数据。

5.4 刀具管理系统的运作过程

刀具管理的相关计算机软件,也是刀具管理系统的组成部分,其内容将在第 9 章中进一步介绍,本节仅以 CAC-CIMS 刀具管理系统为例描绘刀具管理系统的运作过程。

在计算机集成制造系统(CIMS)环境中运作的"CAC-CIMS 刀具管理系统",其运作过程如图 5-17 和图 5-8 所示。图 5-17 的"刀具工作站计算机"虚线框与图 5-8 的"刀具工作站/刀具管理调度"矩形框有对应关系,图 5-17 的"预调仪接口计算机"虚线框与图 5-8 的"刀具室"虚线框中的"PC 机"矩形框有对应关系。

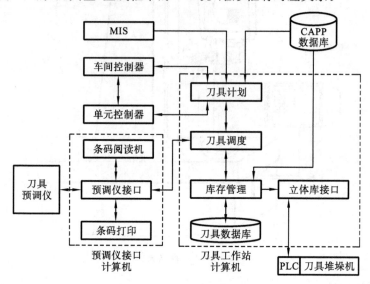

图 5-17 刀具管理系统的运作

1. 制订刀具准备计划

如图 5-17 所示,管理信息系统(MIS)、计算机辅助工艺规划(CAPP)数据库、车间控制器、单元控制器,负责为刀具准备计划的制订,提供一些必要的信息。

制订半年(或每月)的刀具准备计划,应该依据 MIS 提供的半年(或月)生产计划、CAPP 数据库提供的工艺信息、刀具管理系统提供的刀具信息。制订每旬的刀具准备计划,应该依据车间控制器提供的每旬的生产计划。制订每天的刀具准备计划,应该依据单元控制器提供的日生产计划。

车间控制器可以从"刀具计划"模块获取每旬的刀具准备信息,单元控制器可以从"刀具计划"模块获取每天的刀具准备信息。

2. 刀具准备

刀具计划制订后,接着进行刀具调度。通过"库存管理","刀具调度"从"刀具数据库"中获取库存刀具的信息,自动地制订出刀具装配计划,确定应该出库装配的刀具,并把刀具的装配信息和刀具的预调信息传输给"预调仪接口"。

在"库存管理"的管理下,在"立体仓库接口"和"PLC"的控制下,按照如图 5-8 所示的逻辑关系,应该出库装配的刀具被"刀具堆垛机"从"刀具货架"上取出,送到了"刀具进出站",然后被刀具管理人员取走送到"刀具缓冲站"。对于已经出库的刀具,它们的相关数据由"库存管理"记录和管理。

在刀具室（见图 5-8），刀具管理人员根据刀具的装配信息组装刀具；根据刀具的预调信息在刀具预调仪上测量出刀具的实际尺寸，输入刀具补偿值；在条码打印机上打印条形码，把条形码和有关明码粘贴在刀柄上。

制订并打印刀具分配清单，是"刀具调度"的另一个职能。刀具准备好后，刀具管理人员按照刀具分配清单，把刀具送到中央刀库。

3. 刀具入库

生产计划完成后，应该把在下一个生产计划中不使用的刀具回收入库，同时还应该对破损、磨损、超过使用期限的刀具进行检验、刃磨、预调、编码。

刀具回收入库的操作由机床控制器启动，"单元控制器"收到机床控制器发出的刀具回收入库信息就触发相关程序制订出刀具回收清单（或内部回收清单）。刀具回收清单由"刀具调度"打印出来，刀具管理人员对照刀具回收清单，把数控机床的相关刀具收回到刀具室。

应该入库的刀具在刀具室中通过检验、刃磨、预调、编码，被刀具管理人员送到刀具立体仓库的"刀具进出站"；"立体仓库接口"驱动"刀具堆垛机"，把它们存放到"刀具货架"，并让"库存管理"登记和管理。

5.5 刀具监控

刀具的实际工作状态对加工质量、切削效率、制造系统正常运行有直接影响。有统计资料指出：机床配置刀具监控系统，可以使故障停机时间减少 75%，使机床利用率提高 50%；防患因刀具引发的工件报废和机床故障，能够使制造费用降低 30% 以上。

刀具监控有直接监控和间接监控两种途径。

1. 刀具直接监控

直接测量刀具的几何形状，可以判断出刀具的使用状况。刀具直接监控的常用方法有两种。

（1）图像匹配法　摄像机摄取的刀具图像，经过处理后与刀具标准图像对照比较，能够作出刀具正常、磨损、破损等判断。

（2）接触法　用接触传感器、靠模、磁间隙传感器等工具，检测切削刃的位置，也能判断刀具状态。

2. 刀具间接监控

切削加工过程中，正常刀具、磨损刀具、破损刀具不仅给工件表面留下各不相同的形貌，还能导致某些物理量发生变化。检测某物理量的实际数值，以它为依据来判断刀具的状态，这就是刀具间接监控，其常见方法有七种。

（1）工件表面质量监测　用激光（或红外）传感器检测工件加工面的粗糙度。

（2）切削温度监测　用热电偶检测工件与刀具之间的切削温度。

(3) 超声波监测 用超声波换能器与接受器检测主动发射超声波的反射波。

(4) 振动监测 用加速度计或振动传感器检测加工过程中的振动信号(见图4-18)。

(5) 切削力监测 用应变力传感器或压电力传感器检测切削力、切削分力的比值(见图4-34)。

(6) 功率监测 用互感器、分流器、功率传感器等检测主电动机或进给电动机的功率(见图4-18)。

(7) 声发射监测 用声发射传感器检测加工中的声发射信号及其特征参量。

以上方法拥有各自的最佳监控对象,例如,切削力监测最适于车刀,功率监测最适于大铣刀,声发射监测最适于小钻头和小立铣刀。

3. 刀具破损声发射监测

固体因为变形(或破坏)而释放出能量并转变成超声波向四周传播,这种现象就是声发射(acoustic emission, AE)。实验研究发现:切削加工中,刀具如果锋利,切削就轻快,刀具释放的变形能就小,AE信号微弱;刀具磨损会使切削抗力上升,从而导致刀具的变形增大,AE信号变强;破损前夕,AE信号则会急剧增加。

利用上述规律,人们开发出了刀具破损声发射监测设备,通过连续监视AE信号来掌握刀具的工作状态,预报刀具破损。图5-18所示为刀具破损AE监测仪的结构示意图,AE传感器布置在主轴前轴承盖内,AE波被衬套接受后,经油膜传播到AE传感器。

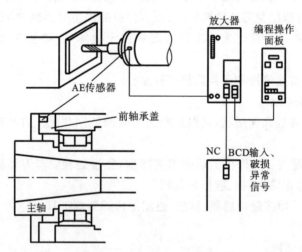

图5-18 刀具破损AE监测仪

图5-19所示为钻头的AE实验曲线,可以看出:在钻头正常磨损阶段,AE信号平均值上升缓慢;钻头过度磨损后,AE信号平均值急剧增加;在折断时,AE信号平均值达到顶峰。

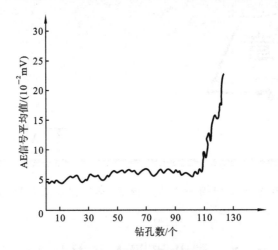

图 5-19 钻头 AE 实验曲线

思考题与习题

5-1 柔性制造自动化系统对刀具有何要求和对策?

5-2 柔性制造为什么需要刀具管理系统?试描述一个刀具管理系统的设备配置及其运行过程。

5-3 刀具识别和预调对柔性制造自动化系统有何意义?

5-4 刀具预调采用什么设备?试简述刀具预调的步骤。

5-5 试介绍标识块识别原理和标识块刀具识别系统。

5-6 为什么要对刀具实施监控?试介绍你知道的刀具监控方法。

工业机器人

工业机器人是科学与工程的一个独立分支,本书仅从柔性制造自动化的应用角度介绍其少量内容。

6.1 工业机器人及其结构

6.1.1 概述

制造一种外观像人而且还能模仿人干活的机器,是人类自古以来的愿望,我国宋代沈括撰写的《梦溪笔谈》就记载了能捕杀老鼠的木人。现在被广泛采用的术语"ROBOT"(机器人),源于1920年捷克剧作家的一个剧本,该剧把不知疲倦地为主人工作、外观像人的机器称为"ROBOTA",即"服役的奴隶"。

机器人走进工业领域真正代替人们从事繁重或有伤害的劳动,是20世纪60年代以后的事情。1954年,一项命名为"程序控制物料传送装置"的专利申请,开创了工业机器人(industrial robot,IR)的先河,其原型机于1959年问世。1962年,美国制造出两种实用型机器人,被通用汽车公司和福特汽车公司用于压铸、冲压等工序的上下料,它们是工业机器人的主流结构。

值得一提的是:机器人不是机械手。机器人不是某机械的附属部件,而是一种独立、完整的机械装置,它像人的肢体那样既能完成物件抓取、伸缩、弯曲、回转等单一动作,又能完成其复合动作。机器人在机器人控制器(机器人的大脑)的控制下动作,改变控制程序机器人就可以获得不同动作。

6.1.2 工业机器人的结构

工业机器人的主要职能是搬运物料或操作工具,它由执行、驱动、控制、检测等四个子系统组成。

1. 执行系统

如图6-1所示的工业机器人,其手、腕、臂、立柱组成了执行系统。

(1) 手 图6-2所示为类人机器人的手,图6-3所示为工业机器人的手,它们的功能是抓持物体。

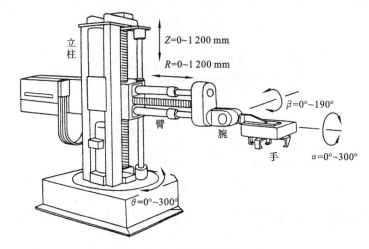

图 6-1　工业机器人的执行系统

图 6-2　类人机器人的手

图 6-3　工业机器人的手

（2）腕　腕是手和臂的连接部件，它能调整手的姿态（即方位）。

（3）臂　臂的作用是支承手、腕以及被抓持的物体，它还能配合其他构件协同动作，把物体送到预定位置。

（4）立柱　相当于人的身躯，它不仅支承臂，还要通过回转、升降、俯仰运动来扩大臂的活动范围。

工业机器人大多为固定式，当它配置了行走机构便成为行走式机器人（见图6-4）。行走式机器人有广阔的工作空间，行走机构是其执行系统的组成部分之一。

2. 驱动系统

执行系统受到驱动系统的驱动才能动作。工业机器人的驱动系统应该具有工作平稳可靠、外形小、自重轻等特点。

工业机器人有液压、电动、气压三种基本驱动方式。

（1）液压驱动　可以传递较大动力，能够使机器人抓起重数百千克的物体；液压驱动无冲击、工作平稳，可以获到较高的运行速度；通过调节压力和流量，可以方便地控制机器人的运动，获得较高的定位精度。

（2）电动驱动　具有结构简单、维修方便的优点，采用伺服电动机可以使驱动信

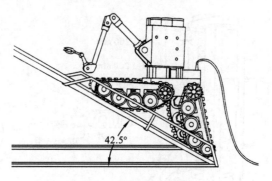

图 6-4 行走式机器人

息和控制信息协调一致,伺服驱动系统与数控系统组合起来可以实现执行系统的精确控制。

(3) 气压驱动　气压驱动的安全性好,能够在恶劣的环境下工作;在抓重不大、节拍快的点位控制作业中,适宜采取气动驱动方式。

3. 控制系统

控制系统不仅控制机器人实施预定的动作,还要协调机器人与其他设备的关系,共同完成某一作业。

图 6-6 所示为五轴联动工业机器人,其控制系统(见图 6-5)由作业控制器、运动控制器、驱动控制器三个单元组成。

(1) 作业控制器　机器人完成一道作业的过程被作业控制器分解成若干步动

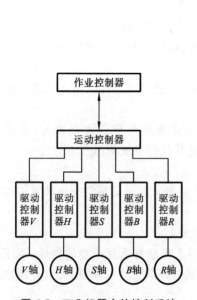

图 6-5　工业机器人的控制系统

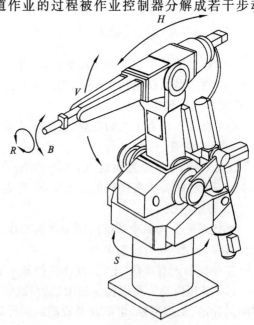

图 6-6　五轴联动工业机器人

作。每步动作的先后顺序,每步动作出现的条件,每步动作的位置、速度、轨迹,这些数据都存储在作业控制器中。完成作业时,作业控制器还能够依次发出相应的作业指令,处理来自其他设备的信息。

(2) 运动控制器　让机器人的手抓住物体沿着预定轨迹运动,这是运动控制器的职能。该单元能够接受作业控制器的作业指令,按照预定的运动轨迹把作业指令转变成各个运动轴的动作指令,然后把动作指令传送给驱动控制器。

(3) 驱动控制器　驱动元件(如伺服电动机)受驱动控制器的控制而动作。机器人的每个独立运动坐标轴都应该配备一个驱动控制器。例如,如图 6-6 所示的工业机器人拥有 5 个坐标轴(5 个自由度),即手臂上下摆动的 V 轴、立柱前后摆动的 H 轴、立柱旋转的 S 轴、手腕弯曲的 B 轴、手腕扭转的 R 轴,因此,它的控制系统就有 5 个驱动控制器(见图 6-5)。

4. 检测系统

可以给工业机器人配备位移、速度、力等传感器,用来检测执行机构的工作状态。检测系统的职能就是:把检测信息反馈给控制系统,使它能够控制机器人准确地完成预先设计的动作。如图 2-8 所示的装配机器人,其检测系统配备了力传感器。

6.2　工业机器人的分类及选用

6.2.1　分类

经过迅速的发展,工业机器人变成了一个大家族,人们按照不同方式对它进行了分类。

1. 按控制系统分类

(1) 根据控制系统的控制性能,工业机器人可以分成以下两种。

① 自动型机器人。目前生产中实际应用的工业机器人,大多是自动型机器人。

② 智能型机器人。如图 6-7 所示,智能型机器人不仅有普通机器人的运动功能,因为配备了视觉、触觉等传感器,所以还拥有对工作环境的感知功能,还能通过自己的"思维"来调节自身的动作。

(2) 按控制系统的编程方式,工业机器人可以分成以下三种。

① 可编程式机器人。
② 示教再现式机器人。
③ 数控控制式机器人。

(3) 按控制系统的控制方式,工业机器人可以分成以下两种。

① 点位控制机器人。控制机器人的手,准确

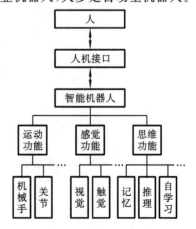

图 6-7　智能机器人的结构框图

地到达空间若干点,而不严格控制其从一点到达另一点的路径。

② 连续轨迹控制机器人。控制机器人的手,平稳、准确地沿着预定的空间轨迹连续运动。

(4) 按控制系统的控制机构,工业机器人可以分成以下两种。

① 开关型机器人。它用行程开关和机械挡块获取位置信号,控制执行系统的动作位置。

② 伺服型机器人。其伺服驱动机构根据连续输入的动作指令,控制执行系统的动作位置。

2. 按驱动方式分类

(1) 液压式机器人。

(2) 气压式机器人。

(3) 电动式机器人。

3. 按抓重和动作范围分类

(1) 大型机器人　抓重为 100~1 000 kg,动作范围在 10 m^3 以上。

(2) 中型机器人　抓重为 10~100 kg,动作范围为 1~10 m^3。

(3) 小型机器人　抓重为 0.1~10 kg,动作范围为 0.1~1 m^3。

4. 按结构形式分类

如图 6-8 所示,工业机器人一般有四种结构形式。

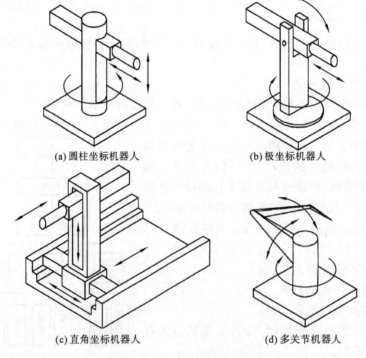

(a) 圆柱坐标机器人　　(b) 极坐标机器人

(c) 直角坐标机器人　　(d) 多关节机器人

图 6-8　工业机器人的结构形式

(1) 圆柱坐标机器人　其优点是结构紧凑,占据空间较小,动作范围较大;缺点为垂直方向的升降范围有限(见图 6-8(a))。

(2) 极坐标机器人　它拥有很大的动作范围,但结构复杂,定位精度差,刚度差(见图 6-8(b))。

(3) 直角坐标机器人　它结构简单,位置精度容易控制,制造安装调整方便,其缺点是占据空间大,动作范围小(见图 6-8(c))。

(4) 多关节机器人　它具有人的手臂的某些特征,可越过障碍传送工件,动作范围最大,但其驱动控制系统复杂,定位精度低(见图 6-8(d))。

6.2.2　工业机器人的选用要点

选用工业机器人通常考虑下述因素:

(1) 机器人的名称与型号;

(2) 主要用途　如弧焊;

(3) 类别　常常依据控制系统的编程方式分类法,如示教再现式机器人;

(4) 结构形式　如多关节机器人;

(5) 自由度数　指手腕、手臂、立柱的独立驱动电动机轴的总数,如五自由度机器人;

(6) 抓重　额定抓重,如抓 10 kg 的重物;

(7) 动作范围及速度　指各自由度的行程范围和动作速度,包括手臂运动参数、手腕运动参数、手指夹持范围和握力等;

(8) 定位方式　指实现定位所采用的位置设定方法和检测装置,如采用光电式增量编码器作为位置检测元件;

(9) 控制方式　指采用点位控制方式还是连续轨迹控制方式;

(10) 定位精度　指位置设定精度或重复定位精度,如重复定位精度±0.2 mm;

(11) 驱动方式　选用液压、气压、电动中的某一驱动方式及其驱动机构。如采用伺服电动机驱动方式,用交流测速发电机作为速度检测元件实现速度反馈;

(12) 驱动源　指采用液压时的油泵规格、电动机功率、工作压力,采用气压时的气压大小,采用电动时的电动机类型(如 DC 伺服电动机)、规格,等等;

(13) 编程方法和程序容量;

(14) 外形尺寸(长×宽×高)和质量;

(15) 外部同步信号和控制系统的电源规格。

6.3　工业机器人的应用

6.3.1　选用工业机器人的目的

工业部门的需求是推动工业机器人发展的动力。20 世纪 80 年代初,工业机器人在先进工业国家中已经获得推广应用,有统计资料指出,人们采用工业机器人是基于以下目的。

1. 提高生产能力

该项占被调查对象的 44.5%,其构成为:

(1) 使用工业机器人是为了提高人均产量,占 10%;

(2) 为降低产品成本,占 13.8%;

(3) 为稳定产品质量,占 6.5%;

(4) 为提高生产设备的安全性,占 3.9%;

(5) 为弥补劳动力不足,占 10.3%。

2. 改善工人工作条件

该项占被调查对象的 24.9%,其构成为:

(1) 防止职业病,占 2.5%;

(2) 防止工伤事故,占 5.9%;

(3) 改善在物理环境和化学环境中的工作条件,占 6.1%;

(4) 提高劳动素质,占 8.6%;

(5) 减少事故造成的经济损失,占 1.8%。

3. 提高制造系统的柔性

该项占被调查对象的 13.5%,其构成为:

(1) 使制造系统能加工多种工件,占 5.2%;

(2) 适应产品品种的变更,占 5.1%;

(3) 大幅度改变机器人的作业内容,占 3.2%。

4. 使制造系统容易管理

该项占被调查对象的 8%,其构成为:

(1) 便于改变生产系统的负荷系数,占 5.3%;

(2) 为了制造系统组合部件化,占 2.7%。

5. 其他目的

该项占被调查对象的 9.1%,其构成为:

(1) 节约设备投资,占 4.6%;

(2) 提高企业形象,占 1%;

(3) 开发、掌握自动化技术,占 1.1%;

(4) 使自动化制造系统设计容易,节省设计力量,占 0.8%;

(5) 减少设备的零件数,使其容易保养,占 0.9%;

(6) 其他,占 0.7%。

6.3.2 工业机器人在柔性制造自动化系统中的应用

上述调查统计资料表明,引进工业机器人是提高制造系统的柔性和自动化水平的一项基本措施。在柔性制造自动化系统中,工业机器人既能为制造设备输送物料,又能操作工具完成制造作业,其作用可以从下述三个方面体现出来。

1. 物料输送

工业机器人能够独立从事物料输送,也能与其他设备协同完成这种作业。

1) 自动堆垛(又称码垛)系统

自动堆垛系统由工业机器人(含机器人控制器、编程器、机器人手爪)、自动拆垛机、托盘输送及定位设备、堆垛模式软件等单元组成,此外,它还可以配备自动称重、贴标签和检测、通信等单元。自动堆垛系统设置在制造系统的末端或中间,负责把产品堆成一垛。

如图 6-9 所示,某生产线终端物料综合处理系统采用了三台直角坐标(框架式)机器人,它们分别承担搬空托盘、装工件、托盘堆垛。

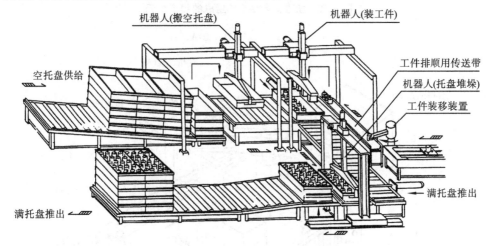

图 6-9 生产线终端物料综合处理系统

2) 物料输送系统

工业机器人与其他物料输送设备组成一个物料输送系统,向制造设备输送物料。

(1) 工业机器人与自动导向小车(AGV)构成的物料输送系统 如图 6-10 所示,加工中心、机器人、托盘站组成一个制造单元,自动导向小车把一托盘的毛坯送到托盘站,工业机器人从托盘中逐个取出毛坯送给加工中心制造,完工后取回放进托盘,托盘的毛坯全部加工成为成品后,自动导向小车就把一托盘的成品从托盘站取走。

(2) 工业机器人与输送机构成的物料输送系统 电话机器件自动检测系统如图 6-11 所示:V 带输送机连续地把 A、B 两种电话机器件送到检测站,机器人从输送机上取出电话机器件放进检测头,并根据质量判定信号把电话机器件从检测头中取出,放置到相应位置。

(3) 工业机器人与堆垛机、立体仓库构成的物料输送系统 图 6-12 所示为钣金件冲压与剪切柔性制造系统,堆垛机从立体仓库取出的薄板料被直角坐标机器人送

图 6-10 机器人与 AGV 组成的加工单元

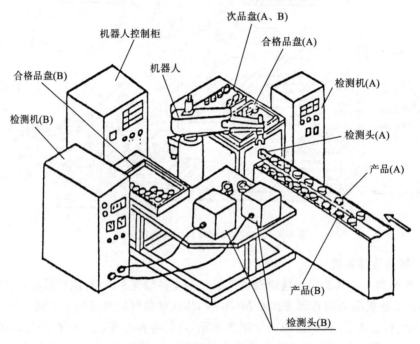

图 6-11 电话器件自动检测系统

入机床进行加工。

2. 构筑制造系统

从制造系统的构造上看,工业机器人成为制造装备的不可分割的部件(不是可以轻易替换的附件),它既是物料输送设备,又是制造系统各设备的连接单元。

1) 构筑柔性制造单元

工业机器人与数控机床组合成一台设备,即柔性制造单元(FMC)。图 6-13 所示为直角坐标机器人与数控车床组成的柔性车削单元,它拥有固定式自定心中心架、全

图 6-12 钣金件柔性制造系统

自动尾架、机床防护门管理功能,从而使机器人能够顺利地上下轴类零件,使数控车床能够在无人条件下长时间地加工轴类零件。

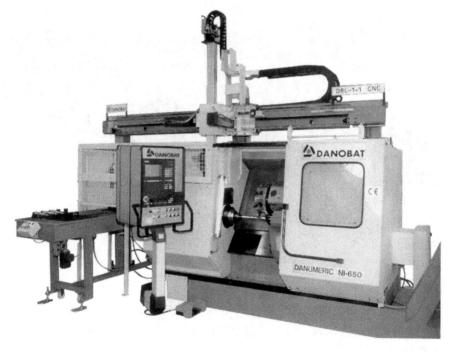

图 6-13 柔性车削单元

用工业机器人构造柔性制造单元,首先应该着重考虑"机械干涉",即在结构布局上,不能使机床、机器人的手臂和手指、工件三者之间发生机械碰撞;然后应该着重考虑"控制接口",涉及以下四个方面。

(1) 服务请求　机器人根据数控机床的服务请求开始动作,因此应该确定数控机床以怎样的时序发出服务请求,服务结束后又如何推进下道工序的实施。

(2) 动作顺序　确定数控机床与机器人的动作顺序。

(3) 状态监视　有两种状态信息:把数控机床状态传递给机器人的信息,把机器人的状态传递给数控机床的信息。有效地利用这些信息,就能对柔性制造单元的平稳运行和安全给予监视。

(4) 接口信号　确认接口信号。

2) 构筑柔性加工线

工业机器人把若干台数控机床连接起来,构筑成一条柔性加工线。

图 6-14 所示为差动变速箱柔性加工线,其主机是 3 台数控车床和 1 台加工中心,能对图左下角所示的零件实施以车削为主的全部加工。在柔性加工线中,直角坐标机器人除了给数控机床上下工件,从而构筑柔性加工单元,还把 5 条输送机连接成通畅的物料输送线,使工件能够按照工艺流程传送到相应的数控机床,从而使柔性加工单元扩展成为柔性加工线。

图 6-14　差动变速箱柔性加工线

3. 加工制造

工业机器人、特别是固定式机器人,常常夹持工具直接从事加工制造。装配是工业机器人的一大作业领域,此外,它还在以下四种加工制造中发挥着作用。

1) 焊接

如图 6-15 所示的机器人电弧焊生产线正在焊接摩托车车架。由 DC 伺服电动机驱动的六自由度关节式机器人,其操作电焊枪的技能与电焊工完全一样,焊接质量也可以与熟练技工媲美。该机器人之所以能发挥出技术工人的作用,是因为具备以下性能。

(1) 拥有自己的机器人语言　机器人语言的核心是一套命令体系,包括:手和臂的位置、姿势、动作的状态命令,手和工件位置的变量表示,描述一套基本动作的宏命令,与程序运行管理、程序管理、文件管理等相关的服务命令。

机器人语言可以把编程、传感、推理、臂和手腕的动作贯通起来,使机器人产生"智能"。

(2) 拥有功能强大的控制系统　控制系统是机器人的心脏,其微型计算机系统通过串行接口控制各外部设备,其驱动控制系统控制各驱动轴动作。该机器人拥有6个独立驱动轴:手腕3轴、手臂3轴,控制系统能控制每个轴独立动作,还能按照绝对坐标编程方式或相对坐标编程方式,控制机器人手(即电焊枪)沿预定轨迹动作。

图 6-15　机器人焊接

如图 6-15 所示,车架的左右各布置了一台机器人,控制系统能使它们协同作业。

2) 切割

北京机械工业自动化研究所推出的直角坐标式等离子切割机器人如图 6-16 所示,操作机、电气控制系统、等离子切割电源、双工位移动工作台是其四大部件,它能切割形状不规则的三维钣金零件,材质为不锈钢、碳素钢、铝合金,厚度为 0.1~20 mm,切割精度可以达到±0.1 mm。机器人的主要性能指标如下:

(1) 重复定位精度　±0.1 mm;

(2) 负载质量　16 kg;

(3) 运动速度　0~30 m/min(根据需要可调);

(4) 位置控制　绝对编码器;

(5) 驱动单元　AC 伺服单元;

(6) 示教方式　示教盒示教;

(7) 编程方式　菜单提示、人机对话;

(8) 再现方式　PTP(直线)、CP(圆弧)再现。

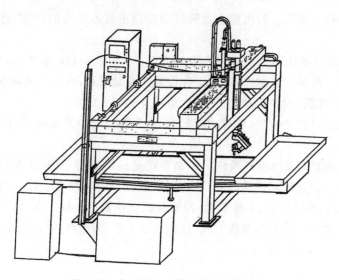

图 6-16 龙门框架式等离子切割机器人

3) 喷漆

图 6-17 所示为喷漆机器人的应用实例,它能对柜式零件的内、外表面进行喷漆处理,每月处理的零件可以达到 400 种,每批数量在 100 件以下。

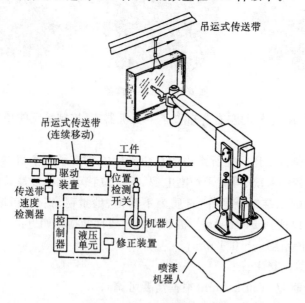

图 6-17 喷漆机器人

(1) 喷漆系统的结构 如图 6-17 所示,喷漆系统由机器人、液压单元、控制器、修正装置、吊运式传送带、传送带驱动装置、传送带速度检测器、位置检测开关构成。

(2) 示教与再现 机器人对内表面喷漆的控制程序是采用 PTP 示教方式获得

的。示教过程如下：

① 打开"位置检测开关"，"吊运式传送带"输送工件到达"喷漆机器人"的面前就停了下来；

② 工件处于静止时，在喷漆作业路径上选定若干个点，操作人员掌握着机器人的示教手柄（位于手腕），沿着作业路径、逐点地把喷漆枪瞄准选定点，按下记忆按钮，让机器人记住喷枪的方向和位置；

③ PTP 示教的再现作业路径是直线，作业路径上，两个示教采样点之间的其他控制点用直线插补功能进行补充；

④ 示教完毕后，按下坐标变换开关，把获取的数据变换到相应坐标系中。

(3) 喷漆系统的特点　借助修正装置可以加快机器人控制程序的开发，即对于一组相似零件，首先通过示教获取一个零件的控制程序，用修正装置修改该程序，进一步得到其他零件的控制程序。示教获得的控制程序如果不理想，也可以用修正装置给予修改。

(4) 喷漆系统的运行　打开"位置检测开关"后，"吊运式传送带"使工件以 3～3.5 m/s 的速度连续地移动，喷枪保持着示教时确定的状态，机器人开始实施喷漆作业。

4) 涂敷

泵（如油泵、水泵、真空泵等）类产品的装配作业中，有一道涂敷工序：为了保证泵的密封性，在机壳或端盖上涂密封胶。借助机器人可以实现涂敷作业的柔性自动化。

图 6-18 所示为机器人涂敷系统，由直角坐标式机器人、机器人控制单元、示教盒、密封胶压送装置组成。作业路径用 PTP 和 CP 方式确定：直线段取两个示教点，以直线插补功能确定作业路径；圆弧段取两端点和中点三个示教点，以圆弧插补功能确定作业路径。

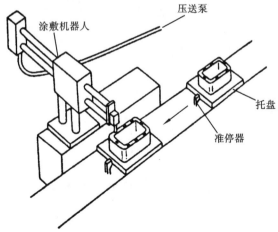

图 6-18　涂敷机器人

思考题与习题

6-1　在柔性制造自动化系统中工业机器人为什么能有重要位置？
6-2　工业机器人由哪几个主要子系统构成？它们的功能是什么？
6-3　工业机器人如何分类？其选用应考虑哪些因素？
6-4　试举例说明工业机器人在物料输送中的应用。
6-5　试举例说明工业机器人在加工制造中的应用。

自动仓库和自动导向小车

物流系统是柔性制造自动化系统的基本组成部分,如图 7-1 所示的自动仓库和自动导向小车是物流系统的重要设备。对大规模或高技术水平的柔性制造自动化系统来说,自动仓库和自动导向小车常被看成其标志性的结构单元。

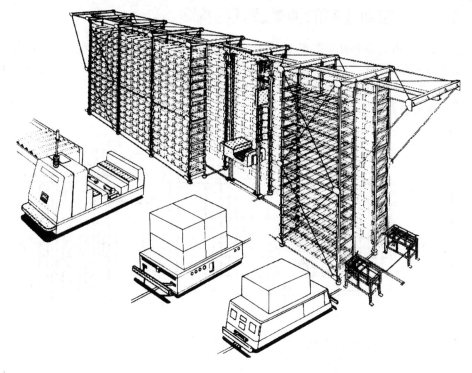

图 7-1　自动仓库与自动导向小车

7.1　自动仓库

7.1.1　自动仓库在柔性制造自动化系统中的作用

自动仓库又称立体仓库,它的历史比柔性制造自动化悠久。为了有效地利用已有车间的面积,人们开发出了立体仓库。立体仓库容易对货物实施"先进先出"的管理,因此,要求严格管理生产日期的食品加工业首先推广应用了它。

柔性制造自动化系统之所以采用自动仓库,是因为它能够起到以下作用:

(1) 存储物料　它能大量地存储毛坯、工夹具、自制件、外购配件,能为作业计划的调整提供缓冲;

(2) 定时控制物料流动　它能调节物料的流动,能实时地向各作业点提供急需的物料,能为用户(或其他制造系统)提供成品;

(3) 准确统计库存物料的种类、规格、数量;

(4) 对物料流动和制造实施统一管理;

(5) 为上层管理系统提供必要的物料信息;

(6) 在计算机信息管理系统的支持下,实现订货、生产计划、物流控制的集成。

7.1.2　自动仓库的种类及其结构

自动仓库由货架和存取物料的设备组成,货架被分隔成货格,物料放在托盘上(或货箱中)存入货格。根据存取物料时货架和物料的状态特点可以把自动仓库区分成固定式自动仓库和循环式自动仓库。

1. 固定式自动仓库

图 7-2 所示为固定式自动仓库的结构图,其基本组件如下。

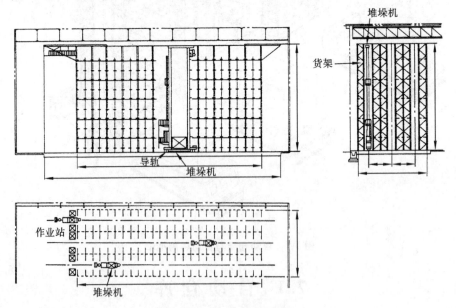

图 7-2　自动仓库的结构

1) 货架

设计厂房时,可以把固定式自动仓库的货架与车间的墙壁和天花板建成一体,使它成为厂房的一部分；也可以把它作为独立的结构体建在车间的某个地方。

固定式自动仓库的货架，被水平地分成若干层（一般情况下层距相等），被垂直地分成若干列（一般情况下列距相等），层与列交错，把货架分隔成货格。平行地布置若干排货架，就能构筑出大型自动仓库，货架之间的空间称为巷道。

货架的列、巷道、货架的层组成了立体空间，如果用 X、Y、Z 轴分别表示货架的列、巷道、货架的层，那么一个货格就唯一地对应着直角坐标系的一个坐标点。

2) 堆垛机

自动仓库的每条巷道都至少有一台堆垛机在工作。堆垛机又称自动巷道车，如图 7-1 所示，它可以在巷道中沿 X 轴（即货架的列）方向运行，其载货台（含货物存取装置，如货叉等）可以沿 Z 轴（即货架的层）方向移动，因此，堆垛机能够对巷道两侧的货格，实施物料的输送和存取。

3) 进出库作业站

进出库作业站是自动仓库的窗口，物料输送设备送来的物料入库，堆垛机取出的物料出库，都是通过该窗口实施的。在进出库作业站，常常安排仓库管理人员协同工作。

4) 载货工具

实施物料自动存取和输送应该使用载货工具，例如托盘、零件盘、货箱等。托盘是一种随行夹具，可以把大中型零件装夹在托盘上直接送给机床加工，小型零件的装载多用零件盘，散件常用货箱。

5) 进出库控制装置

在进出库控制装置的控制下，位于进出库作业站上的物料（放在托盘上或货箱中），可以被堆垛机取走，送到预定的货格中存储起来；反之，堆垛机还可以从指定的货格中取出物料，送给进出库作业站。

2. 循环式自动仓库

与固定式自动仓库不同，存放物料（或取出物料）的时候，循环式自动仓库的货架必须运动到固定的存货作业点（或取货作业点）。常见的循环式自动仓库有以下几种类型。

1) 水平循环自动仓库

图 7-3 所示为一种水平循环自动仓库，物料随着回转货架一起作水平转动。如图 7-3 所示，自动取出装置专用于物料的出库，自动返回装置专用于物料的入库。仓库管理人员要想取出（或存放）某物料，就在回转货架操作柜上设定存放该物料的货位号并启动货架回转，当设定的货位到达出库（或入库）的作业点，自动仓库便停止运转，自动取出（或返回）装置实施物料的取出（或存放）。

控制装置控制水平循环自动仓库运行，可以采取两种不同的控制策略：物料按照入库的顺序出库，采用批处理控制；物料按照某种组合交替地出库，采用循环处理控制。

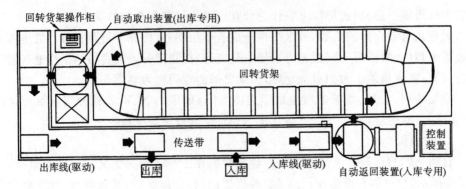

图 7-3 水平循环自动仓库

2) 垂直循环自动仓库

把水平循环自动仓库竖立起来就成为垂直循环自动仓库,其物料随着回转货架一起作垂直转动。垂直循环自动仓库的控制方式与水平循环自动仓库虽然完全一样,但是物料的入(出)库作业点设置在某一设计高度上。

3) 多层水平循环自动仓库

图 7-4 所示为一种多层水平循环自动仓库,它的每层回转货架都可以独立地水平回转,并且能够互不制约地实施入(出)库操作。多层水平循环自动仓库是一种高

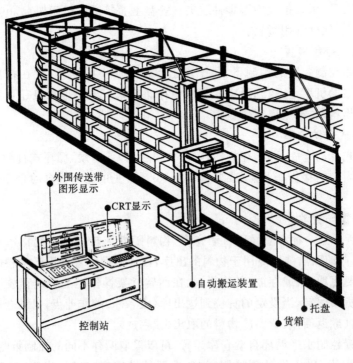

图 7-4 多层水平循环自动仓库

性能的循环式自动仓库,它能够迅速地完成物料的分类、检索、挑选、入、出库等操作。

与固定式自动仓库相比,循环式自动仓库不能构筑出大型的自动仓库,多用于物料的短期管理。如图 7-5 所示的自动仓库由三个多层水平循环自动仓库构成,该仓库的货架之间不需要巷道,与相同规格的固定式自动仓库相比,其保管效率可以提高 60%～70%。

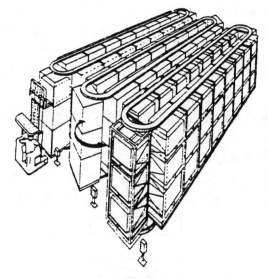

图 7-5　由三个多层水平循环自动仓库组成的仓库

7.1.3　自动仓库的管理和控制

1. 概述

我国第二汽车制造厂(简称二汽)建造了一个 14 排、52 列、11 层、7 巷道、8 008 个货格的固定式自动仓库。该自动仓库的巷道长度约为 68 m,货架高度为 15 m,每条巷道配备了一台堆垛机。全国数百家协作工厂生产的上千种零件分门别类地被装进货箱,并被存放到自动仓库中。货箱的大小是 1 000 mm×800 mm×850 mm,货箱的最大质量是 500 kg。该自动仓库的"自动"主要表现在以下两个方面。

(1) 仓储管理自动化　即对货格、货箱、账目的管理自动化。

(2) 货箱进、出库作业自动化　即:

① 自动识别货箱中零件的名称,并对其记账;

② 自动跟踪输送机上的货箱,并使其分岔;

③ 自动选择堆垛机的最佳运行速度;

④ 自动寻找货格的地址,并检测货格的状态(有无货格)。

二汽使用自动仓库获得了如下效果。

(1) 降低仓储成本　自动仓库能够充分利用仓库面积,节省大量基建投资;能够用货箱装运汽车的配套件,降低零配件的管理、运输、包装、损耗的费用;能够加快仓储资金的周转,减少贷款利息的支付。据统计,自动仓库每年节约的资金与其建设投资相当。

(2) 提高保管质量　自动仓库实现了"先进先出"的物料管理方法,能够有效地防止零配件的超期库存、老化变质;能够最大限度地让管理人员不直接触摸物料,使易损零配件的破损大量减少。

(3) 增强市场响应能力　自动仓库具有仓储管理的功能,可以及时、准确地发布配套件的各种信息;自动仓库具有仓储容量大、物料周转快的特点,不仅能为常规生产计划的完成提供保证,还能为变型汽车和临时变动的生产计划的完成创造前提条件。

(4) 有利环境保护　据统计,采用货箱存储、运输外协配套件,每天可以减少3吨工业垃圾。

2. 自动仓库的管理和控制

二汽的自动仓库采用多级分布式控制系统(见图 7-6)来管理和控制库存的物料、信息。该系统拥有 5 台微型计算机,分成以下 4 个控制层次。

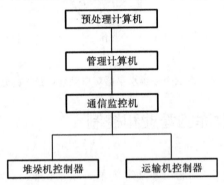

图 7-6　自动仓库的控制系统

1) 预处理计算机

控制系统采用激光扫描条形码自动识别技术对货箱进行管理。预处理计算机负责对条码识别器的信息进行预处理,并把与货箱零件有关的信息送给管理计算机登记。

2) 管理计算机

对自动仓库的物料、账目、货位及其信息进行管理是管理计算机的任务。它按照均匀分配的原则把入库货箱分配给各条巷道,按照"先进先出"的原则调用库存物料;它还能提供库存查询和打印报表的业务。

3) 通信监控机

通信监控机是自动仓库管理和控制系统的通信中枢,它接受管理计算机的作业命令包,对它进行拆包、分解、数据处理,按照巷道对作业命令进行分类排序,把作业命令下达给堆垛机控制和运输机控制。

通信监控机的彩色屏幕能够显示出指定的作业地址和各巷道的作业箱数,能够用来监视实际运行地址和实际完成的作业箱数。

4) 堆垛机控制器

堆垛机控制器能够以遥控和全自动在线两种方式,控制堆垛机完成入库、出库、转库、直接入出库等四种作业。

接到通信监控机的作业命令,堆垛机控制器不仅能够控制堆垛机执行作业命令,还能在屏幕上显示出作业的目标地址和运行地址,显示出堆垛机运行的水平(X向)速度、垂直(Z向)速度的大小与方向,显示出伸叉方向(Y向)。

堆垛机控制器还为堆垛机的安全运行提供一些保护措施,例如:当堆垛机出现小故障时,启动"暂停功能"可以让它停止运行,排除故障后再让它继续工作;当货叉占位、取货无箱、存货占位等现象发生时,能够及时报警并做出相应处理。

此外,堆垛机控制器还能合理设定堆垛机的运行速度,使它安全、快速、准确(定位精度$\leqslant \pm 10$ mm)地抵达运行目标地址。

5) 运输机控制器

收到通信监控机的一批作业命令后,运输机控制器从作业地址中取出巷道号,对它进行数据处理,依照处理结果控制分岔点的停止器,使货箱在输送机上自动分岔。

7.2 自动导向小车

7.2.1 自动导向小车在柔性制造自动化系统中的作用

自动导向小车(automated guided vehicle,AGV)俗称无人小车,1954 年美国研制的感应制导式电瓶牵引车就是最早问世的自动导向小车。到了 20 世纪 70 年代后期,自动导向小车系统(automated guided vehicle system,AGVS)获得广泛应用,进入 20 世纪 80 年代其技术日趋成熟,迈向系列化批量生产阶段。

在机械、电子、化工、食品、纺织、造纸等行业,自动导向小车系统都拥有自己的用户。柔性制造自动化系统引进自动导向小车系统是由于下述原因:

(1) 对于承担中小批量制造任务的制造系统,人们很关注其物料输送的自动化水平;

(2) 自动导向小车系统能使柔性制造自动化系统的布局设计具有最大的灵活性,能方便地实施从一个作业点到另一个作业点的物料输送计划;

(3) 在自动导向小车上安装物料交换装置,可以使物料输送路线上各作业点的物料交换实现自动化,从而容易把各个孤立的制造单元连接成一个制造系统;

(4) 自动导向小车只在输送物料时才上线路运行,不会阻塞其他物流通道,也不会与电缆沟、管道相干涉,因此能够与其他设备友好地兼容。

(5) 采用自动导向小车可以方便地实现对老车间的物料输送系统的改造。

7.2.2 自动导向小车系统的构成

自动导向小车系统由自动导向小车和地面制导与管理系统两部分组成,其中地面制导与管理系统包括:① 制导/定位系统;② 交通管理系统;③ 调度/操作设备;④ 通信设备;⑤ 辅助设备。

自动导向小车有平台式(见图7-7)、叉车式(见图7-8)、牵引式三种基本类型。由于平台式自动导向小车结构紧凑、运行灵活,平台上可以安装物料交换装置,因此其应用最为广泛,图7-9所示为四种不同形式的平台式自动导向小车物料交换装置。

自动导向小车一般由下述部件(见图7-10)组成:① 车体;② 行走驱动机构(驱动轮等机构在车体内);③ 物料交换装置;④ 安全防护装置,如防冲挡、信号灯、紧停按钮等;⑤ 蓄电池;⑥ 导向机构,如光电感应检测装置等;⑦ 控制系统(在车体内)。

图 7-7 平台式 AGV

图 7-8 叉车式 AGV

第 7 章　自动仓库和自动导向小车

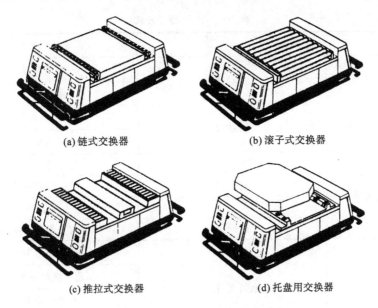

(a) 链式交换器　　(b) 滚子式交换器

(c) 推拉式交换器　　(d) 托盘用交换器

图 7-9　平台式 AGV 的物料交换装置

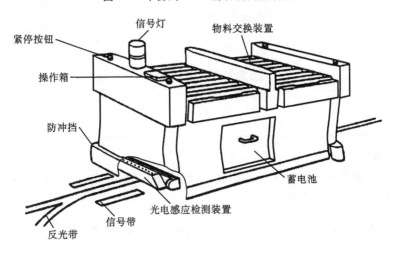

图 7-10　AGV 的结构

选用自动导向小车,首先应该考虑的性能指标是:最大载重量、最高行走速度、准停精度、制导方式。

7.2.3　自动导向小车的制导技术

制导技术是自动导向小车系统的核心技术,表 7-1 列举的自动导向小车制导方式都有应用实例,以下简单介绍其中几种最常用的制导方式。

表 7-1 AGV 制导方式

路线特征		制导方式
固定路线	主动式	电磁制导
		激光制导
	被动式	光反射制导
		图像识别制导
半固定路线	点标记	标记跟踪制导
		条码识别制导
		磁制导
	线标记	导盲犬机器人制导
无固定路线	地面支持式	狭缝符号制导
		超声波灯塔制导
		激光灯塔制导
		三面直角棱镜制导
	自主航行式	外景识别制导
		地图识别制导
		陀螺仪制导
		超声波制导
		巡航导弹式制导

1. 电磁制导

电磁制导属于固定线路主动式制导,已经实用化的自动导向小车大多采用电磁制导,其原理如图 7-11 所示。

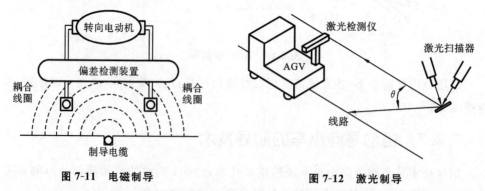

图 7-11 电磁制导　　　　　　图 7-12 激光制导

制导电缆埋在离地面只有几厘米深的沟中,电缆的埋设路线就是自动导向小车的理论运行路线。接通 3~10 kHz 的电流后,以制导电缆为中心生成的电磁场能够使自动导向小车的耦合线圈产生感应电流,小车在运行路线的理论位置(图示位置)时两个线圈的感应电流相等。小车如果偏离了理论运行路线(例如偏右),左线圈的感应电流就会大于右线圈的感应电流,根据感应电流的差值,偏差检测装置能够计算出小车对运行路线的偏移量,并控制转向电动机纠正小车的运行方向。

电磁制导的优点是:抗污染能力强,制导电缆不易被损坏(电缆沟用环氧树脂封闭),工作可靠。缺点是:线路附近不允许有磁性物质(如铁屑),铺设电缆工程量大,改变或扩充线路困难。

为了提高电磁制导的"柔性",人们采取了诸如埋设多条电缆、埋设通信电缆、加强信号处理等措施,取得了良好效果。

2. 激光制导

激光制导也属于固定线路主动式制导,其原理如图 7-12 所示:沿着自动导向小车的运行路线,用激光束对小车扫描,激光检测仪接收到激光,把它转变成制导信号,控制自动导向小车的运行方向。

在二维空间中布置激光器,控制激光扫描器的扫描,能够引导自动导向小车沿任意的弯曲路线运行;在某一点定向发射激光,能够引导自动导向小车沿固定的直线路径运行。

激光制导对地面没有特殊要求,因此,如果受地面条件限制不能采用电磁制导或光反射制导,可以采用激光制导。

3. 光反射制导

光反射制导属于固定线路被动式制导,图 7-13 所示为光反射制导的原理图。在自动导向小车的运行线路上,粘贴反光能力很强的铝带(或乙烯带),自动导向小车投射光光源发出的光受到反光带的反射,被感光器接收,经过偏差检测装置处理的该信号,让转向电动机控制小车的运行。

在交叉路口和转弯处,光反射制导控制自动导向小车的运行方向不是采用普通的反光带,而是采用下列措施:

(1) 贴若干条信号带,通过识别信号光带的代码符号或条格来获取控制信息;

(2) 通过在线自主检测与运算处理来改变运行方向;

(3) 在反光带中埋设特殊的小玻璃珠,或者利用地面上反光性很好的地段(如不锈钢地段、瓷砖地段等)来获取控制信息。

4. 标记跟踪制导

标记跟踪制导属于半固定线路点标记制导,其一般原理是:在自动导向小车的运行线路上粘贴导向标记(或反射板、彩球

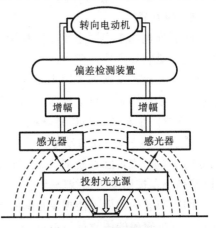

图 7-13 光反射制导

等),自动导向小车的摄像机通过识别这些标记来判定行进方向,控制小车的运行。

在如图 7-14 所示的标记跟踪制导系统中,单元 1 是自动导向小车的中央控制装置模块,单元 2 是检测车速模块,单元 3 是车速控制模块,单元 4 是方向控制模块,导向标记是条形码。自动导向小车的中央控制装置具有如下三项功能。

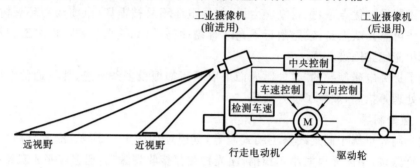

图 7-14 标记跟踪制导

(1) 根据远视野信息,判定车体位置是否异常 在设定的时间段,如图 7-15 所示的条形码出现在远视野中,表明车体位置正常;否则,表明不正常。

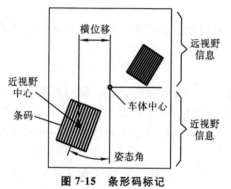

图 7-15 条形码标记

(2) 从近视野信息中读取条形码,检测车体横位移和姿态角 条形码不仅能提供线路分支、路缘前减速、作业点处停止等信息,还能提供条形码间无导向行走的信息。

(3) 根据测定的左右车轮转数以及条形码信息计算条形码间无导向行走状态。

标记跟踪制导的导向标记除了条形码,还可以采用便于识别和处理的矩形或箭头。

5. 磁制导

磁制导也属于半固定线路点标记制导,磁带制导、铁粉制导、磁铁制导都是已经实用化的磁制导方式。磁带制导把磁带贴在自动导向小车的运行线路上,通过自动导向小车的磁传感器来控制小车的运行方向。实施铁粉制导,要用树脂(或混凝土)把铁粉连续地固定在自动导向小车的运行线路上,并在交叉路口、停靠点做出位置标记,自动导向小车的铁粉传感器检测出运行偏移量,进而补偿位移误差。磁铁制导的原理如图 7-16 所示:在自动导向小车的理论线路上和重要位置点埋入若干磁棒,自动导向小车的磁传感器检测出磁棒的位置,依据所在的实际线路,计算出检测偏移量,控制小车按照修正的线路运行。

间隔布置的磁棒不能提供连续的制导信号,在磁棒之间的区域,小车只能自律地运行。减少磁棒的用量虽然可以提高磁棒制导系统的经济性和柔性,但增大了自动导向小车自律运行的区间,为了确保制导精度,应该做出智能化的处理。

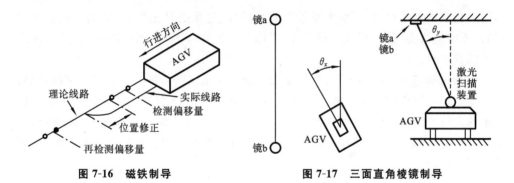

图 7-16　磁铁制导　　　　　图 7-17　三面直角棱镜制导

6. 三面直角棱镜制导

三面直角棱镜制导属于无固定线路地面支持制导,其原理是:在自动导向小车的运行线路上布置若干个三面直角棱镜。自动导向小车发出的激光(或红外线)投射到三面直角棱镜的斜面上就会沿着入射光的路径被反射回来;小车的传感器接收到反射光,分析处理该信号,就能确定小车与棱镜的相对位置,以及与理论线路偏离的距离和方向;依据这些数据就能纠正小车的运行偏差。

如图 7-17 所示,三面直角棱镜 a、b 布置在车间的天花板上,其连线的正下方就是自动导向小车的理论运行线路。如果让自动导向小车偏转 θ_x,就能把小车的运行方向纠正到与理论线路平行;自动导向小车运行时 θ_y 保持恒定(或为零),则小车的运行线路就与理论线路平行(或重合)。

图 7-18 是又一种棱镜布置方法:在特殊路段的两侧,成对布置三面直角棱镜,图中 S_1、S_2、S_3、S_4 表示四束激光。

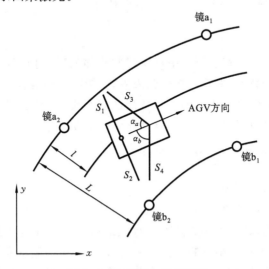

图 7-18　三面直角棱镜制导

7. 外景识别制导

外景识别制导属于无固定线路自主航行式制导,其原理是:预先知道自动导向小车的运行线路上的景物,例如天花板上的水银灯、走廊的日光灯等,自动导向小车运行时,不停地将实测图像与已知景物的图像进行比较,确定其当前位置,以及对理论线路的偏离量。

外景识别还有一种制导方式:把地图上能标识出道路特征的线框作为预测模型,把实测图像中提出的道路轮廓作为实测模型,通过实测模型与预测模型的匹配计算出偏移向量,并把它转换成对预测模型的位置倾斜向量。倾斜向量是小车不在预定位置造成的,因此通过修正小车的运行方向和前进目标信号就能减小倾斜向量,从而达到制导目的。

7.2.4 自动导向小车的准停和安全保护

1. 准停

自动导向小车与其他设备交换物料时,必须准确地停靠在物料交换的作业地点。使自动导向小车准停,可以采用以下机构。

(1) 定位销 在自动导向小车停靠地点布置的定位销能够使自动导向小车在 X 轴、Y 轴、Z 轴三个方向的准停精度都达到 ±1 mm。采用定位销实现小车的准停,完成准停动作的可能是整台小车,也可能只是车上的托盘。

(2) 导轨 在自动导向小车必须准停的地点布置导轨,可以得到很高的定位精度。

(3) 导向杆 在准停地点安装引导装置,在自动导向小车安装导向杆,前者引导后者,实现小车的准停。

(4) 里程表、编码器、接近开关、准停用螺旋管等。

(5) 光电传感器。

2. 安全保护

为了保护自动导向小车在行驶中不受异常物体的碰撞损害,可以在小车的安全保险杠上安装接触传感器;保险杠接触到障碍物,接触传感器就会发出保护信号。

超声波安全保护装置也是一种比较常用的安全设备,它启用超声波检测行驶线路上的异常物体,发出报警信号,并使自动导向小车紧急停止。

7.2.5 自动导向小车的控制

1. 自动导向小车的作业过程

对待只有一台自动导向小车的小型制造系统,人们常常把自动导向小车的运行程序预先存放在车内,让小车按照该程序自主地运行。对待拥有多台自动导向小车的大型制造系统,为了提高小车的运行效率,应该让中央控制室来管理小车的运行。

在中央控制室的管理下,小车向各作业点输送物料的过程可以由作业点呼叫、中央控制室调度、小车行驶、物料交换等步骤构成。该作业过程的逻辑描述如图 7-19 所示。

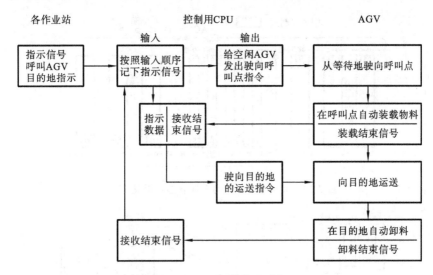

图 7-19 AGV 的作业过程

(1) 各作业站给中央控制室发出呼叫 AGV、目的地指示等指示信号。

(2) 中央控制室的控制用 CPU 按照输入顺序记下指示信号后,给空闲 AGV 发出驶向呼叫点指令。

(3) AGV 从等待地驶向呼叫点,自动装载物料后,给中央控制室发出装载结束信号。

(4) 控制用 CPU 接收到结束信号,给 AGV 发出驶向目的地的运送指令。

(5) AGV 接收到运送指令后,向目的地运送装载的物料;自动卸料后,向中央控制室发出卸料结束信号。

2. 中央控制室调度

下面举例说明中央控制室。如图 7-20 所示的柔性制造自动化系统由加工子系统和装配子系统组成,为了保证 24 小时无人运行,在两个子系统之间,设置了物料缓冲输送带来存放物料。制造系统配备了 4 台如图 7-10 所示的自动导向小车,让它们在装配子系统、物料缓冲输送带、加工子系统之间输送物料。自动导向小车有 28 个物料交换点,用符号"●"表示;在 4 个地段安装了防止小车互撞的装置,用符号"■"表示。图中的大箭头表示装有物料的实箱的流动,小箭头表示空箱的流动。自动导向小车的行驶线路有 120 m。

在图 7-20 中,中央控制室采用如图 7-21 所示的 AGV 控制调度系统对 4 台自动导向小车实施控制调度,同时对整个制造系统的物料流动进行管理。

1) AGV 控制调度系统的结构

如图 7-21 所示的 AGV 控制调度系统由四个单元组成:① 计算机在线管理单元;② 无线电通信单元,包括地面通信控制单元(communication control unit,CCU)和车载通信控制单元;③ 车载控制装置,其中包括微型计算机;④ 输送带控制。

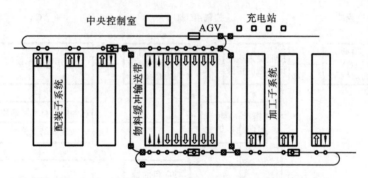

图 7-20 有 4 台 AGV 的柔性制造自动化系统

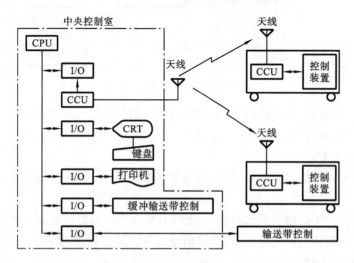

图 7-21 AGV 控制调度系统

2）作业内容

如图 7-21 所示的 AGV 控制调度系统承担以下作业：① 自动导向小车的运行管理；② 自动导向小车的运行监视；③ 搬运物料的分类管理；④ 装配件的"先进先出"管理；⑤ 缓冲输送带上物料的在库管理。

3）通信控制系统

如图 7-21 所示的 AGV 控制调度系统借助地面通信控制单元和车载通信控制单元，以无线电通信方式实现了对自动导向小车的通信控制，能够完成以下任务：

（1）询问小车的行驶状态和应答，内容包括自动导向小车的当前位置、行驶状态、停止状态、物料交换状态；

（2）给小车发布指令和应答，内容包括出发指令、物料交换指令、行驶指令。

3. 自动导向小车的控制

自动导向小车的控制是指自动导向小车的行驶控制和物料交换控制。如图 7-22 所示，自动导向小车的控制装置由检测单元、控制单元、驱动单元组成。车载通信单元的控制调度信号,以及检测单元的小车行驶信号和物料交换信号,传送到控制单元,经过逻辑推理模块的处理,成为驱动单元的输入信号。对于小车的行驶控制,掌舵控制模块把该信号处理成掌舵电动机的驱动信号,掌控小车的运行路径。对于小车的物料交换控制,该信号通过功率继电器让行驶制动器动作,使小车减速;接收到准停用螺线管的准停信号后,让制动器动作,使小车准停;准停后,让物料交换器用电动机动作,使小车交换物料。

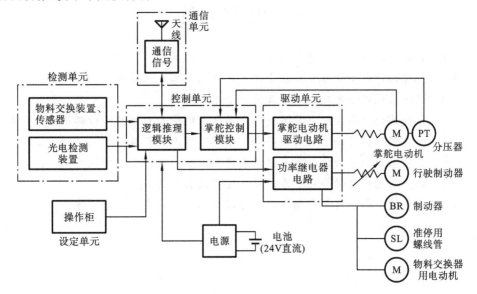

图 7-22　AGV 控制

如图 7-10 所示的自动导向小车,采用了光反射制导。由图 7-23 可以看出,它的光电检测装置由荧光灯、遮光罩、光敏元件组成,其工作原理是:荧光灯的光线受反光带的反射,还有较大的光照强度,能够照亮光敏元件(ON 状态);荧光灯的光线受地面的散射,只有微弱的光照强度,不能照亮光敏元件(OFF 状态);根据 ON 状态的光敏元件的位置信号,控制单元推算出小车对反光带的偏离量,推算出掌舵角度,并控

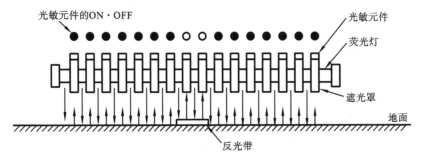

图 7-23　反光带的检测
○—ON;　●—OFF

制驱动单元动作,使小车保持直线行驶或偏转。

自动导向小车更换行驶路线,或者在某处减速、停靠,其依据是信号带上的信号。如图 7-10 所示,在岔路口(或停靠点)的正前方贴有信号带,检测单元阅读到信号带上记载的信号,就能启动控制单元中已经存储的程序,控制自动导向小车换道(或减速、停靠)。

思考题与习题

7-1 自动仓库在柔性制造自动化系统中有何作用?

7-2 有哪几种自动仓库?试指出固定式自动仓库的结构特点。

7-3 试举例说明如何对自动仓库进行管理和控制。

7-4 自动导向小车系统在柔性制造自动化系统中有何作用?由哪几部分构成?

7-5 简要叙述你所知道的自动导向小车制导方式及其原理。

7-6 自动导向小车为什么需要准停和安全保护?有何实现措施?

7-7 试举例说明自动导向小车的作业过程及其控制。

7-8 试介绍一个采用了自动仓库和自动导向小车的柔性制造系统。

第 8 章

柔性制造自动化的控制技术和监视技术

8.1 概 述

没有控制技术的支撑,制造过程就不可能实现自动化。计算机、可编程逻辑控制器(programmable logic controller,PLC)、数控(numerical control,NC)系统是实现柔性制造自动化的三种基本控制设备,它们分别担负着数据处理、顺序控制、伺服控制的任务,并沿着各自方向不断发展,形成了具有鲜明个性的技术特色。价格低廉的微型计算机,其性能已经得到很大提高,因此能够取代柔性制造系统的小型计算机,成为柔性制造系统的主控设备;随着柔性制造自动化技术的发展,传统 PLC 和通用数控系统的结构和性能也发生了深刻变化。

计算机、PLC、数控系统沿着各自方向发展的同时,相互之间也进行了技术渗透,从而形成了一些具有复合功能的控制设备。例如:生产厂家研制通用计算机数控(CNC)系统的时候,就把内藏 PLC 功能列为计算机数控系统的一个重要开发目标;柔性制造系统的单元控制器就具有数据处理和直接数控(DNC)双重功能,能够处理来自上位计算机的信息,控制下位数控机床、工业机器人、物料搬运设备的运行;有的厂家还开发出了 PLC/NC 一体化的设备。

在柔性制造自动化系统中,功用各不相同的计算机、PLC、数控系统应该采取群管理结构或多级分布式结构协同工作,控制整个制造系统协调地运行。

柔性制造自动化系统是一个自动化程度很高,由多种先进技术和设备组合而成的复杂系统,所以可能发生故障的部位较多,为了使柔性制造能够在无人(或人数很少)的情况下可靠地长期运行,把自动监视技术用于柔性制造自动化就不是一项可有可无的工作。

8.2 面向柔性制造自动化的 PLC 技术

8.2.1 PLC 的功能扩展

1. 继电器顺序控制器与 PLC

PLC 是顺序控制器的高级发展阶段。最早出现的继电器顺序控制器依靠动合触点与动开触点的组合,以及时间继电器的延时、定时功能,使自动化系统的各个设备按照预先设计的流程,有序地启动、运转、停止。继电器顺序控制器的突出缺点是:电控触点多,接线复杂,故障率高,制造流程变动后必须更换新的继电器顺序控制器。

人们借助大规模集成电路和微处理器技术开发了 PLC。它成功地克服了继电器顺序控制器的缺点,成为自动化系统广泛使用的顺序控制装置。PLC 的编程语言依然沿用继电器顺序控制器的梯形图。

随着柔性制造自动化技术的发展,PLC 的应用范围在不断扩大,单纯的顺序控制已经不能满足人们的需要,PLC 的功能和结构也因此发生了很大变化。

2. PLC 的功能扩展

面对日益复杂的被控设备和控制作业,PLC 的功能沿着以下方向发展。

1) 数据处理与数值运算功能

除了行程开关等器件发出的开关信号,一些智能传感器监测到的信号也可能成为 PLC 的输入信号;此外,柔性制造自动化系统还要求 PLC 与上位计算机或控制器通信。因此,不少厂家推出了拥有数据处理和数值运算命令的 PLC,它能够完成字符串处理、常用数学公式计算、浮点运算,等等。

2) 高性能 CPU 和大容量内存

柔性制造自动化系统要求 PLC 具有高速处理信息的能力,例如 20 世纪 90 年代初推出的 PLC 能以 $0.5~\mu s$ 处理一条顺序控制命令,以 $9~\mu s$ 处理一条数据传送命令;此外,还要求 PLC 能够运行较大程序,能够以数据文件方式传送信息。因此,不少厂家推出了拥有高性能 CPU 和大容量内存的 PLC,它能够完成大量信息的高速处理。

3) 外围设备多样化

为了扩大应用范围,不少厂家推出的 PLC 能够采用多种外围设备,如条码阅读机、屏幕显示器、打印机、微型计算机、便携式计算机、位置检测控制设备、伺服控制装置,等等。

4) 网络功能

作为柔性制造自动化系统的基本控制设备,PLC 应该具备网络功能。因为拥有多台 PLC 的较大规模的自动化系统不仅要求 PLC 之间能够交换数据,还要求 PLC 高速地与上位计算机和控制器通信,传送制造命令、生产统计、故障分析等信息。为了与不同设备联网,PLC 以开放式通信协议标准为基础确立网络功能。

5) 故障诊断

面对复杂的系统结构和控制内容,不少厂家推出的 PLC 拥有故障诊断功能。

8.2.2 PLC 编程语言

1. 梯形图和计算机算法语言

为了替代继电器顺序控制器,人们开发出了 PLC,因此梯形图仍然是一种主要的 PLC 编程语言。然而,面对日益复杂的自动化系统,梯形图既不能表达其数值、数据,也不便描述整个控制流程,因此生产厂家把计算机算法语言(如 C 语言、BASIC 语言)引进到 PLC,作为 PLC 的编程语言。

2. 顺序功能图

顺序功能图(sequential function chart,SFC)是另一种 PLC 编程语言,它能方便地描绘机械设备的动作顺序,记述包括数据处理的控制。采用顺序功能图不仅能把握控制流程和内容,还能提高程序开发和维护效率,因此人们认为顺序功能图代表了 PLC 编程语言的发展方向。

8.2.3 PLC 的模块化

1. 模块化的 PLC

为了适应制造系统对设备的增设、改造、移迁的需求,为了减少建设费用、缩短工期,为了把 PLC 的输入、输出由集中式改成远程分布式,生产厂家推出了模块化的 PLC。图 8-1 所示的模块化 PLC 由 PLC 主机、通用连接器、发送部件、地址部件、传感器终端、功率终端等部件组成,通用电缆把分散在不同作业点的部件连接成一体。

在图 8-1 中,通用连接器直接插在 PLC 主机的 I/O 卡上,它有输入连接器和输出连接器两种形式;发送部件测定整个系统的同步,同时检测传输线的异常情况,如果有异常现象发生,那么相关的发光二极管就会点亮(报警信号);一台地址部件最多能够连接 20 台传感器终端(或动力终端),建立 80 个 I/O 点,传感器终端(或动力终端)的起始地址设置在地址部件上。

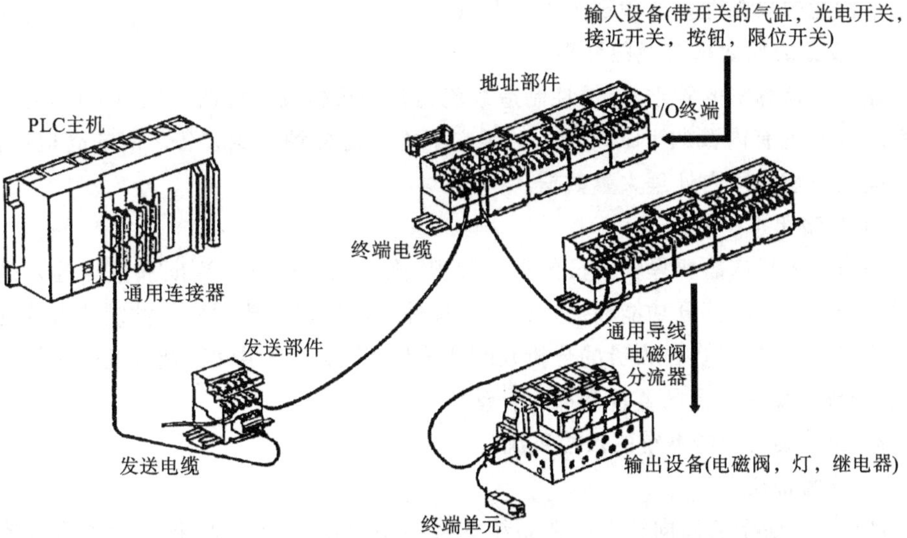

图 8-1 模块化的 PLC 结构

传感器终端能把各种传感器及开关的并行通断信号变换成串行信号,一台传感器终端有 4 个输入端子。来自通用连接器的串行通断信号被动力终端变换成并行信号，一台动力终端拥有 4 个输出端子。

2. 模块化 PLC 的运行

如图 8-1 所示的模块化 PLC，信号输入按下述过程运行：① 传感器的并行信号进入传感器终端，被转换成串行信号；② 地址部件把串行信号传送到发送部件，接受检测；③ 传送到输入连接器的串行信号被转换成能由 PLC 接受的并行信号。

信号输出按下述过程运行：① PLC 的命令进入输出连接器，被转换成串行信号；② 串行信号传送到发送部件，接受检测；③ 串行信号经过地址部件传送到动力终端，被转换成执行机构能够接受的并行信号。

8.3 面向柔性制造自动化的数控系统

8.3.1 面向柔性制造系统的数控系统特点

1. 通用数控系统的技术局限

装备了通用数控（NC）系统的普通数控机床借助数控程序，能够高质量、高效率地完成复杂的加工任务。通用数控系统可以同时存储多种零件的数控程序，并逐一地把它们付诸实施，所以普通数控机床具有柔性制造的能力。但是，普通数控机床及其通用数控系统只拥有一些基本的功能，它们还不能承担构筑柔性制造系统的任务，其技术性能的局限性主要表现为以下两点。

1）设备之间数据交换的局限

在主控计算机的管理下，柔性制造系统的各种机械设备协调一致地工作，通用数控系统虽然拥有内藏的 PLC 功能，但是它不能支持各种机械设备之间的高速通信，即不能在很短时间内处理大量数据。

2）自动化水平的局限

普通数控机床需要操作人员的直接管理，操作人员的分析判断和数据输入是启动通用数控系统的部分功能和操作的前提条件。数控机床要适应柔性制造系统的运行环境，就应该摆脱操作人员的分析判断和操作，直接面向柔性制造系统的主控计算机，使依赖于操作人员的监视和操作自动化。

2. 面向柔性制造系统的数控系统特点

1）结构特点

如图 8-2 所示的面向柔性制造系统的数控系统由一台 PLC 和一台通用数控系统构成，其结构特点是：PLC 的 I/O 总线把具有加工控制功能的数控装置与 PLC 结合起来，由控制机械设备动作的 PLC 直接访问数控装置的存储器，实现对数控装置的控制。

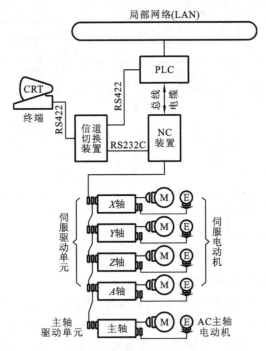

图 8-2 面向 FMS 的 NC 装置

M—电动机；E—编码器

2) PLC 与数控装置之间交换的信息

对面向柔性制造系统的数控系统说来，PLC 与数控装置之间交换的控制信息主要有：① 伺服轴的状态信息，包括回到原点的信号、移动过程中的信号、移动方向信号；② 报警及其状态信号；③ 当前值数据；④ M、S、T 代码信号；⑤ 运行模式选择信号；⑥ 运行启/停信号；⑦ 程序查询信号。

PLC 与数控装置共用一台终端和显示器，信道切换装置以串行通信方式把它们连接起来。

面向柔性制造系统的数控系统，其 PLC 和通用数控系统具有明确的分工。柔性制造系统中各机械设备运行的顺序控制，数控程序的检索和启/停操作，主轴控制，报警和故障信息输出等作业，由 PLC 完成。通用数控系统完成的作业主要有：控制伺服轴，选择主轴转速（S 指令）和刀具（T 指令），执行辅助功能（M 指令），紧急停止，超程控制，故障诊断和报警。

3) PLC 与数控装置之间数据的交换过程

如图 8-3 所示，PLC 的数据寄存器与数控装置的内存缓冲区之间依据 FROM/TO 命令来交换数据。执行 FROM 命令，内存缓冲区的数值数据和二进制数据被送到 PLC 的数据寄存器中记忆起来。把 PLC 使用的二进制数据传送给数控装置，首先应该送到 PLC 的数据寄存器中，然后执行 TO 命令送到数控装置的内存缓冲区。

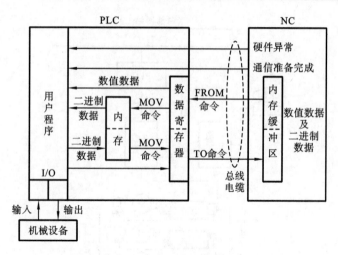

图 8-3　PLC 与 NC 的数据交换

4）对算法语言源程序的调用

数控机床因异常情况中断加工时，分析故障、恢复加工的自动处理程序应该用计算机算法语言编写；此外，自动变更参数、自动检测补偿等处理程序也常常用算法语言编写。因此，在柔性制造系统环境下，用数控（或 PLC）语言调用算法语言源程序，以及由执行算法语言程序转向数控（或 PLC）程序的某个执行状态，便是一种基本操作。

为了实现对数控机床的自动监视和操作，面向柔性制造系统的数控系统还应该具备一种能力，即用数控语言和 PLC 语言（梯形图语言）调用算法语言编写的程序。从该功能的角度来认识面向柔性制造系统的数控系统，其结构特点就如图 8-4 所示：NC（数控装置）和内藏 PLC 构成的通用数控装置，通过内存缓冲区和 PLC 实现与柔性制造系统中各机械设备的互动，通过算法语言、算法语言数据接口、参数文件实现对算法语言源程序的调用。

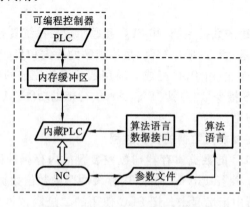

图 8-4　面向 FMS 的 NC 装置特点

8.3.2 数控系统的功能扩展

生产实践中,人们逐渐发现追求大型柔性制造自动化系统所带来的风险和负担,发现模块化技术对柔性制造自动化的意义和作用,发现单机柔性制造自动化的重要性。基于这些认识,生产厂家大力扩充了数控系统的功能,包括以下几项功能。

1. 会话式制定日作业计划功能

拥有该功能,就可以在数控系统上制订出优化的日作业计划,其步骤为:

(1) 根据显示屏上列出的程序一览表,选择出与日作业计划有关的程序,确定这些程序所使用的刀具;

(2) 根据显示屏的提示信息,结合程序(即被加工零件)、车间内夹具的使用状况、托盘的装夹状况,选择出完成日作业计划所需要的夹具和托盘;

(3) 在显示屏的提示下,以机械加工时间最短为优化目标制订出日作业计划,该计划包含有刀具破损检测、工件找正、刀具寿命管理、自动切屑处理等操作。

2. 远程通信功能

利用该功能,就可以在远离车间的任何地方监视机床运行、作业进程。为了诊断系统故障,还可以把必要的信息发送到服务中心,让服务中心分析故障原因,提出解决办法。

数控系统与其他计算机以文件方式通信,文件中包含的信息有作业内容、工序、程序、数据。远程通信功能为构筑自律分布式柔性制造自动化系统提供了必要的技术支撑。

3. 柔性加工自动化功能

为了提高数控机床的柔性加工自动化水平,其数控系统增加了以下功能。

(1) 自动编程功能 该功能通过切换显示屏上的数据输入提示信息来帮助编写数控程序,容易被初学者理解、掌握。即使编写复杂的数控程序,除了与工件形状尺寸有关的数据,例如加工深度、加工尺寸、刀具,其他数据都是自动确定的,因此,编程人员的职责就是确认数据。自动编程功能还可以用图形仿真的方式实时地检验数控程序的正确性。

(2) 辅助工序功能 为了消除人为的测量误差,提高加工精度,该功能能够支持完成工件找正的作业。它还可以在工序间检测工件,从而有利于机床长时间地无人运行。它提供的试加工功能,可以支持完成工件的试切加工。

(3) 数控运行功能 该功能包括坐标显示、数控程序删除、加工轨迹显示等功能;对于数控运行操作来说,这些功能都是必备的。

(4) 参数功能 该功能可以存储刀具数据文件、夹具数据文件、切削条件数据文件、加工精度与加工条件,还能够提供会话窗口,让人们根据自己的经验数据刷新陈旧的数据。

(5) 维护功能 当数控机床发生故障时,该功能可以指出故障原因和处理方法。

在必要的时刻,该功能还可以指出定期维护的项目。

(6) 生产信息功能　该功能包括交货期管理、定期累计、加工统计等功能,可以支持制定作业计划。

4. 人工智能

为了构筑出性能优良、价格低廉的柔性制造自动化系统,生产厂家把人工智能技术应用到了数控系统。

借助人工智能技术迅速地确定最优加工条件就是一个例子。加工条件自动决定功能建立在数据库、知识库、向前推理策略的基础之上,数据库中收集了刀具、切削条件、工艺参数、自动循环等数据,知识库中收集了与切削速度、进给量、螺纹加工、工步顺序及其刀具、切削深度等有关的知识。

5. 自律分布式功能

该功能使数控机床具有以下优点。

(1) 能同时完成多道作业　会话式编辑、屏幕显示操作等作业应该立刻实施,为了提高对这类作业的应答性和操作性,自律分布式功能把占用较多操作时间的作业(如编写数控程序、通信等)放到后台处理。

(2) 提高制造自动化系统的柔性　由于具有自律分布式功能,扩充制造自动化系统的设备,变动制造自动化系统的布局,就不必过多考虑原有设备的约束。

(3) 增强制造自动化系统对故障的应变能力　制造自动化系统配置了拥有自律性的数控机床,当某台机床发生故障的时候,它的作业可以分配给另外的机床完成,从而能够保证整个制造系统的运行不中断。

8.4　DNC 系统

对拥有多台数控机床的柔性制造自动化系统实施控制,可以采用 DNC 系统。

DNC(direct numerical control)系统,即直接数字控制系统,由一台计算机和多台数控系统组成,计算机直接管理制造系统各个机械设备的控制指令和数据,各台数控系统掌控各自机械设备的运行。DNC 系统是一种功能强大的群管理方式,在我国,它常被称为"群控"。

值得注意的是:在某些文献中,DNC 是"distributed numerical control"的缩写,翻译为"分布式数字控制"。直接数字控制(DNC)的内涵和结构,与分布式数字控制(DNC)的并不完全相同。

8.4.1　应用实例

如图 8-5 所示的柔性制造系统能够加工包括铣刀盘、车刀体在内的 3 600 种刀具,制造精度达到 IT6~IT7 级。其中,机夹不重磨端铣刀盘的月产量是 1 500 件,直径为 50~300 mm,最大刀盘质量为 50 kg。一批加工,每种刀具只投料 2~20 件。

第 8 章 柔性制造自动化的控制技术和监视技术 · 141 ·

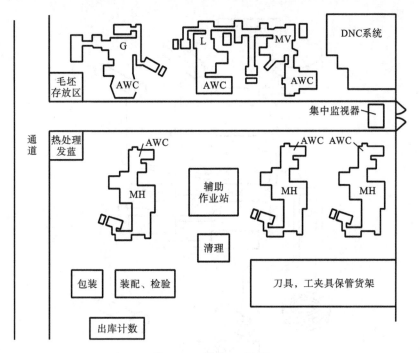

图 8-5 刀体加工 FMS

在图 8-5 中，G、L、MV、MH 分别表示数控磨床、数控车床、立式加工中心、五轴联动卧式加工中心，每台机床都配备了工件自动交换装置(AWC)，它由能存储 10 个工件的工件库和自动送料器组成。该柔性制造系统的运行需要工人介入，白班(8:00—17:00)安排两三个人，中班(17:00—21:00)安排两个人，他们的职责是交换刀具，在辅助作业站装卸工件，在工序之间搬运工件(第二期建设中安排机器人完成该工作)；夜班(当天 21:00 到第二天 8:00)为无人运行阶段。

在 DNC 系统的控制下，铣刀盘、车刀体、铣刀柄按照图 8-6 所示工艺流程由毛坯加工为成品。DNC 系统的总体结构如图 8-7 所示，微型计算机是其核心设备，集中监视站的职责是监视制造系统的运行状态，带箭头的实线表示工件的物流路径。

应该注释的是：图 8-7 中，"OS—操作系统"是对日语文献的直译。实际上，"OS"是"微型计算机"与"NC"(数控系统)的接口部件。

8.4.2 DNC 软件

20 世纪 80 年代初期之前，数控程序的载体是穿孔纸带。开发 DNC 系统后，让计算机直接面对数控装置就大可不必借助穿孔纸带传送数控程序，从而使人们摆脱了制作和保管穿孔纸带的烦琐劳动。

进入 20 世纪 80 年代后，迅速发展的微型计算机技术和计算机数字控制技术，使 DNC 不仅能够从事数控程序的管理，还能够对柔性制造自动化过程进行管理、控制、

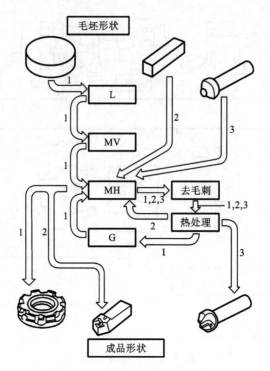

图 8-6 刀体加工的工艺流程

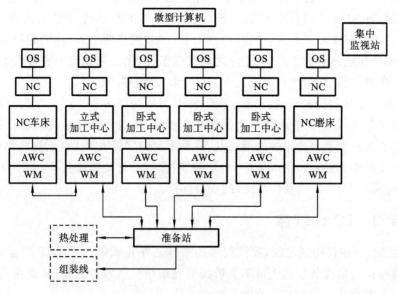

图 8-7 DNC 系统的总体结构

OS—操作系统；AWC—自动送料器；WM—料库

监视。与此相应,DNC 也拥有了丰富的计算机软件,如图 8-8 所示的 DNC 软件配置具有参考价值。

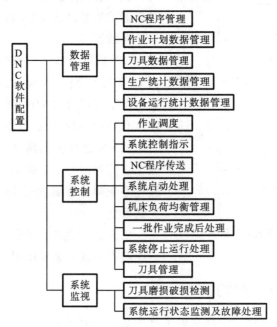

图 8-8 DNC 系统的软件配置

8.4.3 DNC 物理结构

用微型计算机来构造小型 DNC 系统是一种有效的常用技术措施,其原理如图 8-9 所示。图 8-10 所示为一种具体实施方案,接口板和远程缓冲存储器由专业厂家生产,它们有两个通道,分别用于 RS232C 口和 RS422 口通信,RS232C 口通信可以用光电转换模块和光缆来实现。

图 8-9 小型 DNC 系统的结构　　　　图 8-10 DNC 系统的实施方案

由于微型计算机 CPU 处理数据的速度与数控装置处理数据的速度不同,为了避免计算机与数控装置之间出现通信延滞或中断,就应该配置远程缓冲存储器(简称缓存器)。缓存器与数控装置之间的通信协议不同于缓存器与计算机之间的通信协议,前者通常是"暗盒",后者可以采用图 8-11 所示的协议方式来控制数据的发送,其过程如下:

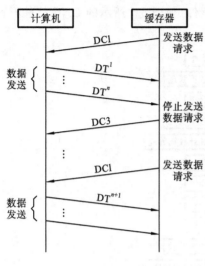

图 8-11 DNC 系统的数据发送

(1) 发送数据请求 数控机床开始运行时，启动发送数据请求按钮，缓存器收到发送数据请求信号就把 DC1 代码送给计算机，请求发送数据。

(2) 数据发送和停止发送数据请求 收到 DC1 代码，计算机就发送数据。发送的数据占据了缓存器的 3/4 存储空间，缓存器就把 DC3 代码送给计算机，请求停止发送数据。

(3) 发送数据再请求 当缓存器存储的数据被使用到不足占据 1/4 存储空间的时候，缓存器便向计算机发送 DC1 代码，再次请求发送数据。

采取这种约定，就能使缓存器永远保持一批数据供数控装置使用。

8.4.4 DNC 的地位

DNC 系统能够构造一个独立的柔性制造自动化系统，DNC 系统运行所需要的生产管理数据和数控数据由其他计算机处理而产生，然后用磁盘等存储介质输送给 DNC 计算机。为了提高 DNC 系统的运行效率和效果，可以用局域网络把它与生产管理系统、自动编程系统连接起来。

DNC 系统还能充当一个制造单元，用来构造更大规模的柔性制造自动化系统，此时它是局域网络的一个节点。

8.5 多级分布式控制系统

8.5.1 多级分布式控制系统的物理结构

1. 结构特点

多级分布式控制系统是对柔性制造自动化系统进行管理和控制的最完备形式，计算机网络技术是其技术基础。如图 8-12 所示的层次结构是多级分布式控制系统的标准结构模式，可以把该结构的六个层次分成四个控制级，即公司级、工厂级、车间级、设备级。

模块化是多级分布式控制系统结构的另一特点，每个模块都有自律性，整个制造系统应该按照"统一规划、分期实施"的原则来建设或扩充。大规模的柔性制造自动化系统应该采用多级分布式结构。

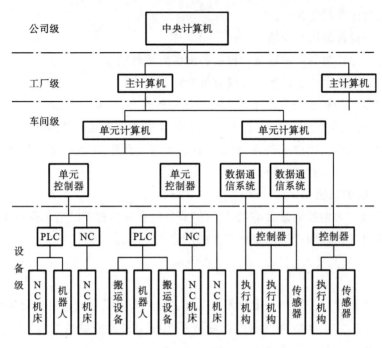

图 8-12 多级分布式控制系统的结构

2. 公司级的职能

位于公司级的中央计算机管理着整个公司的营运状态。在综合数据库的支持下,它收集并处理市场和销售的信息,制定中长期生产计划,收集并积累产品制造数据。

3. 工厂级的职能

位于工厂级的主计算机承担着一个工厂的计划管理工作,即:

(1) 根据中央计算机制订的生产计划,制订制造资源计划,管理生产进度和交货日期;

(2) 向单元计算机下达日作业指令,从单元计算机采集制造进度和完成状态的数据;

(3) 保存 CAD/CAM 系统生成的数控程序,或者把数控数据传送给单元计算机;

(4) 定期向中央计算机传送每日作业进度数据。

4. 车间级的职能

为了提高生产设备的运行效率和制造系统的运行效果,为了实现车间管理工作自动化,多级分布式控制系统让单元计算机担负起对制造单元的管理任务。

单元计算机收到主计算机编制的日作业计划后,完成如下工作:

(1) 接纳并管理制造命令;

(2) 编制作业调度计划；
(3) 统计设备的运行业绩；
(4) 与单元控制器一道监视并控制各设备的运行状态；
(5) 制造完成后向主计算机传送有关数据。

单元控制器的职能是直接控制机械设备群的运行，它从单元计算机接收到作业调度指令、制造数据、数控数据、工具数据，并把这些指令和数据传送给各台设备的控制器，例如数控装置、顺序控制器、机器人控制器等。此外，单元控制器还监视设备的运行状态，跟踪工件的当前工位。

5．设备级的职能

设备级被称为柔性制造自动化系统的"底层"，在各自控制装置的操纵下，位于底层的设备最终把产品制造计划变成现实的产品。

8.5.2 单元控制器

单元控制器管理控制的制造单元虽然是多级分布式柔性制造自动化系统的一个制造模块，但是，它还能以典型的柔性制造系统(FMS)的面貌独立地运行。下面通过实例介绍单元控制器的特点。

如图 8-13 所示的控制系统由单元控制器、PLC、数控系统(CNC)组成，对拥有以下设备的柔性制造系统进行管理控制。

(1) 主机 包括五台规格各不相同的卧式加工中心。
(2) 辅机 包括清洗机、三坐标测量机、去毛刺机。

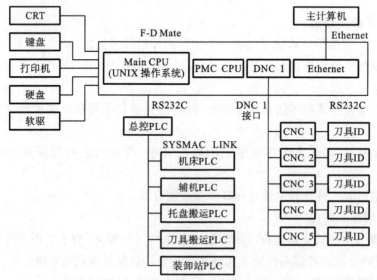

图 8-13 以单元控制器为核心的制造单元

(3) 物流系统 包括立体仓库、自动巷道车、装卸站。

单元控制器的主要职能是编制最优作业计划,控制物料输送、机械加工,管理刀具和夹具。从图 8-13 可以看出,FANUC 公司生产的单元控制器 F-D Mate 有以下特点:

(1) 采用 Main CPU 从事生产管理;

(2) 采用 PMC CPU 从事生产制造控制;

(3) 通过 Ethernet(依据 TCP/IP 协议)与上位主计算机集成,从而能够接收主计算机编制的作业计划,读写作业实施、每日业绩、运行月报等信息;

(4) 通过 FANUC 开发的 DNC1(依据 HDCL 协约的 CNC 网络)与数控机床集成,从而能够传送数控加工程序,读写刀具和夹具的管理信息;

(5) 通过 SYSMAC LINK(OMRON 公司开发的令牌总线式 PLC 网络)与总控 PLC 集成。总控 PLC 不仅能管理机床、辅机、物流系统的 PLC,还能汇集各种机械设备的信息,并经过 RS232C 接口与单元控制器通信。

8.5.3 多级分布式控制系统的计算机网络

在计算机网络技术的支撑下,分布在公司级、工厂级、车间级、设备级上的不同计算机和控制器,能够互联成为一个有机整体。该网络的运行通常局限在一个公司的内部,设备之间进行通信不必经过公用交换网络和通信线路,因此它属于计算机局域网络(local area network,LAN)。

1. 多级分布式控制系统的计算机网络特点

采用多级分布式结构的柔性制造自动化系统规模比较庞大,系统的运行涉及公司的管理决策、产品设计和工艺设计、产品制造。

公司的中央计算机主要从事管理决策,工厂的主计算机承担了产品设计和工艺设计任务,单元计算机和单元控制器的任务则是产品制造。完成这些任务对通信的要求(如信息的吞吐量、实时性、可靠性等)并不一样,因此相应的通信协议、拓扑结构、局网存取控制策略、网络介质等往往也各不相同。

此外,不同层次的计算机应该根据需求选取适宜的规格和型号,不同层次之间以及同一层次之内,通信元件和联网接口也会因为生产厂家和生产日期而互不相同。

因此,多级分布式控制系统的计算机网络是异构异质局部子网络的互联。

2. 多级分布式控制系统的计算机网络构成

单元/设备子网络、企业 MIS(management information system,MIS)子网络、CAD/CAM 子网络被工厂主干网连接起来,就成为多级分布式控制系统的计算机网络。

1) 子网络

(1) 单元/设备子网络 制造单元内的单台制造设备被单元/设备子网络互联起

来,就成为一个综合性的柔性制造自动化系统的子系统。制造单元内各台制造设备的互联通信,具有以下特点:

① 生产现场的通信环境恶劣;

② 制造设备之间的通信一般不直接进行,要通过上层来实现,是面向过程的机器之间的通信;

③ 通信应该按照预先设定的要求在上层的控制下严格而有序地进行,不允许随机自发地产生;

④ 通信快速响应性好,延迟时间短,实时性好,具有高可靠性;

⑤ 通信距离较短。

单元/设备子网络通常采用以下拓扑结构:

① 星形主从互联(见图 8-14),即单元内各制造设备通过点-点连接,连到单元控制器(或单元计算机),常用接口标准有 RS232C、RS422 等,其通信控制采用主从方式,制造设备间不能自发地直接通信,而必须通过单元控制器(或单元计算机)进行,主机和从机之间的通信过程完全受主机的通信软件控制。

图 8-14 星形主从互联

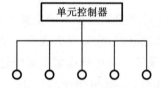

图 8-15 主从总线式互联

② 主从总线式互联(见图 8-15),即单元内各制造设备通过共享总线形式互联拓扑,连到单元控制器(或单元计算机),其通信方式也是主从式。

③ 站点对等式总线型互联(见图 8-16),即一条共享总线把制造设备、单元控制器平等地互联起来,位于共享总线上的每一个站点都可以同其他站点自由地通信,而不分主从。

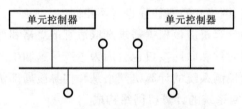

图 8-16 站点对等式总线型互联

(2) 企业 MIS 子网络 由于 MRPⅡ(manufacturing resource planning,MRPⅡ)已经被制造业广泛采用,成为制造企业管理自动化的流行模式。由于商品化的 MRPⅡ软件大多运行在功能强大的多终端集中式处理机上,因此企业 MIS 子网络的主体通常是终端-主机网络。

终端-主机网络有以下两种类型：
① 采用通信处理机、终端集中器等通信设备，把分散的终端联到主机上；
② 采用 Ethernet 局域网、终端服务器，把分散的终端联到主机上。

(3) CAD/CAM 子网络　CAD/CAM 子网络常常采用以工作站-服务器方式为主的办公自动化类局域网，例如，Ethernet 类总线型局域网和令牌环局域网。CAD/CAM 子网络应该具备以下性能：
① 支持两种通信方式，即工作站-服务器通信方式、工作站-工作站对等式通信方式；
② 支持多种操作系统下的异种微型计算机联网，如 MS-DOS、UNIX、Windows 等；
③ 具有与大中型计算机通信联网的能力，支持通用的异种机通信协议标准；
④ 有较高的网络介质数据传送能力。

2) 工厂主干网

(1) 工厂主干网的特点　工厂主干网是一个异构子网络/异种机的互联网络，其特点是：
① 把担负着企业管理、产品设计和工艺设计、产品制造等任务的子网络连接起来，其布局要覆盖整个企业，贯穿环境恶劣的制造区域；
② 传输的信息不仅数据类型多、流量大，而且对通信模式和响应速度的要求也各不相同；
③ 挂联到主干网上的计算机和子网络通常都是异种/异构的。

(2) 设计工厂主干网的注意事项　为了保证异构子网络、异种机间的互联性和互操作性，工厂主干网必须标准化，并具有很强的通用性，其网络协议标准应该具备 ISO/OSI 网络体系结构的七层功能。为了保证传输信息安全可靠，应该选用容量大、传输速度高的网络技术，并使主干网具有较强的承受峰值负荷的能力、适应制造环境的能力。较大规模的柔性制造自动化系统多采取分步实施的原则建造，因此应该让主干网有充分扩展（延伸和网上站点的增删）的潜力，使它有较长的技术生命周期。

(3) 工厂主干网的传输介质　主干网的传输介质有三类：基带同轴电缆、宽带同轴电缆（常用作电视电缆）、光纤。

(4) 工厂主干网的网络拓扑和访问控制方法　在主干网上采用的局域网访问控制方法（MAC）和网络拓扑大体上有三种：以 Ethernet 为典型代表的总线型拓扑和 CSMA/CD 控制方式，总线型拓扑和令牌传送控制方式，环型拓扑和令牌传送方式（令牌环）。

(5) 主干网网络协议体系　主干网网络协议体系有三种选择：MAP/OSI 网络协议标准，TCP/IP 网络协议，公司专用网络协议。

3) 多级分布式控制系统的子网络互联

(1) 子网络互联步骤　多级分布式控制系统的计算机网络可以采取以下三个步

骤构筑而成:
　　① 把单元/设备子网络互联成制造自动化局域网(MAP 网);
　　② 把 MIS 子网络、CAD/CAM 子网络互联成技术与办公自动化局域网(TOP 网);
　　③ 把 MAP 网与 TOP 网互联起来。
　　(2) 互联 MAP 网　制造自动化协议(manufacturing automation protocol, MAP)是美国通用汽车公司为解决设备的互联而提出的网络协议,借助 MAP 能够有效地在不同厂家生产的计算机、PLC、数控机床、机器人等设备之间传送数据文件、数控程序、控制指令、状态信号。

单元/设备子网络借助主干网互联起来,其实现有三种方式:
　　① 通过点-点连接和专用通信接口,把单元控制器及其子网络,连接到担负管理的单元计算机上,进而把单元计算机连接到主干网上;
　　② 把单元控制器及其子网络和单元计算机直接互联到主干网上;
　　③ 借助网桥/选径器(B/R)或网关(GW),把单元控制器及其子网络连接到主干网上。

　　(3) 互联 TOP 网　美国波音公司提出技术和办公自动化协议(technical office protocol, TOP)是为了解决工厂与工厂、办公室与办公室、工厂与办公室之间所进行的关于飞机部件设计、制造的数据交换问题。TOP 能为不同厂家的计算机和编程设备提供文字处理、文件传输、电子邮件、图形传输、数据库访问、事务处理等服务。

　　MIS 子网络、CAD/CAM 子网络通常集中分布在企业的办公大楼内,因此可以把它们互联成 TOP 网,即在制造业中使用的办公自动化局域网。

4) MAP 网与 TOP 网的互联

通过协议标准来实现不同厂家计算机和控制设备的通信互联,其合理途径是建设 MAP/TOP 网络。MAP 和 TOP 都基于 ISO/OSI 协议标准,仅物理层、数据链路层和部分应用层有所区别,因此采用网桥/选径器就能实现互联。

网桥是在数据链路层上实现互联子网络桥接的互联设备。最简单的网桥只能变换子网络数据链路层帧格式中的地址和路径信息,并具有缓冲存储和转发功能;比较复杂的网桥,除具有上述功能外,还能完成不同局域网在物理层和数据链路层之间的差异转换,如不同帧格式的变换,不同拓扑结构和物理接口的变换。

选径器(又称路由器)是一种比网桥性能更高的网际互联设备,它在网络层(而不是数据链路层)上实现互联功能,因此是一种最灵活、最典型的网际互联设备。

8.5.4　应用实例

1. 柔性制造自动化系统的结构

图 8-17 所示为某公司自动化机械加工厂的平面布局图,三个柔性制造系统分担了全部零件的加工任务。

FMS1 是大型棱体类零件的柔性加工系统,主机为 4 台不同规格的卧式加工中

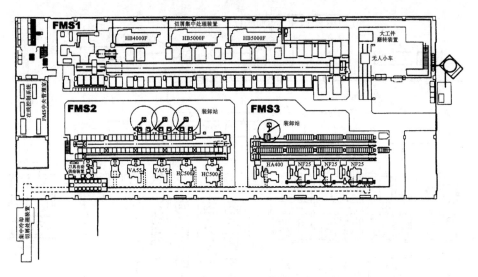

图 8-17 自动化机械加工厂的平面布局图

心,可以用来加工机床的床身、立柱、拖板,工件最大尺寸为 2 500 mm×1 500 mm× 1 500 mm,有轨自动小车(RGV)的载重量为 6 t。

FMS2 是中小型棱体类零件的柔性加工系统,2 台卧式加工中心和 2 台立式加工中心是其主机,可以用来加工机床的各种箱体。工件安装在 500 mm×500 mm 的托盘上,工件及其毛坯存放在 3 层 54 列的立体仓库中,堆垛机的载重量为 1 t。在立体仓库靠机床的一侧,设置了两个入库口和两个出库口。立体仓库与机床之间采用有轨自动小车交换工件,有轨自动小车的载重量为 600 kg。

FMS3 是中小型回转体零件的柔性加工系统,主机为 3 台数控车床和 1 台卧式加工中心,可以加工直径为 50~300 mm、长度为 300 mm、质量为 40 kg 的各种轴。输送工件的任务由有轨自动小车承担,其载重量为 350 kg。该系统还给每台机床配备了机器人,为它上下工件。

如图 8-17 所示,该柔性制造自动化系统还拥有中央刀库、刀具自动供给装置、冷却液及切屑集中处理设备、大型工件翻转设备等辅助设施。

2. 系统控制

上述柔性制造自动化系统采用了多级分布式控制方式。

图 8-18 所示为 FMS2 的控制系统结构框图。通过光信息高速公路系统,单元控制器与各种机械设备的控制装置互联起来,并把数控代码、控制指令、准备工序的信息传送给它们。对 FMS2 进行计划管理的单元计算机与单元控制器的互联采用了通信电缆。

FMS1、FMS2、FMS3 都拥有自己的单元控制器和单元计算机,并与对全厂进行生产管理的上位计算机集成为一体。

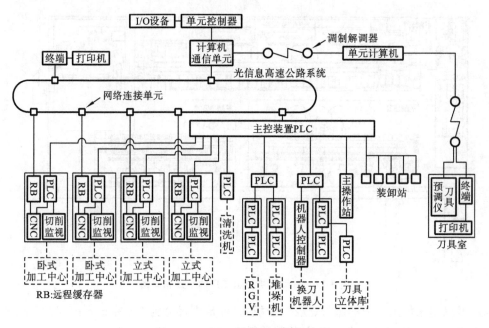

图 8-18 FMS2 的控制系统结构图

8.6 柔性制造自动化的监视技术

8.6.1 自动监视系统的结构

传感技术、信息处理技术、计算机技术是自动监视技术的基础。一个完备的自动监视系统应该能够监测到柔性制造自动化系统的各种状态,能够分析获取的信息、修复故障,并使柔性制造自动化系统恢复正常的运行。把分布在柔性制造自动化系统中的各项监视措施综合起来,就成为自动监视系统,其结构如表 8-1 所示。

表 8-1 自动监视系统的结构

制造过程监视	系统故障监视	设备运行监视	精度监视	安全监视
动态作业表	自诊断	刀具破损检测	镗孔自动检测	障碍物检测
循环时间监视	自修复运行	刀具异常检测	自由曲面检测	火灾检测
电源自动断/合		刀具寿命管理	定心补偿	
		消除间隙装置	刀尖自动调整	
		运行方式监视	接触传感器系统	
		托盘/刀具识别		
		当前位置监视		
		自适应控制		

8.6.2 制造过程监视

对制造过程实施监视,可以采用以下方法。

1. 动态作业表

动态作业表是预先设计的几种作业方案,每一种作业方案对应一种作业条件。在柔性制造自动化系统的运行过程中,由于某台设备出现突发故障,或者因为几台设备争夺同一个制造资源产生"死锁",正在实施的作业方案就会被中断执行。自动监视系统应该能够监测到这种变化,并且能够根据动态作业表调整现行的作业方案,使制造过程继续进行。

2. 循环时间监视

循环时间监视是监视制造过程的简便方法,该功能的原理是:把制造过程细分成若干阶段,把每阶段的实际作业时间与预定的作业时间进行比较,如果两者吻合,说明制造过程正常;如果两者不吻合,则说明制造过程不正常。循环时间监视只是一种自诊断方法,但是有很好的经济性。

3. 电源自动断/合

制造过程结束时,依据上位计算机的"作业结束"命令,"电源自动断/合"功能可以切断系统的动力电源和控制电源,到了某一时刻还能自动开启电源,使系统恢复到运行准备状态。

8.6.3 系统故障监视

系统故障监视是自动监视系统的最重要组成部分。故障可以分为以下三类。

(1) 偶发故障 它是随机因素突然引发的故障。电子设备的瞬时误动作就属于偶发故障,虽然不会造成破坏性的后果,但很难查到故障原因。有些偶发故障会损坏设备。

(2) 寿命故障 使用一段时间后,电子元件会老化,机械零件会磨损,其结果使设备性能恶化,从而引发故障。通过设备使用年限的管理可以预测寿命故障。

(3) 二次故障 它是由另一故障诱发出来的故障。

一个完善的故障监视系统是由监测、诊断、自修复三个部分组成的,其相互关系可用图 8-19 来说明。对图 8-19 简介如下。

"监测"就是在柔性制造系统最可能出现故障的位置安装适当的传感器,监测制造系统的运行状态;如果检测到异常信号,便报警、显示发生故障的位置,并使制造系统部分(或全线)停止运行。

"诊断"是一个专家系统,监测到的状态信息传送到计算机后,诊断专家系统就依据已有的知识和规则,对引发故障的原因进行分析,显示故障原因。

"自修复"是保证柔性制造自动化系统在无人情况下长时间连续运行的必要条件。有很多故障的引发原因很简单,排除也不困难,但是如果不安排人去排除,而且

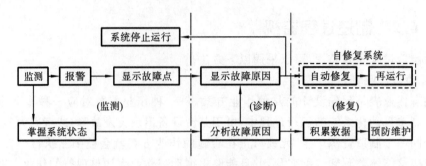

图 8-19 故障监测系统框图

制造系统若没有自动排除该故障的能力,则柔性制造自动化系统就会一直处于停止状态。让柔性制造自动化系统具备自修复功能需要很大的投入,决策时应该综合考虑技术和经济的可行性。图 8-20 所示为自修复系统的逻辑框图。

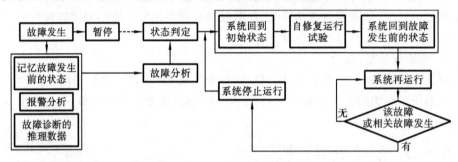

图 8-20 自修复系统框图

8.6.4 设备运行监视

自动监视系统应该对制造系统的数控机床、物流设备的运行状态进行监测。监视设备运行的几项具体措施简要介绍如下。

1. 切削状态监视

数控机床在切削加工时,其切削状态应该置于密切监视之下。如图 4-18 所示的自适应控制(AC)方式是一种具有自修复能力的监控方式,能够最充分地发挥机床和刀具的能力。

2. 刀具监视

实施刀具监视是为了对刀具进行综合管理,为此应该完成以下工作:

(1) 刀具寿命管理,即监测统计刀具的实际使用时间,确定刀具是否应该更换;

(2) 刀具状态检测,即检测刀具是否磨损或破损;

(3) 确定备用刀具的种类和数量,确定更换备用刀具时间;

(4) 自动交换刀具,即用备用刀具换下寿命到期及已经损坏的刀具。

具有上述功能的刀具管理系统就是一个有自修复功能的自动监控系统,在它的支持下,制造系统就不会因为刀具的故障而停止运行。

图 8-21 是刀具管理系统的信息流图,实箭头表示正常刀具的信息流向,虚箭头表示异常刀具的信息流向,刀具信息的流动路径如下。

(1) FMS 计算机或操作人员把数控加工程序、刀具信息(包括组号、刀具号、刀具的半径补偿值和长度补偿值、负载电流门限值)传送给 NC/PLC,还把刷新的设定值(包括刀具正常切削时的负载电流的寿命值、声发射信号(AE)门限值)传送给刀具管理装置。

(2) NC/PLC 把动作指令传送给加工中心的 ATC/MG(换刀机械手/刀库)、伺服系统,实施刀具交换、切削加工,还把数控系统(NC)的状态信号、刀具信号(状态组号)传送给刀具管理装置,把在线刀具的信息回送给 FMS 计算机或操作人员。

(3) 刀具切削时,加工中心的主轴放大器、传感器把负载率、刀具的转动信号、刀具异常信号(声发射信号和负载电流)传送给刀具管理装置。

(4) 刀具管理装置把刀具信息(对于正常刀具,其信息包括进给超程量、刀具的寿命通告;对于异常刀具,其信息包括刀具的异常寿命通告、再运行指令)传送给 NC/PLC,还把在线刀具的寿命数据、刀具信息回送给 FMS 计算机或操作人员,使刀具数据得到积累,使设定值得到更新。

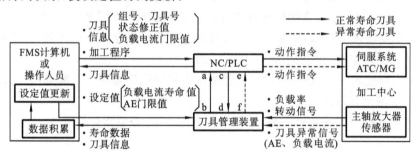

图 8-21 刀具管理系统的信息流图

a—进给超程量;b—寿命通告、预备刀具指令;c—NC 状态信号;
d—刀具信号(状态组号);e—异常寿命通告;f—再运行指令

3. 数控系统和 PLC 监视

对数控系统和 PLC 进行监视,涉及:

(1) 检测主控计算机与其他设备之间的通信状态,修复数据传送错误;
(2) 监视、记录设备出现故障时的各种详细状态信息;
(3) 恢复制造系统停止运行前夕的状态,使制造系统从该状态继续运行;
(4) 监测伺服响应信号,预防进给系统飞车。

4. 物料识别

监视制造系统的刀具、工件、托盘的供应状态,核心工作是识别刀具、工件、托盘,确认计算机提供的数据是否与实际物料一致。物料识别也是自动监视系统的重要组成部分,以下是一些具体方法:

(1) 用编码环和接触传感器识别刀具或托盘；
(2) 用条形码和读码器识别刀具或托盘；
(3) 用标识块和读写器识别刀具或托盘；
(4) 用光学式文字读取装置读取文字符号来识别托盘。

5. 位置监视

为了防止向有托盘的工位输送托盘、从无托盘的工位提取托盘，以及防止搬运设备相互碰撞，制造系统的托盘和搬运设备的位置也处在自动监视系统的监视之中。制造系统因故障停止运行时，位置监视功能可以把托盘和搬运设备的位置状态记录下来；故障排除后，可以使制造系统从记录状态开始运行。

8.6.5 精度监视

影响加工精度的因素很多，例如测量系统的误差、热变形、工件的定位误差和装夹误差等，其中热变形是一项不可轻视的因素。如图 8-22 所示的热变形控制装置由热变形控制装置和润滑油油温调整器组成，从该装置的信息流可以看出：

(1) 加工中心的机体温度和主轴转速、室温是热变形控制装置的输入信息；
(2) 根据输入信息，热变形控制装置输出油温设定、油量设定等信息给润滑油油温调整器，让它用一定流量的冷却油来控制加工中心的热变形量；
(3) 根据输入信息，热变形控制装置输出位置修正指令给 NC 装置，让它补偿加工中心的热变形误差，修复机床坐标系的变化；
(4) 根据输入信息，热变形控制装置输出主轴转速信息给 NC 装置，让它改变加工中心的主轴旋转速度。

精度监测补偿措施还有工件自动检测、定位补偿、刀尖调整等措施。

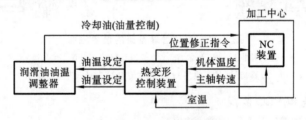

图 8-22 热变形控制装置

8.6.6 安全监视

保证柔性制造自动化系统免遭物理性破坏和伤害是实施安全监视的目标。监视其他物体或人突然闯入制造系统的内部，从而防止设备损坏和人身伤亡事故的发生，监测可能引起火灾发生的隐患，都属于安全监视的范畴。

思考题与习题

8-1 试阐述控制技术在柔性制造自动化中的地位和作用。

8-2 面向柔性制造自动化，PLC 的功能和结构发生了怎样的变化？

8-3 面向柔性制造自动化，数控系统的功能和结构发生了怎样的变化？

8-4 柔性制造系统的系统控制有哪几种重要形式？

8-5 试举例说明 DNC 控制的结构和工作特点。

8-6 多级分布式控制系统的结构特点是什么？试说明各级控制系统的主要职能。

8-7 试举例介绍单元控制器。

8-8 试描述多级分布式控制系统的计算机网络构成及其特点。

8-9 多级分布式控制系统如何实现子网络的互联？

8-10 为什么监视技术是柔性制造自动化的重要支撑技术？

8-11 对柔性制造自动化系统应该实施哪些监视？

8-12 为什么要对制造过程实施监视？循环时间监视的工作原理是什么？

8-13 试简要描述故障监测系统。

8-14 设备监视涉及哪些工作？

第 9 章

柔性制造系统的计算机管理软件

9.1 柔性制造系统的管理软件

柔性制造系统(FMS)是一个以计算机的广泛应用为技术特征的制造自动化系统,制造系统的运行被置于计算机的管理之下,计算机管理软件是柔性制造系统的基本组成部分之一。简而言之,没有计算机管理软件,柔性制造系统就会成为不能动作的空壳。

意大利 Mandelli 公司能够提供的柔性制造系统的管理软件如图 9-1 所示,图中的矩形框表示计算机软件,菱形框表示计算机软件生成的文件和数据。从图 9-1 可以看出,该计算机管理软件系统不仅能够管理设备层的机械设备和操作员,还能与公司层的 MIS(管理信息系统)、CAE(计算机辅助工程,涉及 CAD/CAM、CAPP)等软件系统集成,它们之间的逻辑关系是:

(1) MIS、CAE 下传的信息经过数据交换,成为与当前 FMS 控制系统的物理结构和逻辑结构相应的数据;

(2) 生产规划软件、作业规划软件根据以上数据生成作业计划;

(3) 系统管理软件根据作业计划管理各数控机床的 CNC 运行;

(4) 系统管理软件根据作业计划通过刀具管理软件、刀具室管理软件帮助操作员准备刀具;

(5) 系统管理软件根据作业计划生成重要事件、设备利用率等数据文件;

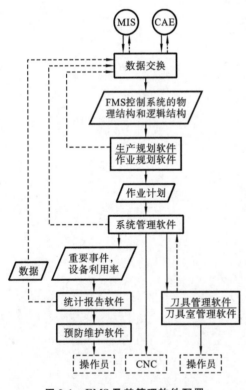

图 9-1 FMS 及其管理软件配置

(6) 统计报告软件、预防维护软件根据以上数据文件帮助操作员工作。

在柔性制造系统的投资费用中,柔性制造系统的管理软件占有一定比例,其配置和性能决定着制造系统的运行效率和效果。柔性制造系统的硬件确定后,一定要配置系统管理软件,并尽可能地配置刀具室管理软件。

9.2 系统管理软件

9.2.1 系统管理软件的地位

系统管理软件是柔性制造系统的核心软件,它能够使柔性制造系统的各结构单元协调一致地实施作业计划,获取最佳的运行效果。系统管理软件不仅要实时地管理柔性制造系统各作业单元(例如加工中心、托盘缓冲站、物料输送设备等)的运行,还要协助操作人员工作(例如在装卸站装卸工件等)。

本节介绍的系统管理软件,在如图9-2所示的柔性制造系统环境下运行。从图9-2可以看出,该柔性制造系统的控制系统由控制室和车间(设备级)两级构成,加工中心的CNC(数控系统)、物料存储系统的PLC(可编程逻辑控制器)通过LAN(局域网),与主计算机连接,RGV(有轨自动小车)的局部控制器、装卸站的终端通过标准RS232C接口直接与主计算机通信。

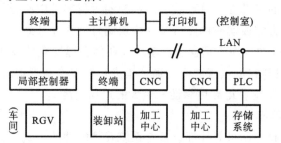

图 9-2　Mandelli 公司的 FMS

主计算机承担着柔性制造系统管理和作业控制的任务,系统管理软件就是主计算机的核心软件。

9.2.2 系统管理软件的功能

图9-3是系统管理软件的逻辑结构框图,实时作业计划、局部控制管理、人/控制室界面、装卸站管理、制造资源计划是系统管理软件的基本功能。

1. 实时作业计划

实时作业计划是系统管理软件的最重要的功能。它能平衡生产,能根据生产计划和作业优化目标(如机床最佳利用率、交货日期、批优先管理等)自动调节一批零件的制造流程。实时作业计划由图9-3的实时调度员软件模块来实现。如果几台机床

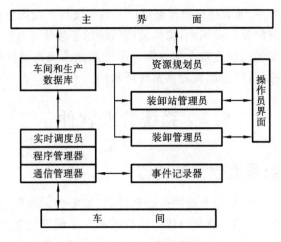

图 9-3　系统管理软件的结构

同时提出制造请求,实时调度员软件模块能够确定、协调物料流动的准确顺序,使托盘(即工件)从一个工位输送到另一个工位。实时调度员软件模块还能检测制造资源(毛坯和工具)是否短缺或误送,这类事故如果发生,它能够发出报警信号,并采取措施使制造过程继续下去。

2. 局部控制管理

系统管理软件的局部控制管理功能能够控制管理加工中心、托盘缓冲站、有轨自动小车等机械设备去完成实时调度员软件模块制订的作业计划。

该功能由图 9-3 的程序管理器软件模块和通信管理器软件模块来实现。状态信号的传送、主计算机与控制装置之间的通信是进行局部控制管理的基础,采用局域网(LAN)可以使通信系统获得高可靠性和最大的通信速度。

3. 人/控制室界面

控制室的终端和打印机等外部设备是系统管理软件的人机界面。图 9-3 中的操作员界面软件模块对人机界面实施管理,让操作人员可以从网络的任何一个终端设备在控制室内外的任何位置来控制柔性制造系统的运行。

操作人员可以实施以下控制:① 输入和调整作业计划;② 调整和监测生产数据;③ 调整和监测资源数据;④ 调整系统数据;⑤ 显示报警信息和错误信息;⑥ 直接命令和操作人员命令。

4. 装卸站管理

系统管理软件的装卸站管理功能能够以预定方式(或应急方式)向操作人员提供作业信息,指导他们装卸工件,防止人工装卸作业成为制造过程的瓶颈。

该功能由图 9-3 的装卸站管理员软件模块来实现。柔性制造系统的每个装卸站都有一个控制终端,托盘送到装卸站时,装卸站管理员软件模块可以提供以下信息:

(1) 托盘状态,即托盘能否使用;

(2) 被装夹的零件结构；

(3) 操作人员必须完成工件装夹的时刻，即应该在接收该工件的机床结束当前加工之前完成工件的装夹。

装卸工件的时候，如果零件结构信息不完整，操作人员可以借助作业代码来了解零件的准确型号和形状。作业代码是标准代码（能显示零件完整形状的一种代码）的改进代码，它与托盘一起被送到加工中心；当工件空缺时，作业代码能够被数控加工程序所利用，使制造过程跳过有关操作。

5. 制造资源计划

系统管理软件的制造资源计划功能能够实施生产计划、跟踪作业状态、监视制造系统已经使用的资源，该功能由图9-3的"资源规划员"软件模块来实现。

制造资源涉及以下信息：① 所需毛坯的数量；② 加工一批新工件所需要的夹具。

如果柔性制造系统配置了刀具管理软件，由"资源规划员"软件模块提供的信息还应该包括：① 加工一批新工件的必备刀具；② 应该撤掉的多余刀具；③ 应该更换的坏刀具。

除上述5个基本功能，柔性制造系统运行的动画仿真也属于系统管理软件的一个功能。动画仿真可以在屏幕显示器上显示加工中心、物料输送设备、刀库、装卸站的状态，显示整个制造过程，显示制造每一时刻的托盘状态，显示所有故障信息。此外，操作人员通过终端，还可以访问已经获得的详细信息。

9.3 刀具管理软件

9.3.1 刀具管理软件的功能

刀具管理软件能提供以下管理：

(1) 实时管理柔性制造系统的全部刀具；

(2) 监测重要的刀具数据，例如在线刀具的寿命、状态、位置；

(3) 刀具存放到加工中心的刀库时，自动地把刀具的特征数据（如刀具补偿值）送给该加工中心的数控系统；

(4) 为了方便操作人员管理刀具，刀具管理软件能够在显示屏上显示出刀具的当前特征数值，能够让操作人员插入新刀具（包括新调整的刀具）的数据。

9.3.2 刀具特征数据及其管理

1. 刀具特征数据

图9-4是刀具管理软件的逻辑结构框图。刀具数据库是刀具管理软件的核心组成部分，数据库内存储着柔性制造系统全部刀具的特征数据，包括：

图 9-4 刀具管理软件的结构

(1) 物理代码 用来唯一地确定柔性制造系统的刀具；

(2) 逻辑代码 用来区分刀具类型；

(3) 刀具寿命 用来表示刀具磨损之前还能使用的时间；

(4) 当前位置 用来标识刀具在柔性制造系统中的具体位置，例如某刀具现在位于第 2 号机床刀库的第 25 号刀位；

(5) 预定位置 当某刀具进入柔性制造系统时，"预定位置"用来指示即将使用该刀具的机床；

(6) 刀具状态 用来标识刀具的当前状态，如被预调、已备好、折断、磨损、因转产而闲置等；

(7) 刀具预调值 包括刀具的直径和长度等数值，该数据用于加工过程中的几何补偿，可以经过串口直接由刀具预调仪送进刀具数据库。

2. 刀具特征数据的管理

管理刀具的特征数据，就是对柔性制造系统的全部在线刀具和离线刀具的特征数据进行管理。

1) 在线刀具的特征数据管理

这项管理涉及以下四个方面。

(1) 把刀具放入加工中心的刀库，同时，位于机床刀库的读写器读出标识块中存储的物理代码，并把它送给加工中心的数控系统。

(2) 依据物理代码，数控系统向刀具管理软件申请该刀具的特征数据，并把它们存放到自己的刀具文件中。

(3) 进行加工时，数控系统继续监视在线刀具的状态，把刀具的新的特征数据（如刀具寿命、当前位置、状态等）实时地送给刀具管理软件，让它刷新刀具数据库的对应数据。

(4) 把刀具的新的特征数据回送给刀具室管理软件。

刀具特征数据还可以在终端显示器上显示出来，让操作人员观察。

2) 离线刀具的特征数据管理

这项管理涉及以下三个方面。

(1) 从加工中心的刀库撤下寿命到期（或闲置不用）的刀具，给它们编排新的逻辑代码，把它们送到刀具室进行重磨（或拆卸）和预调。

(2) 对寿命到期的刀具重磨和预调后，用新的预调值刷新刀具数据库，使它们拥有新的特征数据。

(3) 将闲置不用的刀具拆卸后,从刀具数据库中删除它们的特征数据。

3) 刀具特征数据的备份

柔性制造系统的每把刀具都拥有两组一样的特征数据:一组存储在数控系统中,此时,该刀具已经放入加工中心的刀库;另一组存储在主计算机的数据库中,由刀具管理软件来维护。

如果备份了两组数据,当某些数据遭到破坏(或遗失)的时候,刀具管理员就可以采用适当命令迅速地恢复它们。恢复数据的操作既可以在机床上实施,也可以在控制室的监视器上实施。

4) 刀具特征数据的利用

主计算机存储的刀具特征数据还可以被系统管理软件和作业规划软件用来编制短/中期刀具计划。刀具计划是刀具管理员准备刀具的依据。

9.4 刀具室管理软件

9.4.1 刀具室管理软件的职能和逻辑结构

刀具室管理软件的职能如下:

(1) 按照刀具需求计划,以图形菜单、表格菜单(包含刀具全部信息)等友好人机界面,指导刀具管理员完成刀具的组装、预调、检测;

(2) 让刀具管理员便捷地获取车间所需刀具的相关信息,使他们能够按照生产的轻重缓急来准备刀具;

(3) 让刀具管理员迅速掌握在线刀具和刀具室中刀具的总体情况,能够以物理代码、逻辑代码、状态等方式显示这些刀具,还能以机床刀库方式显示这些刀具。

刀具室管理软件的逻辑结构如图 9-5 所示,图中:静态数据库中存储着在线刀具的技术信息,包括刀具材料、刀具寿命、刀具尺寸、刀号、理论补偿值等;"组装"就是用刀具的零件装配出一把把刀具;"预调"就是确定、记录刀具的补偿值;"检测"就是刀具管理员检查经过车间使用的刀具,并决定该刀具是重新预调还是拆卸。

从图 9-5 还可以看出刀具管理软件与刀具室管理软件的关系,即存放在车间的刀具由刀具管理软件实施管理,把刀具从车间撤回刀具室,对它们进行管理和控制的任务就分配给刀具室管理软件;刀具管理软件能改变与数控加工有关的数据,还能把新的刀具信息,例如刀具的寿命、刀具在制造系统中的位置、刀具的状态等,传送给刀具室管理软件。

9.4.2 对刀具室中刀具的管理

1. 刀具组装

刀具室管理软件能够给予刀具管理员以下帮助:

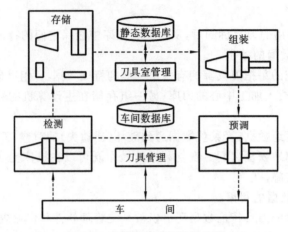

图 9-5 刀具室管理软件的结构

(1) 提供刀具装配明细表　该表不仅记载了进入装配的刀具种类和数量,还指定了每种刀具的装配优先级别,提示刀具管理员优先装配急需刀具;

(2) 提供刀具零件明细表　该表记载了刀具装配所需零件的代码和数量;

(3) 提供刀具装配图　该装配图直接指导刀具管理员完成刀具的组装;

(4) 分配物理代码　每把刀具都有一个记录在标识块中的物理代码,它与刀具呈一一对应的关系。

2. 刀具预调

刀具室管理软件能提供以下帮助:

(1) 提供刀具预调明细表　该表记载了进入预调的刀具种类和数量,明细表中的刀具排列顺序与刀具的预调优先级别顺序相符合;

(2) 提供刀具图　刀具管理员可从刀具图上看到与刀具几何特征有关的信息,还可以从刀具图形显示中获取如何预调的知识;

(3) 提供接口程序　利用该程序不仅能够接收从键盘敲入的信息,还能够接收从刀具预调仪传来的测量数据。

3. 刀具检测

刀具室管理软件能实现以下功能:

(1) 以图表方式显示被检测的刀具及其状态,如刀具破损、寿命超期、转产不用等;

(2) 指示操作人员如何拆卸刀具,如何存放刀具零件。

9.5　生产规划软件

9.5.1　生产规划软件的职能和逻辑结构

生产规划软件的职能如下:

(1) 鉴别一批零件投入制造是否符合长期生产计划；

(2) 合理解决制造对夹具、托盘等制造资源的需求；

(3) 寻求均衡的生产。

图 9-6 所示为生产规划软件的逻辑结构图，它与在线生产管理系统的界面为图中的水平虚线。从图 9-6 中可以看出，该软件具有信息获取、数据编辑、数据处理（涉及预处理、计划、仿真）三种功能。

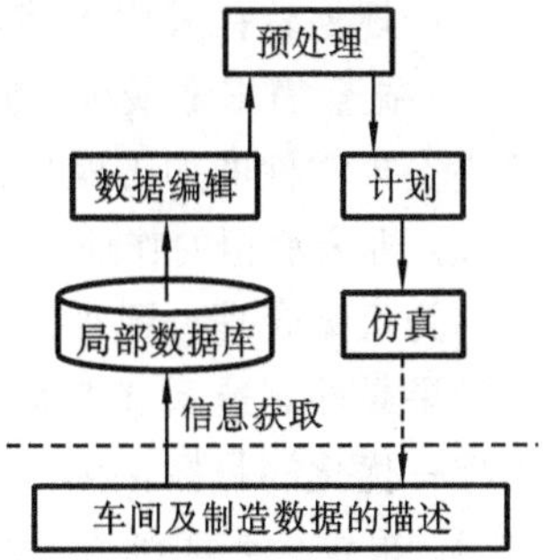

9.5.2 对生产规划软件的技术描述

图 9-6 生产规划软件的结构

1. 生产规划软件的数据特点

按照数据的性质，可以把生产规划软件处理的数据分成系统数据和生产数据。系统数据涉及反映柔性制造系统（FMS）的全部信息，被用来描述柔性制造系统的结构，如制造设备的类型、柔性制造系统的平面布局、物料输送系统的配置等。它还用来描述制造资源，如托盘、夹具、刀具等。

生产数据涉及反映柔性制造过程的全部信息，被用来描述生产形态，如生产纲领、激活数据、被加工的零件种类和数量、制造工艺流程等。生产数据还用来描述制造系统的当前状态，如某一时刻的制造系统状态、托盘状态、机床状态、刀具状态、物料输送系统状态、仿真过程等。

2. 生产规划软件的数据处理过程

如图 9-6 所示，生产规划软件的数据处理过程如下。

(1) 信息获取　信息获取功能让局部数据库自动地从车间及制造数据的描述中获取系统数据。

(2) 数据编辑　数据编辑功能按照制造系统和生产的具体情况，变换、修正获取的数据，并提供给生产规划员用来仿真。

(3) 数据处理　生产规划软件按照以下三个步骤对输入的数据进行处理。

① 预处理，即对已经输入的数据进行分析，判别数据是否适宜，如果有不恰当的条件，生产规划员可以在屏幕上访问诊断信息。为了制订出使用最少托盘的生产规划，还应该对输入的数据进行初步处理。

② 计划，即合理分配每台机床的工作负荷，使制造系统能够以最少加工时间完成预定的生产任务。

③ 仿真，即继续处理"计划"步骤提供的数据，依据柔性制造系统的逻辑模型、仿真算法设定的托盘数量来评价柔性制造系统的运行效果。生产规划员可以决定仿真算法是否包括物料输送系统；如果柔性制造系统有一个以上物料搬运系统，就应该通过仿真来确定一条最短物料搬运路线。

3. 生产规划的优化处理

生产规划软件采用下述优化目标来评判生产计划的可行性。

（1）托盘需求量最少　这是一个制造过程的优化问题，该优化目标的实现有赖于精心安排零件的加工顺序。

（2）机床承担的作业数最多　这是一个制造效率的优化问题，实现该优化目标则要求为机床合理分配加工任务，合理安排生产时间。

如果柔性制造系统拥有无限多的制造资源，追求最大的机床利用率就是生产规划的唯一优化的目标。生产规划软件能够提供以下帮助：

（1）提供一张明细表，反映生产过程对制造资源的需求；

（2）提供一些评价参数，当托盘和夹具的数量少于最优目标可以根据评价参数来减少过重的制造任务；

（3）处理某些故障导致的生产失衡，例如机床刀库容量有限、刀具自动交换失败等。

9.6　作业规划软件

9.6.1　作业规划软件的职能和逻辑结构

作业计划就是即将实施的中短期生产计划。作业规划软件的职能如下：

（1）根据已经定义的制造数据、工厂的实际限制条件、已有的制造资源（如托盘、夹具、毛坯、刀具等）来检验作业计划的可行性；

（2）详细分析柔性制造系统运行时可能出现的一切情况，提交一份最优作业计划。

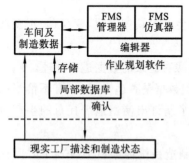

图9-7　作业规划软件的结构

作业规划软件的逻辑结构如图9-7所示，它由编辑器、FMS管理器、FMS仿真器三个软件模块组成。图9-7还描述了作业规划软件与柔性制造系统其他结构单元之间的结构关系。

9.6.2　作业规划软件的技术特征

1. 软件模块的功能

（1）编辑器软件模块能够：①检测、变换系统数据和制造数据，激活仿真运行；②把柔性制造系统某时刻的运行数据复制成系统数据和制造数据，使柔性制造系统的仿真能够从该时刻开始进行；③允许作业规划员增删（或修改）系统数据和制造数据，干预仿真过程，探索柔性制造系统各种可能的运行结果。

（2）FMS管理器软件模块采用的控制策略和选择逻辑与柔性制造系统的实际

运行条件完全一致，能够准确地反映对柔性制造系统运行的实时控制。

(3) FMS 仿真器软件模块对柔性制造系统的仿真采用了系统管理软件的相应命令和柔性制造系统的实际运行模式，能够准确地预测柔性制造系统的运行效果。

2. 作业计划的制订过程

作业规划软件是制订作业计划的工具，制订作业计划的过程如下。

1) 提出作业计划方案

通常情况下，作业计划就是1周的生产计划。作业规划员根据当前的制造资源和生产现状，准备系统数据和生产数据，设置仿真时间周期，定义无人作业的班次，预测一切可能发生的故障，提出作业计划的方案。

2) 仿真检验

把作业计划方案投入仿真运行，仿真结束时，作业规划员分析仿真报告，判定该方案是否可行，制造过程是否有瓶颈。

3) 再仿真

作业计划如果不能实现预定的生产目标，作业规划软件能够分析并指出其中的原因。作业规划员根据该分析结果，调整不恰当的参数，修改异常条件，把新作业计划方案再次投入仿真运行。如此反复，直到作业计划被仿真结果证实可行为止。

4) 实施作业计划

作业规划软件制订的作业计划存放在磁盘上，柔性制造系统的控制系统访问相应代码就可以取出作业计划，并把它付诸实施。

作业规划软件提供的数据、中间报告、柔性制造系统的运行状态与柔性制造系统的将来运行结果基本上一致，因此，作业规划员可以根据仿真结果制订出对毛坯、夹具、刀具等资源的详细需求计划。

9.7 统计报告软件

9.7.1 统计报告软件的职能和逻辑结构

统计报告软件的职能是报告柔性制造系统的控制活动和管理活动，其逻辑结构如图 9-8 所示，它由数据采集和统计报告两个部分组成。

1. 数据采集

数据采集部分为统计报告软件提供处理的信息，具有以下特点：

(1) 以数据文件的方式记载柔性制造系统运行时所有重要事件发生的顺序和时间；

(2) 在线数据采集模块，通过 FMS 实时管理模块和编辑器模块收集来自各设备控制系统的重要事件，例如各机床的启动和停机时刻、由零件批量决定的生产流程、刀具实际使用时间等；

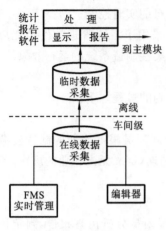

图 9-8 统计报告软件的结构

(3) 临时数据采集模块存储统计报告员指定收集的信息;

(4) 编辑器模块给统计报告员提供帮助,让他们描述系统状态,定义采样周期。采样周期(通常为 1 周)被确定后,这个时间段的相关信息就被临时数据采集模块的数据文件记载下来。

2. 统计报告

统计报告部分具有以下三个功能。

(1) 处理,即对临时数据采集模块存储的信息进行统计分析;统计报告员可以要求分析整个采样周期的信息,也可以只要求分析其中一个时间段的信息。确定了时间段,处理工作就能自动进行。

(2) 显示,即在显示屏上显示处理工作的统计分析结果。

(3) 报告,即以统计报告的形式打印处理工作的统计分析结果。

9.7.2 统计报告软件的技术特征

1. 统计报告软件的运行方式

统计报告软件有自动和交互两种运行方式。无需统计报告员干预而自动运行的统计报告软件能够分析评价柔性制造系统的全部状态,并在显示屏上显示出统计分析结果。

人机交互运行的统计报告软件能够提供更多便利,在这种方式下,统计报告员借助菜单和帮助模块,可以通过访问柔性制造系统来获取期望的信息,还可以随时评价柔性制造系统的运行效果。

2. 统计报告软件输出的数据

统计报告软件可以输出系统运行数据、生产数据、刀具使用数据等三类数据。

1) 系统运行数据

系统运行数据主要是指与柔性制造系统设备配置(如机床、装卸站、物料输送系统等)有关的数据。例如,针对机床统计报告软件能够提供如下系统运行的数据:

(1) 故障诊断信息 机床停止运行时,统计报告软件能够细致地描述出制造的过程,帮助人们分析判断造成机床停止运行的原因。有很多原因可以引起机床停止运行,如作业计划不当、刀具缺少或损坏、物料输送阻塞等,统计报告员可以在编辑器上对机床停止运行的原因做出更翔实的描述,并把它送到临时数据采集模块,从而判定机床停止运行的具体原因。

(2) 机床运行的统计数据 该数据主要包括机床运行时间、机床空闲时间、机床利用率、平均利用率、标准差等。

统计报告软件还能以相同方式提供与装卸站、托盘输送系统有关的重要数据。

2）生产数据

生产数据包括抽样检查时间段内柔性制造系统的生产批量、制造资源配置、柔性制造系统的平均运行时间和实际加工时间等。

3）刀具使用数据

刀具使用数据指抽样检查时间段内每把刀具已经使用的小时数和使用的时间周期。

9.8 预防维护软件

9.8.1 预防维护软件的职能和逻辑结构

预防维护软件的职能是帮助人们维护柔性制造系统。预防维护软件的逻辑结构如图 9-9 所示。该软件为柔性制造系统的设备（如机床、刀库、自动导向小车等）设置了一个标有厂名的通用数据库，它存储着与预防维护有关的经验数据，维护人员可以应用自己的经验数据对其进行修改或增删，还可以为其添加新的维修计划。

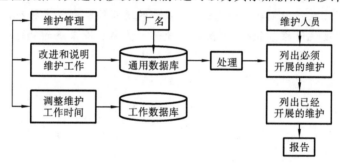

图 9-9 预防维护软件的结构

该软件可以帮助维护人员制订每天的维护作业计划，列出必须开展的维护，列出已经开展的维护，打印维护报告。

如图 9-9 所示的维护管理、改进和说明维护工作、调整维护工作时间三个模块为预防维护软件提供了三种基本功能。

9.8.2 预防维护软件的功能

1. 调整维护工作时间

调整维护工作时间软件模块能够自动设定常规维护的时间周期。根据显示出来的柔性制造系统从开始运行之日起累计的工作小时数，维护人员可以确认该维护时间周期是否合理；如果设定值对柔性制造系统的某台设备不合适，那么维护人员就应该调整该设备的维护工作时间。

2. 维护管理

维护人员输入或调整维护工作时间,需要依托维护管理软件模块输入以下信息:① 维护工作代码;② 需要维护的设备的代码;③ 维护工作必须在什么时间内完成;④ 设备运行多长时间再维护。

维护管理软件模块能够审查即将由维护人员实施的维护工作计划,并把维护工作计划、每项维护所需的时间打印出来。

3. 改进和说明维护工作

改进和说明维护工作软件模块能够把已经完成的维护工作结果存储到通用数据库中,能够修改下一次维护的实施时间,还能够修改库存的维护工作计划。

思考题与习题

9-1 试举例说明柔性制造系统管理软件的基本种类及其相互关系。

9-2 为什么说系统管理软件是柔性制造系统的核心软件?它有哪些功能?

9-3 试描述刀具管理软件、刀具室管理软件的逻辑结构和功能。

9-4 试描述生产规划软件、作业规划软件的逻辑结构和技术特征。

9-5 试阐述统计报告软件、预防维护软件对柔性制造系统的管理作用。

第 10 章 柔性制造系统的建模与仿真

10.1 仿真

10.1.1 物理模型和逻辑模型

不论设计阶段还是生产运行阶段，柔性制造系统都可以使用计算机建模与仿真技术来获取良好的规划效果。

所谓仿真就是模拟实验。例如在新型船舶设计中，为了寻求合理的船体形状，为了探讨船舶的拖动功率、航速、波浪等参数与船体形状的定量关系，人们按某一缩小比例做出船体的模型，并按照预先设计的实验方案，让船模在船池中"航行"。这种实验研究就是仿真，船模就是船舶的"物理模型"，如果实验方案合理，船模的"试航"状况就等效于新型船舶将来的航行状态。

在科学研究中，人们还常常把研究对象抽象成数学表达式（或逻辑过程），称其为研究对象的"逻辑模型"。借助计算机的数值处理能力，可以用不同的实验条件激活逻辑模型，通过分析获得的数值、图形，就能寻找到实验条件与研究对象之间的准确对应关系。这种实验研究就是计算机仿真。

10.1.2 柔性制造系统的计算机仿真

仿真是一种传统技术，它可以帮助人们迅速、准确地抓住复杂事物的本质。电子计算机问世后，计算机仿真技术更成为科学和工程的得力助手，在复杂事物的研究中发挥出重要作用，柔性制造系统的计算机仿真就是一个例子。

与刚性自动线（或生产流水线）对照，柔性制造系统采用计算机仿真技术的原因如下。

1) 零件的品种和批量

刚性自动线承担着一个（或少数几个）零件的大批量制造，每天的作业任务是具体、稳定的。柔性制造系统承担着一个（或多个）零件族的变批量制造，每天的作业任务是变化的。

2) 制造工艺和作业计划

稳定的制造工艺和基本不变的作业计划是刚性自动线运行的前提条件。柔性制造系统在多变的环境中运行,制造工艺和作业计划不仅因为被加工零件的品种和件数不同而变化,某些突发事件(如机床故障、毛坯暂缺、刀具损坏等)也会改变制造工艺和作业计划。

3) 制造设备和工艺装备

刚性自动线的制造设备和工艺装备具有很强的专用性,经过长时间的技术积累,已经组合化、系列化,零件的品种、批量和制造工艺确定后,它们也就自然而然地被选定了。柔性制造系统的制造设备和工艺装备具有很强的通用性,零件的品种、批量、制造工艺的可变性使得它们的选择方案更趋复杂。

4) 实施目标和方法

采用刚性自动线的目标很简明,即提高生产效率,稳定制造质量,刚性自动线的设计、制造原则上应该一步完成。采用柔性制造系统的目标并不单一,每个工厂有各自的侧重点,根据实施目标和支撑条件,对柔性制造系统应该采取一次规划、分步实施的方法。

5) 设计的技术条件

刚性自动线的设计,不仅前提条件简明,而且还有大量可以被直接引用的经验和技术资料,因此依靠工程技术人员的计算和绘图就能够制订出完善的设计方案。设计柔性制造系统的前提条件具有很大的柔性,各个工厂有着不同的实际情况,因此不能简单地搬用其他设计方案。时至今日,还总结不出简单、规范、正确的方法来对柔性制造系统的设计方案和运行方案进行评价。

计算机仿真技术可以为柔性制造系统的方案设计(或作业计划的制定)提供快速、直观、准确的评价。图10-1是柔性制造系统的计算机仿真流程图。

(1) 柔性制造系统的设计条件(或运行条件)是计算机仿真的输入。

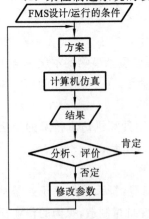

图10-1 FMS 计算机仿真

(2) 方案处理模块把输入条件转换成设计方案,例如工艺设计方案、布局设计方案、流程控制方案、作业规划方案。

(3) 计算机仿真处理模块让计算机实施设计方案。

(4) 结果就是计算机输出的仿真结论,包括柔性制造系统的运行效率、零件加工时间、主体设备的有效开机率、其他(如辅助设备的配置、工夹具的配置等)。

(5) 分析、评价处理模块如果肯定设计方案,就结束仿真。

(6) 修改参数处理模块的作用是:当设计方案被否定后,修改设计条件,并用新的设计条件激活仿真。

10.2 柔性制造系统的逻辑模型

借助计算机模拟柔性制造系统的运行状况,首先应该建立柔性制造系统的逻辑模型。作为一种制造自动化系统,物料在柔性制造系统中的位置和形态变化能够表征柔性制造系统的状态变化。为了简化研究,人们只考察物料在制造系统中所处的位置,及其进出该位置的形态,这样,就可以把柔性制造系统抽象成离散逻辑模型。以下介绍三种常用的逻辑模型。

10.2.1 排队模型

1. 柔性制造系统方案设计与排队模型

1) 柔性制造系统方案设计的步骤

方案设计是初步设计阶段的一项重要工作,其步骤为:

(1) 提案 在零件谱分析的基础上,提出若干种柔性制造系统技术方案;

(2) 筛选 根据一定的经济技术指标,对柔性制造系统方案进行筛选,确定一个比较适宜的方案;

(3) 细化 进一步确定被加工的工件种类和数量、托盘和夹具的数量、工艺流程、机床和刀具的配置,等等。

为了提高柔性制造系统方案设计的效率和效果,可以用排队模型来模拟分析柔性制造系统的构成和运行状况。

2) 排队模型

排队是一种常见现象。例如,一批新生以某种队列方式,等待医生的入学体检是"排队",一批工件按照某种作业计划等待机床的加工也是"排队"。

按照购物排队活动中的习惯用语,如果把新生、工件统称为"顾客",把医生、机床统称为"服务台",把队列方式、作业计划统称为"排队结构",那么,排队现象可用如图10-2所示的排队模型来描述,图中的"到达"、"排队规则"、"服务规则"具有以下含义。

图 10-2 排队模型

(1) "到达" 涉及排队过程中顾客的数量(有限或无限)、到达方式(单个或成批)、到达时间(确定或随机)、到达特点(独立或相关)、到达是否平稳。

(2) "排队规则" 涉及顾客到达时可能采取的对策。如果服务台全部被占用,顾客可能采取的对策(即排队规则)有三种:①自动离去永不返回;②进入等待服务队列;③等待服务队列已满(或等待时间太长)时,不是进入等待,就是离去永不返回。

(3)"服务规则" 涉及顾客如何享受服务台的服务。进入等待服务队列的顾客依照一定的"服务规则"来享受服务台提供的服务,常用的服务规则有:①先到先服务(FIFS);②后到先服务(LIFS);③特权服务;④随机服务。

3) 服务台机构

不同性质的排队,为顾客提供服务的服务台机构也不同,一般有四种服务台机构:

(1) 单服务台系统　由一个服务台组成的服务机构,例如教师答疑,一个任课教师依次为一批学生讲解所提出的问题。

(2) 多服务台系统　由多个职能相同的服务台并列组成的服务机构,例如电影院售票厅的几个售票窗口,每个顾客都可以任意选择其中一个窗口购票。

(3) 串联服务台系统　按一定顺序把若干个单(或多)服务台系统串联成一个完整的服务机构,顾客严格按照服务台排列的顺序享受从第一个服务台到最后一个服务台提供的服务。例如,生产流水线就是一种由若干台机械设备组成的串联服务台系统。

(4) 网络服务台系统　以网络的形式把若干个单(或多)服务台连接成一个完整的服务机构,顾客享受了一个服务台提供的服务之后,可以根据一定概率,享受网络上的另一个服务台提供的服务。例如,如图10-3所示的柔性制造系统,其排队模型的服务台机构就是由两个单服务台和三个多服务台组成的网络服务台系统(见图10-4)。

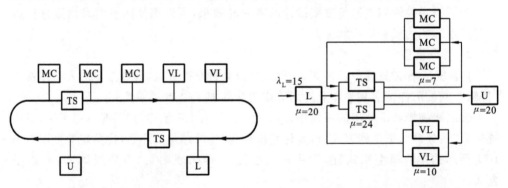

图10-3　FMS的说明例　　　　　图10-4　说明例的排队模型

2. M/M/C 模型

1) M/M/C 模型的物理意义

M/M/C模型是一种常用的排队模型。第一个"M",表示顾客按参数为 λ 的泊松(Poisson)分布规律随机地进队,λ 的物理意义是顾客的到达率;第二个"M",表示服务台按参数为 μ 的负指数分布规律随机地为顾客服务的时间,μ 的物理意义是服务台的服务率;"C"表示服务台的数量,$\lambda/(C\mu)$ 的物理意义是每个单服务台的利用率。

利用M/M/C模型分析网络服务台系统的运行问题,首先应该把它分解成一组由单(或多)服务台组成的子系统,然后根据理论上推导出来的数学公式计算排队的结果,即在各服务台前顾客的平均队长和平均等待时间,以及服务台的利用率。

2) 说明例

如图 10-3 所示的柔性制造系统(FMS),由三台加工中心(MC)、两台立式车削中心(VL)、两台牵引式自动小车(TS)、工件装夹站(L)、工件拆卸站(U)组成。假设:

(1) 各种工件的加工流程分别为 L-MC-U、L-MC-VL-U、L-VL-U、L-VL-MC-U;

(2) 在 L 上装夹好的工件送到 MC 和 VL 的概率都是 0.5;

(3) 经过 MC 加工的工件送到 VL 和 U 的概率分别为 0.4 和 0.6;

(4) 经过 VL 加工的工件送到 MC 和 U 的概率分别为 0.7 和 0.3。

那么,工件抵达 MC、VL、U、TS 的到达率 λ(件数/小时),可以按照以下公式计算:

$$\lambda_{MC} = 0.5\lambda_L + 0.7\lambda_{VL}$$

$$\lambda_{VL} = 0.5\lambda_L + 0.4\lambda_{MC}$$

$$\lambda_U = 0.6\lambda_{MC} + 0.3\lambda_{VL}$$

$$\lambda_{TS} = \lambda_L + \lambda_{MC} + \lambda_{VL}$$

当 $\lambda_L = 15$ 时,可以算出 $\lambda_{MC} = 17.71, \lambda_{VL} = 14.58, \lambda_U = 15.00, \lambda_{TS} = 47.29$。进而,按图 10-4 所示的数据和有关的排队公式可以计算出排队结果。

从以上分析过程可以看出,假设条件是排队模型进行分析计算的基础。现实的柔性制造系统运行状况比较复杂,人们无法预先设定出准确、充分、必要的条件,因此排队模型不能作为柔性制造系统的精确模型。

10.2.2 活动循环图模型

1. 基本术语

建立活动循环图模型,需要使用以下基本术语。

(1) 实体　柔性制造系统中的机床、装卸站、自动导向小车、托盘缓冲站、托盘、工件、工作人员等都是构成柔性制造系统的要素,称为实体。

(2) 属性　柔性制造系统运行时,机床将处于加工状态或空闲状态,自动导向小车将处于运行状态或待命状态,等等。实体的状态特性,称为属性。

(3) 事件　在柔性制造系统运行的某一时刻,可能产生(或失去)某个实体,某个实体的属性值可能发生改变。这类现象,称为事件。

(4) 活动　在柔性制造系统运行的某一时刻,一个事件的产生如果能够引起制造系统的状态发生变化,并且使该变化持续到产生另外一个事件。柔性制造系统状态的这种变化过程,称为活动。

2. 活动循环图模型

1) 示例柔性制造系统

如图 10-5 所示的柔性制造系统,由 3 台加工中心(MC)、装卸站(L/U)、有轨自动小车(RGV)、8个工位的托盘缓冲站(Buf.)、1个从事工件装卸的工人(Op.)组成，它们是该柔性制造系统的实体。

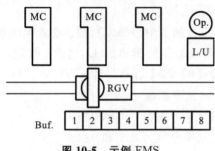

图 10-5　示例 FMS

每个实体都只有两种状态(即属性)：活动态和等待态。MC 加工工件、RGV 运送工件，是实体处于活动态的例子；MC 停止加工等待与 RGV 交换工件，RGV 停止运行等待调度命令，是实体处于等待的例子。

如果把"活动态"简称为"活动"，把"等待态"简称为"队列"，那么在柔性制造系统运行的时候，实体的状态(即属性)便处在队列与活动之间的交替变化过程中。

2) 示例柔性制造系统的活动循环图模型

借助实体、属性、事件、活动等概念，按照一定的规则把柔性制造系统抽象成为图解式模型就得到活动循环图模型。结合示例柔性制造系统(见图 10-5)，具体说明如下。

（1）用矩形框表示活动，用圆圈表示队列，当柔性制造系统运行时，实体的状态（即属性）就可以用如图 10-6 所示的实体活动循环图来描述。

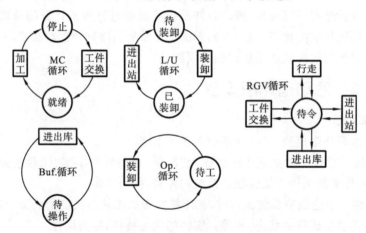

图 10-6　实体活动循环图

（2）把实体的活动循环图综合起来就成为柔性制造系统的活动循环图(见图 10-7)。

（3）在活动循环图中，不同实体的活动采用了不同线型的活动循环线，如实线、虚线、点划线等。

（4）括号中的数字表示实体的数量，例如 MC(3) 表示有 3 台加工中心，Buf.(8) 表示托盘缓冲站有 8 个工位。

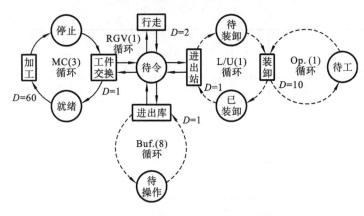

图 10-7　示例 FMS 的活动循环图

(5) 矩形框下方的数字是活动的周期,例如 $D=10$ 表示装卸工件的活动周期为 10 min,$D=60$ 表示加工工件的周期为 60 min。

(6) 如果某个活动是多个实体的共同行为,那么,相关的实体都处于队列,该活动才能发生。例如,装卸活动是工人在装卸站上完成的,当工人处于待工状态,装卸站处于待装卸状态,装卸作业才能开始。

活动循环图(见图 10-7)是分析柔性制造系统(见图 10-5)运行过程的有效工具。例如,有轨自动小车把装卸站上的工件送到加工中心上加工,借助活动循环图可以立刻看出:

(1) 该过程的活动步骤是装卸→进出站→行走→工件交换→加工;

(2) 每一活动所涉及的实体,装卸涉及 Op. 和 L/U,进出站涉及 L/U 和 RGV,行走涉及 RGV,工件交换涉及 RGV 和 MC,加工涉及 MC;

(3) 每一活动得以实现的条件,实现装卸的条件是 Op. 待工和 L/U 待装卸,等等。

为了简明扼要,人们常常用活动循环表(见表 10-1)来介绍活动循环图描绘的柔性制造系统状态的变化过程。

表 10-1　活动循环表

步骤		实体			
		Op.	L/U	RGV	MC
1	队列	待工	待装卸	—	—
	活动		装卸	—	—
2	队列	—	已装卸	待命	—
	活动	—		进出站	

步骤		实体			
		Op.	L/U	RGV	MC
3	队列	—	—	待命	
	活动	—	—	行走	—
4	队列	—	—	待命	停止
	活动	—	—	工件交换	
5	队列	—	—	—	就绪
	活动	—	—	—	加工

10.2.3 基于 Petri 网的逻辑模型

1. 基本术语

德国人 Carl Adam Petri 于 1960 年提出的 Petri 网概念已经发展成为具有严密数学基础的通用网论。在柔性制造系统的设计、评价、运行规划等项活动中，人们可以借助 Petri 网来建立柔性制造系统的逻辑模型。用 Petri 网建立起来的柔性制造系统的逻辑模型具有以下优点：

（1）能够用简单、清晰的网络图形来描绘制造系统；

（2）能够用严密的数学工具来分析、预测制造系统的状态变化，以及引起变化的因素；

（3）能够依据该逻辑模型直接实现对制造系统的控制。

采用 Petri 网描绘柔性制造系统，常常采用下述名词术语。

（1）资源　柔性制造系统所涉及的材料、毛坯、零件、设备、工夹具、人员、数据等都称为资源。

（2）库所　每种资源在柔性制造系统中都有一个具体存放地点，资源及其存放地点合称为库所。

（3）库所容量　库所能够存储的资源总量称为库所容量。

（4）标识（令牌）　库所实际存储的资源数量称为标识，令牌是标识的等价术语，Petri 网常用令牌的块数来代表标识的值。

（5）变迁　在柔性制造系统的运行过程中，资源应该被使用，从而引发一些变化，该变化称为变迁。

（6）权　某个库所的资源被使用（即发生变迁）可以导致该库所存储的资源（即令牌数）减少和相关库所存储的资源增加。库所存储的资源减少（或增加）量称为权。

2. 示例制造系统及其 Petri 网模型

如图 10-8 所示的制造系统由三个缓冲站、两台机床组成，能够同时地加工两种

(每种 N 件)工件,工件按照工件 1、工件 2、工件 1、工件 2……的序列,在制造系统中流动。工件(part)、缓冲站(stock)、机床(machine)是系统的资源,在机床上装(load)、卸(unload)工件是对资源的使用。

图 10-8 示例制造系统

该制造系统的运行过程可以用如图 10-9 所示的 Petri 网模型来描述,说明如下。

(1) 库所 用圆圈表示库所。$stock_{ij}$ 表示第 j 号缓冲站存放着第 i 种工件,$part_{ik}$ 表示在第 k 号机床上安装第 i 种工件,$Machine_{ik}$ 表示第 k 号机床等待安装第 i 种工件;在本例中,$i=2, j=3, k=2$。

(2) 变迁 用短线段表示变迁。$load_{ik}$ 表示把第 i 种工件安装到第 k 号机床上,$unload_{ik}$ 表示把第 i 种工件从第 k 号机床上卸下来。

(3) 令牌 每种工件各有 N 个毛坯,制造系统运行的初始时刻,它们存放在缓冲站 1 中,圆圈中的字母 N 表示该库所有 N 块令牌。令牌还可以用黑点"·"代表,部分圆圈中画有 1 个黑点,这表示该库所只有 1 块令牌。

(4) 有向弧 工件在制造系统中的流动方向用有向弧表示。有向弧还描述库所与变迁之间的逻辑关系,即发生某一变迁需要的资源条件以及该变迁发生后将出现

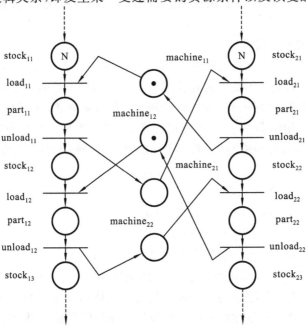

图 10-9 示例制造系统的 Petri 网模型

的资源变化。从图 10-9 可以看出，load（装工件）变迁发生的条件是机床空和缓冲站有待加工的工件；unload（卸工件）变迁发生后，工件便送到下一个缓冲站，同时机床空闲起来。

（5）权　本例中，权为1，即变迁的发生将使相关库所的工件减少（或增加）1件。Petri 网要求把权的值标注在有向弧上，权值为1允许省略标注。

按照上述约定不难看出以下几点。

（1）图 10-9 表达了图 10-8 所示制造系统的初始状态，即 $stock_{11}$ 和 $stock_{21}$ 都拥有 N 块令牌，说明缓冲站 1 存有 N 个第 1 种毛坯、N 个第 2 种毛坯；$machine_{11}$ 和 $machine_{12}$ 都拥有 1 块令牌，说明机床 1、机床 2 等待安装第 1 种工件；$load_{11}$ 变迁有了发生的条件，说明可以把第 1 种工件安装到机床 1 上。

（2）$load_{11}$ 变迁发生后，$part_{11}$ 得到 1 块令牌（第 1 种工件安装在机床 1 上），同时 $stock_{11}$ 减少 1 块令牌（缓冲站 1 中有 $N-1$ 个第 1 种毛坯），$machine_{11}$ 不再拥有令牌（第 1 号机床不等待安装第 1 种工件），并且 $unload_{11}$ 变迁也有了发生的条件（把第 1 种工件从第 1 号机床上卸下来）。

（3）$unload_{11}$ 变迁发生后，$stock_{12}$、$machine_{21}$ 都得到了 1 块令牌（缓冲站 2 中有 1 个第 1 种毛坯，机床 1 等待安装第 2 种工件），$load_{11}$、$load_{21}$ 变迁有了发生的条件。

（4）激活一个变迁，图 10-9 就发生一次变化，与此对应，制造系统的运行状态就向前推进一步。

可见，图 10-9 可以准确地模拟图 10-8 所示的制造系统，因此称前者为后者的 Petri 网模型。

3. 库所/变迁（P/T）网

Petri 网除了用"图"直观表示外，还可以用严格的数学语言来描述。

把库所的集合记作 P，变迁的集合记作 T；用序偶 (p,t) 表示连接库所 $p \in P$（符号的意义为 p 是 P 中的一个元素）与变迁 $t \in T$ 的有向弧，序偶 (p,t) 的集合记作 Pre，称为输入集；用序偶 (t,p) 表示连接变迁 $t \in T$ 与库所 $p \in P$ 的有向弧，序偶 (t,p) 的集合记作 $Post$，称为输出集；那么就可以把 Petri 网（PN）定义成一个四元组，即
$$PN=(P,T,Pre,Post)$$
式中的集合满足且仅满足条件：

（1）$P \cup T \neq \varnothing$　（P、T 的并集不是空集）；

（2）$P \cap T = \varnothing$　（P、T 的交集是空集）；

（3）$Pre \subseteq P \times T$　（Pre 包含于 P、T 的直接集）；

（4）$Post \subseteq T \times P$　（$Post$ 包含于 T、P 的直接集）。

变迁是受激发而产生的，与某变迁有关的输入库所中的令牌数大于或等于某输入弧的权数，就是该变迁发生的充分必要条件。变迁发生后，就从输入库所中移出和输入弧权数相同的令牌，并在输出库所中增加和输出弧权数相同的令牌。

按上述规则构造的 Petri 网，称为库所/变迁网（P/T 网），它是 Petri 网的基本

形式。

4. 彩色 Petri 网

一个制造系统还可以用高级 Petri 网——彩色 Petri 网来模拟,图 10-10 就是图 10-8 所示制造系统的彩色 Petri 网模型。

制造系统的一种资源可以用一个标识符来表示,并称为一种色彩。如本例中,machine={machine$_1$,machine$_2$}是与机床有关的色彩,part={part$_1$,part$_2$}是与工件有关的色彩。

彩色 Petri 网还引进了复合色彩的概念,例如色彩(part$_i$,machine$_j$)∈part×machine(即 part 色彩集与 machine 色彩集的直接集)可以表示零件(part$_i$)对机床(machine$_j$)的状态特征。

与基本 Petri 网一样,库所和变迁是彩色 Petri 网的节点,前者用圆圈表示,后者用短线段表示。一个库所可以用色彩集合的元素来标识,也可以用色彩的形式总和来标识。

令牌是与标识等价的概念,彩色 Petri 网的令牌称为彩色令牌(或简称色彩)。制造系统的状态由彩色 Petri 网全体库所的标识来模拟,通过触发与给定色彩有关的变迁可以改变系统的状态。标记在有向弧上的函数指明了激发一个变迁各个库所应该用什么色彩来标识,以及在激发时应该将哪些色彩给予库所(或从库所中减去)。在图 10-10 中,函数

$$sch(part_i, machine_j) = (part(i+1), machine_j)$$

指明了一台机床加工的工件顺序,即从第 j 号机床上卸下(即 unload 变迁发生)第 i 种工件后,应安装并加工第 $i+1$ 种工件。函数

$$rout(part_i, machine_j) = (part_i, machine_{(j+1)})$$

指明了加工一个工件的机床顺序,即第 i 种工件在第 j 号机床上加工完毕后接着应在第 $j+1$ 号机床上加工。

图 10-10 所示状态是图 10-8 所示制造系统的初始状态,此时,全部工件(即 $i \times N$ 件)在缓冲站中等待安装到第 1 号机床加工,即库所 stock 的标识为 $\Sigma N(part_i, machine_1)$。在初始时刻,所有机床都等待加工第 1 种工件,即库所 machine 的标识为 $\Sigma(part_1, machine_j)$。显然,系统开始运行,变迁 load 是相对于色彩(part$_1$,machine$_1$)而实现的,即触发该变迁,第 1 种工件便安装到第 1 号机床上加工。接着,相对色彩(part$_1$,machine$_1$)触发变迁 unload,即把经过第 1 号机床加工的第 1 种零件卸下来。根据 sch 函数,应该把色彩 sch(part$_1$,machine$_1$) = (part$_2$,machine$_1$)给予库所 machine,即加工了第 1 种工件的第 1 号

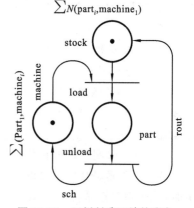

图 10-10 示例制造系统的彩色

机床接着加工的是第2种工件。根据 rout 函数,应该将色彩 rout($part_1$, $machine_1$) = ($part_1$, $machine_2$)给予库所 stock,即要求经过第1号机床加工的第1种工件接着在第2号机床上加工。

按上述约定不难看出,彩色 Petri 网与基本 Petri 网一样,也能准确模拟图10-8所示制造系统的生产过程。

彩色 Petri 网(记为 CPN)也可以用严格的数学语言来定义,即
$$CPN = (P, T, C, Pre, Post)$$
与基本 Petri 网的定义对照可以看出,CPN 拥有与库所和变迁有关的色彩集合 C。

10.3 柔性制造系统仿真的算法原理和仿真语言

10.3.1 仿真算法原理

10.2节指出,如图10-10所示逻辑模型的状态是对如图10-8所示制造系统初始状态的描绘。普遍地讲,当柔性制造系统的逻辑模型建立起来后,如果选定一种策略,按时间序列"激活"逻辑模型,那么它就能模拟柔性制造系统的整个运行状态。激活逻辑模型"运行"的策略,称为仿真算法,事件调度法、活动扫描法、过程交互法都是常用的计算机仿真算法。

1. 事件调度法

所谓事件就是系统状态发生的瞬时变化。柔性制造系统运行时,它的状态在不断地变化,也就是说,随着时间的推移,柔性制造系统将要产生一系列事件。因此,我们可以把柔性制造系统的运行看成是按时间序列发生的事件集合。事件调度法建立在这种认识的基础之上,其算法原理是:

(1) 设 $E_1, E_2, \cdots, E_n$ 是按时间序列 $T_1, T_2, \cdots, T_n$ 发生的事件;

(2) 设柔性制造系统运行的启动时刻是当前时刻,T_1 是事件将要发生的下一时刻,让各事件发生的时刻与 T_1 比较,并使发生时刻与 T_1 时刻最接近的事件 E_1 发生;

(3) 设 T_1 是当前时刻,T_2 是下一时刻,按(2)描述的规则查找到 E_2,并激活它;

(4) 依此递推,使各事件相继发生。

2. 活动扫描法

用活动循环图建立的逻辑模型描绘了柔性制造系统的实体、活动、活动的开始条件和结束条件、活动的持续时间。活动扫描法建立在活动循环图的基础之上,其算法原理是:

(1) 按照时间序列的推移扫描每个活动的开始条件或结束条件;

(2) 启动满足开始条件的活动,让柔性制造系统的状态做出相应变化,当活动结束时,让柔性制造系统的状态再次发生变化;

(3) 把时间推移到下一个时刻,重复上述操作。

3. 过程交互法

在柔性制造系统的逻辑模型中,有的实体能主动地产生活动,称其为主动实体,主动实体的一切活动是相互关联的。激活主动实体能引发一系列相互关联的事件(即变化),这种将要持续一段时间的变化称为过程。过程交互法以主动实体为主线来确定事件发生的顺序,建立当前事件表(current events list,CEL)、将来事件表(future events list,FEL)是实现该算法的基础,其原理如下。

(1) 以初始时刻为仿真时刻,扫描 CEL,激发符合启动条件的实体的活动,确定该实体的下一个被激发的活动。该操作一直持续到最后一个活动结束。

(2) 把仿真推进到下一个时刻,重复上述扫描、激发、确定的操作。

(3) 让仿真持续到结束时刻。

10.3.2 计算机仿真语言 GPSS

1. 概述

建立了柔性制造系统的逻辑模型,选定了激活逻辑模型的策略,接下来就是编写计算机仿真程序。编写仿真程序可以用大家熟悉的算法语言,也可以用计算机仿真语言。使用计算机仿真语言,能够极大地加快仿真程序的设计和调试速度,有效地提高仿真程序的质量。但是对经验丰富的程序设计人员来说,仿真语言的规则又是一种约束,限制了设计能力的发挥。

针对不同种类的逻辑模型和仿真算法,人们推出了数十种计算机仿真语言。目前常用的有四大类仿真语言,即连续型仿真语言、离散型仿真语言、连续和离散混合型仿真语言、专用仿真语言。根据仿真算法,又可以把离散型仿真语言分成三种:面向事件的仿真语言(如 GASP)、面向活动的仿真语言(如 CSL)、面向过程的仿真语言(如 GPSS)。因此,选用恰当的仿真语言对编写仿真程序有着十分现实的意义。

2. GPSS 程序块框图及程序块语句

GPSS(general purpose simulation system)是一种面向过程的离散型计算机仿真语言,它的第一个版本发表于 1961 年。该语言十分适合于排队模型,由于很多系统的运行都能用排队模型来描述,所以 GPSS 拥有比较广泛的应用范围。

用 GPSS 规则记述的逻辑模型通常称为 GPSS 模型,它可以用程序块框图或 GPSS 程序来表达。程序块框图由程序块的几何符号和流程线组成,一种程序块(block)代表着一种仿真操作,因此,按照制造系统的运行过程用流程线把程序块几何符号连接起来,就能够模拟制造系统的实际运行情况。

假设图 10-5 所示柔性制造系统的工件按下述规律离开柔性制造系统(简称离线):

(1) MC(加工中心)完成一个工件加工所用的时间遵循均匀分布规律,其均值为

30 min、偏差为 8 min,即加工一个工件等可能地需要 22～38 min 的某一确定时间;

(2) Op.(工人)卸下工件并装上毛坯所用的时间也遵循均匀分布规律,其均值为 25 min、偏差为 5 min,即完成一次操作等可能地需要 20～30 min 的某一确定时间;

(3) 工件加工后,Op.(工人)空闲而且 Buf.(缓冲站)没有排队的工件,RGV(有轨自动小车)则把等待离线的工件从 MC 直接送到 L/U(装卸站);否则,把该工件送到 Buf. 去排队;

(4) Op. 空闲时,RGV 按 FIFO(先进先出)原则,把在 Buf. 排队的离线工件送到 L/U。

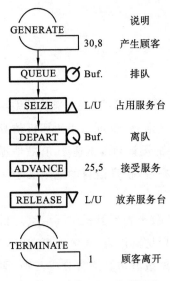

图 10-11 GPSS 程序块框图

那么,工件离线的逻辑过程就能用图 10-11 所示 GPSS 程序块框图来描述,图中的几何符号对应着下列程序块语句。

(1) GENERATE 程序块　语句格式为 GENE A,B,C,D,E,F,G。执行该语句产生一个进入下一程序块的流动实体,A 是平均产生间隔时间,B 是产生间隔时间的偏差……

(2) QUEUE 程序块　语句格式为 QUEU A,B。该语句让流动实体进入 A 队列,并让队列长度增加 B。

(3) SEIZE 程序块　语句格式为 SEIZ A。该语句让流动实体获得对设备 A 的控制权。

(4) DEPART 程序块　语句格式为 DEPA A,B。该语句让流动实体离开 A 队列,并让队列长度减短 B。

(5) ADVANCE 程序块　语句格式为 ADVA A,B。该语句让流动实体在产生前等待若干单位时间,A 是平均延迟时间,B 是平均延迟时间的偏差。

(6) RELEASE 程序块　语句格式为 RELE A。该语句让流动实体释放设备 A。

(7) TERMINATE 程序块　语句格式为 TERM A。该语句消除流动实体,并把它放到被消除的程序块计数器中,A 为计数器应该减少的数值。

3. GPSS 程序

按 GPSS 规则把程序块框图改写成计算机的源程序,就得到 GPSS 程序。图 10-11 对应的 GPSS 程序为:

	第1列	第8列	第19列	第25列
	↓	↓	↓	↓
1	*	PIECE FLOW MODEL		
2		SIMULATE		
3	*	BLOCK DEFINITION	CARDS	
4		GENERATE	30, 8	CUSTOMER ARRIVES
5		QUEUE	BUF	JOINS WAITING LINE
6		SEIZE	L/U	CAPTURES L/U
7		DEPART	BUF	LEAVES WAITING LINE
8		ADVANCE	25, 5	GETS LOAD AND UNLOAD
9		RELEASE	L/U	FREES L/U
10		TERMINATE	1	LEAVES FMS
11	*	CONTROL CARDS		
12		START	50	
13		END		

可以看出,GPSS语句的序列构成了 GPSS 程序。

GPSS 规定了三种语句:输入语句(包括程序块语句和定义语句),控制语句,注释语句。本例中,第4条至第10条语句是输入语句(即程序块语句),地址、操作码、数据场是组成输入语句的基本成分。地址写在第2~6列。从第8列开始写操作码,操作码是程序块名或定义语句名的前四个字母。从第19列开始写数据场,数据场提供的数据使操作具体化。如果要对输入语句进行注释,就从第25列开始写注释内容。

本例的第2、12、13条语句是控制语句,控制语句的书写方法与输入语句相同。第1、3、11条语句是注释语句,在某语句的第一列标上星号"*",该语句就成为注释语句,它可以提供必要的提示信息,其书写格式也没有上述两种语句严格。

关于 GPSS 的程序块语句、控制语句、定义语句,以及 GPSS 对数据场格式和标准数字属性的具体规定,其翔实的内容在有关专著中都有阐述。与所有高级语言的源程序一样,在计算机上运行 GPSS 程序也需要编译程序,称其为 GPSS 处理器。

本节涉及的流动实体是一个基本概念。系统中有实体在"流动",就说明该系统处在运行状态。对柔性制造系统来说,物料(工件)是流动实体,交通系统的车辆、通信系统的信号、经济系统的资金也分别是各自系统的流动实体。

10.4 决定柔性制造系统仿真的主要事项

模拟柔性制造系统运行的计算机程序被称为柔性制造系统仿真器,有专用和通用两种柔性制造系统仿真器。专用柔性制造系统仿真器只能对特定的柔性制造系统进行仿真,它的开发人员常常是该柔性制造系统的设计人员。通用柔性制造系统仿真器是一种商品软件,它由软件公司开发,没有特定的对象,只要变更输入的数据,就能对不同形态的柔性制造系统进行仿真。

以下事项对仿真器的开发有重要影响：
(1) 零件的种类与批量；
(2) 机床的种类、型号、数量；
(3) 机床布局；
(4) 自动仓库（或托盘缓冲站）的布局与容量；
(5) 搬运设备的种类与布局；
(6) 自动小车的数量与停靠位置；
(7) 装卸站的数量与位置；
(8) 托盘的种类及数量；
(9) 优先选择零件的规则；
(10) 选择替代设备的规则；
(11) 自动小车的调度规则、交通控制规则、自动小车的行走速度；
(12) 故障发生时向手动控制切换的规则。

借助计算机仿真技术，人们可以有效地对柔性制造系统的设计和运行方案做出评价。柔性制造系统的逻辑模型如果能够精确地模拟柔性制造系统的运行状况，在此基础上开发的柔性制造系统仿真器就可以用来制订最优的作业计划，预测作业运行状态。

10.5 建模与仿真实例

面对市场竞争，丰田汽车公司淘汰了汽缸盖和汽缸体的旧生产线，在原车间内建造了一个柔性制造系统(FMS)。开发该柔性制造系统的基本指导思想是：使制造系统具有更高的柔性，能应付单件随机生产；生产调度遵循"先进先出"的原则，不打乱已有制造顺序；实现即时(just in time, JIT)制造。

10.5.1 柔性制造系统布局和加工工艺流程

1. 加工对象

该柔性制造系统用来加工汽车发动机的汽缸盖和汽缸体，零件多达100种，生产能力为800个/月，最大零件的尺寸不超过 630 mm×400 mm×400 mm，零件材料为铝合金和铸铁。

2. 柔性制造系统的布局与构成

该柔性制造系统的平面布局如图10-12所示，可以看出，整个制造系统由人工作业区和自动作业区构成。人工作业区配备了两名工人，自动作业区可以24小时无人运行。自动作业区拥有以下设备。

(1) 主机　7台加工中心是自动作业区的主机。
(2) 物流系统　包括3台自动导向小车(AGV)、夹具及通用托盘准备站、夹具库,工件用夹具安装在托盘上,由自动导向小车输送。

(3) 辅机　包括1台清洗机和三坐标测量机,用来在线控制加工质量。

(4) 计算机系统　包括 DNC 系统、生产调度系统、设备运行监视系统。这些系统都以自律分布的方式运行,如果某个系统发生了故障,可以用人工控制操作来代替。

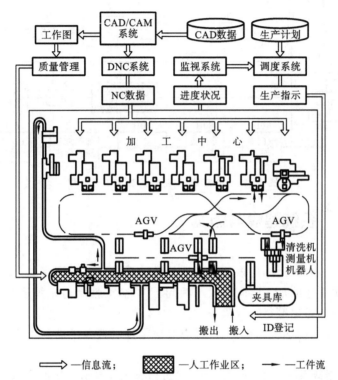

图 10-12　系统平面布局图

3. 加工工艺流程

100 种汽缸体和汽缸盖按图 10-13 所示的工艺流程由毛坯加工成合格零件。图中,单箭头"→"表示人工作业区,双箭头"⇨"表示自动作业区,"⊗"表示工件装卸站;工序号的后续字母含义为:W 表示清洗,TS 表示三坐标测量机检测,B 表示缸体精加工,H 表示缸盖精加工。

自动作业区的工艺流程按先面后孔、基准先行、粗精分开的原则编制,为了监控加工质量,重要工序完成后,要求把工件清洗干净送给三坐标测量机检测。

人工作业区中,一名工人负责工件装卸、质量检测、小零件装配、成品防锈处理和包装,其作业节拍为 20~30 min,另一名工人负责准备工件毛坯、更换旧刀具、排除设备故障。

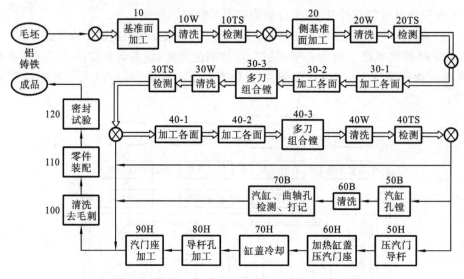

图 10-13 汽缸体、汽缸盖的加工工艺流程

10.5.2 系统建模与仿真

1. 目的

加工 100 种不同工件,应该根据工件的具体形状选择不同夹具,此外,对每种工件来说,其各道工序的加工时间也大不相同。因此,柔性制造系统运行时,很可能发生作业等待、夹具搬出等待等现象。

为了使作业调度达到均衡,设计者们对该柔性制造系统展开了建模与仿真的研究,其目的是:

(1) 建立制造系统的 Petri 网模型,通过仿真确立制造系统的合理结构;

(2) 寻找有效的作业调度算法,使制造过程中均衡生产与作业等待、夹具搬出等待互相包容;

(3) 用计算机仿真的方法,制订实时作业调度计划。

根据该公司的制造策略,建立柔性制造系统的逻辑模型采取了以下原则:

(1) 按"先进先出"原则,一件件地、均衡地加工工件;

(2) 工人按工艺流程周而复始地完成一套动作,一个循环制造出一个零件;

(3) 自动导向小车(AGV)按同一循环路径运行,工人随时都能看到它的工作是否正常。

2. Petri 网模型

符合上述思想的 Petri 网模型,共有 242 个"库所"、160 个"变迁",图 10-14 所示为该模型的一个组成部分,对图 10-14 简要说明如下。

1) 工件的流动

图中,符号"·"表示工件,粗实线箭头"→"表示工件的流动。工件流动的过

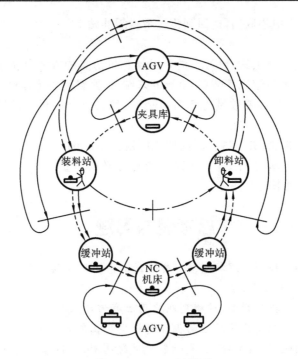

图 10-14　Petri 网模型

程是：

(1) 在装料站，工件被工人一件件地装夹到夹具上，并被输送到传送带式缓冲站中；

(2) 该工件被加工中心加工，经过清洗检测，又送回到缓冲站；

(3) 经过短暂停留，工件和夹具被输送到卸料站，工人把工件从夹具中取出；

(4) 该工件被输送到下道工序的装料站，按"先进先出"规则等待服务。

2) 工人的运动

图中，点划线箭头"—·→"表示工人的运动。在当班时间内，一个工人不断地重复下述动作：

(1) 在装料站，把工件装夹到夹具上；

(2) 到卸料站，从夹具中取出工件；

(3) 随该工件一起，来到下道工序的装料站。

3) 夹具的流动

图中，虚线箭头"……→"表示夹具的流动。

4) AGV 的运动

图中，实线箭头"→"表示 AGV 的运动。每台 AGV 都有固定的运行路线，工人随时都可以看到它们的运行状况。AGV 的任务是：

(1) 向装料站输送夹具，从卸料站收回夹具；

(2) 从传送带式缓冲站取走安装有工件的夹具，把它们送给加工中心；工件被加工后,把它们从加工中心取出,送回到传送带式缓冲站。

3. 仿真结论

按照该公司的运作模式,设计人员采用计算机仿真的方法分析了柔性制造系统的结构。假定工件按每道工序需要 20 min 来制造,则得到以下结论:

(1) AGV 的充分必要数量为 3 台,应该按照夹具回收优先的原则对它们实施控制;

(2) 对夹具库来说,夹具准备时间应该限定在 3 min;

(3) 在传送带式缓冲站上,工件存放的充分必要数量,对装料站工位说来是 1 件,对卸料站工位说来是 2 件。

思考题与习题

10-1 何谓物理模型和逻辑模型?柔性制造系统的建模和仿真为什么会成为柔性制造系统的基本研究课题?

10-2 简要描述排队模型,该模型在应用上有何局限?

10-3 何谓柔性制造系统的活动循环图模型?试举例说明。

10-4 简要描述 Petri 网模型,柔性制造系统的 Petri 网模型有何优点?

10-5 试叙述事件调度法、活动扫描法、过程交互法的算法原理。

10-6 编写计算机仿真程序为何要选用恰当的仿真语言?试举例说明 GPSS 的特点。

10-7 决定柔性制造系统仿真的主要事项是什么?

第 11 章 柔性制造系统的设计

11.1 柔性制造系统的设计步骤

柔性制造系统是一种耗资巨大的制造系统,在柔性制造系统面前我们不但要有追求技术进步的热情,还要有追求实际效果的精神。工厂引进柔性制造系统有巨大的投资风险,如果出现重大的差错,会使整个工厂陷入困境。为了防止重大差错的出现,应该按照以下步骤来设计柔性制造系统:

(1) 确定采用柔性制造系统的目标;
(2) 分析工厂生产状态,确定零件谱;
(3) 对零件谱进行工艺分析;
(4) 初步规划柔性制造系统的结构;
(5) 选定基本设备、工具、夹具;
(6) 设计物流系统的布局形式,选定物流设备;
(7) 确定系统控制方案,选定控制装置;
(8) 选定辅助设备;
(9) 设计信息流图,完成柔性制造系统的布局图;
(10) 规划监视系统;
(11) 对柔性制造系统进行评价。

11.2 柔性制造系统的初步设计

对柔性制造系统进行初步设计,就是:从分析市场和本厂生产状态出发,确定采用柔性制造系统的目标;进而,从本厂的产品中筛选出适合采用柔性制造系统来制造的零件,对这些零件进行工艺分析;以此为依据,规划柔性制造系统的基本设备、工夹具、物流系统、制造系统的管理和控制方案;最后按照厂房的状况,设计出柔性制造系统的结构布局图,编写出相应的文档。

11.2.1　确定采用柔性制造系统的目标

柔性制造系统是在当代激烈的市场竞争中诞生的,它的使命很明确,就是:优质、高效、低成本、短交货期地完成多品种、小批量产品的制造。一个工厂采用柔性制造系统要达到的目标是该使命的具体体现。确定采用柔性制造系统的目标,不仅取决于工厂的现状,取决于工厂今后一段时间(如 5~10 年)产品的品种和数量的变化,还取决于工厂的经济实力、技术实力、决心。

开发柔性制造系统,确定采用柔性制造系统的目标,人们常常考虑以下因素:

(1) 准备建设什么类型的柔性制造系统　例如,是零件加工的柔性制造系统还是产品装配的柔性制造系统;

(2) 生产纲领　例如,是大中批生产,还是中小批生产;

(3) 在岗人员数　例如,把在岗人员裁减 2/3;

(4) 毛坯、半成品、成品的在库数　例如,把在制和库存的零件数量压缩 1/2;

(5) 生产节拍时间　例如,把生产节拍时间压缩到原来的 1/2;

(6) 生产效率　例如,提高生产效率两倍;

(7) 机床使用率　例如,让机床的开机时间增加到 70%;

(8) 无人运行时间　例如,制造系统可以连续地 24 小时无人运行;

(9) 产品的制造成本　例如,降低 1/2;

(10) 柔性制造系统的建成时间　例如,用 3 年建成。

11.2.2　分析工厂生产状态,确定零件谱

上述目标的确定不是凭空想象,而是根据工厂的经验和对工厂现状和发展的认识做出的初步判断。要达到上述目标,应该深入分析生产状态,从正在(或将要)制造的产品中筛选出适合柔性制造系统生产的关键零件,按照零件的形状、尺寸、材料、加工工艺的相似性,用成组技术(GT)把它们分组,制订出柔性制造系统的零件谱。

分析生产状态,制订柔性制造系统的零件谱时,应该注意以下几个问题。

(1) 系列产品　系列产品的结构相同,主要零件的形状相似,只是尺寸或某处细节不一样,因此把它们编成一组就成为理想的零件谱。

(2) 制造方法类似的零件　制造方法类似的零件常常被编成一组,例如把材料相同的零件编成一组,该零件谱的制造就可以采用相同的刀具、切削用量、切削液。

(3) 零件的批量和生产节拍　对于初选上的零件,要对它们进行工艺分析,大致确定采用什么制造设备,需要多少加工时间,需要多少辅助时间(包含刀具交换、夹具交换、工件装夹等)。

设加工时间为 T_m,辅助时间为 T_a,每天工作时间为 T,每年 250 个工作日,那么一种零件的年产量为

$$n = 250T/(T_m + T_a)$$

如果这种零件每年有 N 个订单，N 与 n 比较接近，就可以初步确定，这种零件能够成为零件谱的一员。

11.2.3 零件谱的工艺分析

初步确定了零件谱，还应该对谱中的每种零件进行详细的工艺分析。只有通过零件谱的工艺分析，才能确定一组零件能否共享同一个制造资源，即能否采用同一个制造系统对它们进行"混流"加工。

正在设计的柔性制造系统是零件谱工艺分析的前提条件。零件的加工工艺流程、切削用量、制造节拍、设备的型号规格、刀具的种类、夹具的结构是工艺分析的结果。加工工艺和柔性制造系统的设备相互制约，应该反复权衡利弊，协调好两者关系。

进行零件谱的工艺分析，还应该做一件事情。有些零件原本采用普通机床加工，它们的结构定型了，加工工艺也成熟了，但是为了适应柔性制造系统的制造，还应该对它们的结构作必要的修改。例如，为了减少刀具的种类和换刀时间，可以把箱体零件的 M5、M6、M8 螺孔修改成一种规格尺寸 M6；又如，为了减少刀具和夹具的种类，可以把结构尺寸相近的零件修改成一种零件。零件的这类修改，必然导致产品设计的修改。

零件谱的工艺分析的另一个目标，就是工夹具的通用化。

11.2.4 初步规划柔性制造系统的结构

完成上述工作后，对期望的柔性制造系统就有了基本的认识，即开发柔性制造系统要达到什么目标，将要加工哪些零件，拟采用的设备和工具有什么特征，工件和工夹具在系统中的存储、输送方式，结合厂房状况对新的制造系统如何布局，等等。

初步设计完成时，应该绘制出柔性制造系统的平面布局图，撰写出有关专题报告，如《柔性制造系统的目标和技术经济可行性分析》、《柔性制造系统的零件谱及其工艺分析》、《柔性制造系统的设备配置、性能、价格》等。

11.3 柔性制造系统的详细设计

11.3.1 零件谱及其制造工艺的再分析

柔性制造系统的初步设计方案被批准后才能进行详细设计。

从事详细设计，首先应该进一步分析柔性制造系统的零件谱，进一步分析零件谱中的每个零件的制造工艺。柔性制造系统虽然能够从事多品种零件的混流加工，但是这种"柔性"是用人力和财力的巨大投入换来的，所以应该权衡"柔性"与"投入"的关系。为此，在详细设计阶段还应该讨论零件谱，使零件的品种受到一定限制。

零件的品种对柔性制造系统的设计带来以下影响：

（1）如果不限定零件的品种，就不能确定柔性制造系统的制造设备的种类与规格，也不能确定柔性制造系统的自动化水平和规模；

（2）零件品种的增加会导致制造刀具的增加，只有限定了零件的品种才能有效地预防零件品种和刀具数量的不匹配；

（3）零件的品种对物流系统的设计有直接的影响；

（4）零件的品种被限定后，才能制订出负荷均衡的作业计划。

对零件谱进行工艺分析，要从对单个零件的工艺分析过渡到面向柔性制造系统的工艺分析，包括每个零件的装卸次数和时间，托盘和夹具数量，一个班次内零件的存储方式（如进缓冲站，还是进自动仓库，或者出线），等等。

11.3.2 选定制造设备和工具

零件谱的工艺分析完成后，可以开始选定柔性制造系统的设备和刀具。选定设备，就是调研设备的制造能力，选出型号、规格、售价合适的设备。例如：加工轴类零件，应该选择带有尾座的数控车床；加工盘类零件，应该选择短床身的数控车床；加工棱体类零件，应该优先选择加工中心；对于大中批量生产，常常选用数控组合机床，可换主轴箱的专用数控机床；为了提高加工平面的效率，常用大铣刀盘，此时，应该选用专用数控铣床。

选定制造设备和刀具应该立足于提高柔性制造系统的运行效率，为此必须考虑工序切换及其相关的技术问题。某道工序完成后，工件应该从被占用的设备中退出来，然后再送一个工件给该设备加工。如果工件的品种不同，切换工序应该完成以下作业：

（1）判别工件，交换工件；

（2）变更制造设备的数控程序；

（3）更换模具（如对冲床）、夹具（如对焊接机）、刀具（如对金属切削机床）；

（4）更换工业机器人的手爪及作业工具（如果采用了机器人）。

1. 柔性制造系统的运行效率

柔性制造系统需要高投入，只有高效率运行它才有生命力。提高柔性制造系统的运行效率，首要措施是提高每台制造设备的运行效率 η。设 r 为制造设备运行时间，t 为工序切换时间，w 为等待时间，s 为故障停机时间，则

$$\eta = \frac{r}{r+t+w+s} \times 100\% \qquad (11-1)$$

或

$$\eta = \frac{1}{1+a+b+c} \times 100\% \qquad (11-2)$$

式中 $a=t/r, \quad b=w/r, \quad c=s/r$

如果柔性制造系统有自诊断和维护功能,可以设 $c=0$。因此,一台设备的运行效率 η 要达到 80%~90%,$a+b$ 就应该维持在 0.25~0.11;对一个班 8 h 而言,工序切换和工序等待时间不能超过 96~48 min。

对工序分散、每道工序只需要较少加工时间的零件来说,缩短工序切换时间和工序等待时间具有重要意义。相反,如果零件送到机床上需要连续加工很长时间(如 8 h),那么工序切换和工序等待时间对柔性制造系统的运行效率的影响就不很显著。

2. 工件自动交换

为了缩短工序切换时间,加工回转体零件的数控机床通常用工业机器人来交换工件。用于交换工件的机器人可以是制造设备的一个部件(见图 4-1),也可以是一台独立的设备。

如果柔性制造系统的制造设备是加工中心,要缩短工序切换时间,就可以采用托盘交换器来交换工件。托盘交换器(automatic pallet changer,APC)是加工中心的辅助装置,如图 1-11 所示,一个工件加工完成后,托盘交换器把该工件从加工中心取出来,接着把待加工工件送进加工中心。工件自动交换还涉及待加工工件的调度、识别、领取、输送、交换,完成这些作业不需要加工中心;配备了托盘交换器,就可以与零件加工同步地完成它们,所以能极大地缩短工序切换时间,极大地提高柔性制造系统的运行效率。

3. 刀具自动交换

为了缩短工序切换时间,柔性制造系统的刀具自动交换常常采用下述方式:

(1) 刀具自动交换器(automatic tool changer,ATC);

(2) 交换刀库;

(3) 交换带有若干刀具的多轴头(见图 11-1);

(4) 移动式刀库与机械手组成的刀具交换装置;

(5) 模具自动交换装置(例如用在数控冲床上)。

图 11-1 多轴头

图 11-2 是意大利 Mandelli 公司生产的卧式加工中心外观图,以及刀库、ATC、插刀器、龙门式换刀机器人的示意图。中央刀库与机床刀库之间可以采用龙门式机器人交换刀具。

4. 夹具

合理使用夹具是提高柔性制造系统的运行效率的有效手段之一。设计夹具,应该着重考虑以下问题:

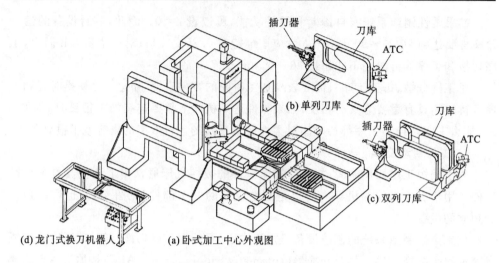

图 11-2 加工中心及其刀库

（1）便于工件装卸，不会发生夹具与刀具的碰撞问题；

（2）与刚性自动线采用的"工序分散"原则不同，为了减少工序和工序切换次数，一次装夹应该能够承担尽可能多的工序；

（3）一个夹具能够用于多个不同的零件，具有一定的通用性；

（4）为了缩短工序切换时间，应该采用液压、气动这类高效夹紧装置。

11.3.3 选定物流系统

选定物流系统，涉及物料的输送设备、存取方式、存储设备等问题。

1. 物料输送设备

柔性制造系统的常用的物料输送设备有以下三类。

（1）输送机，也称为传送带，包括 V 带输送机、板条式输送机、滚子输送机、动力滚子输送机、链式输送带、托盘链输送机，如图 11-3 所示 FTL 的工件输送设备是输送机。

（2）自动小车，包括有轨自动小车（RGV）、自动导向小车（AGV）、牵引车、链式驱动车，堆垛机也属于自动小车的范畴。

（3）机器人，包括固定式机器人和移动式机器人，如图 11-4 所示柔性制造系统的工件输送作业由固定式机器人和自动导向小车联合完成。

选定物料输送设备，应该着重考虑以下问题。

1）物流通畅

柔性制造系统是一种自动化程度很高的制造系统，材料、工件、刀具、夹具的输送任务由物料输送设备承担。为了保证柔性制造系统的连续运行，物料输送设备应该保障柔性制造系统的物流通畅。为此，选定物料输送设备，既要考虑它给每台设备输

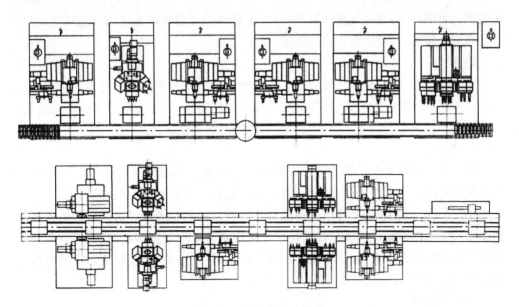

图 11-3　FTL 及其输送带

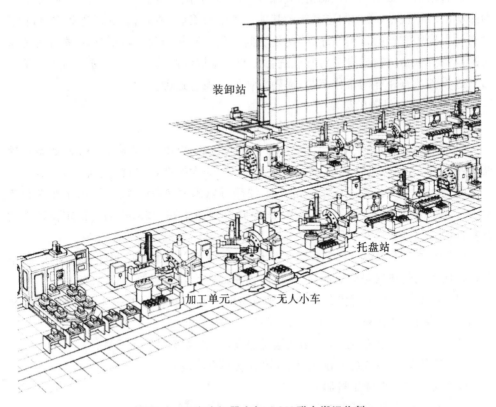

图 11-4　固定式机器人与 AGV 联合搬运物料

送物料的可能性,完成该任务需要的时间,还要综合考虑物流系统的其他环节,使各台设备都连续运行,使物料流通畅无阻。

2) 性能

为了使物流通畅,应该正确地选定物料输送设备的数量和运行速度。物料输送设备如果拥有比较好的柔性,调整制造系统布局的时候,物料输送设备就不用更换。光导式自动导向小车就是一种柔性比较高的物料输送设备。

3) 界面

为了提高柔性制造系统的运行效率,为了让柔性制造系统能够在夜间无人运行,柔性制造系统配置了物料存储设备,物料输送设备应该能够向它们存取物料。柔性制造系统配置了装卸站,毛坯进入制造系统的装夹作业和成品退出制造系统的拆卸作业均由工人在装卸站完成。制造设备是柔性制造系统的内核,承担着工件的制造任务。选定物料输送设备,必须考虑它与物料存储设备、装卸站、制造设备之间的连接方式,确保物料交换的顺利进行。

4) 访问方式

物料输送设备访问柔性制造系统的其他设备有两种方式:顺序访问和随机访问。顺序访问的特征是,柔性制造系统的其他设备沿着直线(或环状)等距离地排列,物料输送设备按照它们的排列顺序,依次地访问它们。随机访问的特征是,根据作业完成后的设备请求物料输送设备对它们进行访问。采取顺序访问方式要求柔性制造系统的制造设备具有相等的工作节拍,而随机访问则没有这种要求。

2. 物料输送设备的选定

几种物料输送设备的应用范围及其优缺点如下。

(1) 有轨自动小车(RGV) 大小工件都可以采用 RGV 来输送,RGV 的定位精度高,有较好的性能价格比,但需要固定的铁轨,缺少柔性,一般作直线布置。

(2) 自动导向小车(AGV) 大小工件都可以采用 AGV 来输送,由于小车行走不需要固定的铁轨,其路径容易变更,因而具有很高柔性。AGV 的一次定位精度比较差,价格较高,要求对车间地面作相应的施工,其动力电池要定期充电。

(3) 输送机 大小工件都可以采用输送机,它可以对大工件实施连续输送,价格便宜。输送机的布局是固定的(无柔性),占用面积大,与机械设备的接近性差。

(4) 机器人 它的优点是能够实现物料输送和安装作业的一体化,缺点是价格贵、输送重量轻,对被输送的物体有形状和尺寸的要求。

在设计柔性制造系统、选定物料输送设备时,常常参照下述惯例:

(1) 棱体类零件多装夹在托盘上,用自动小车来输送;

(2) 回转体零件常用机器人;

(3) 自动小车是柔性制造系统中实现随机访问的必要设备;

(4) 工夹具的搬运采用输送机不失为一种好方法;

(5) 有轨自动小车(RGV)是输送大型工件及其托盘系统的首选设备。

11.3.4 柔性制造系统的方案设计

1. 设计准则

可以利用工厂的已有制造设备来设计柔性制造系统。如果以普通机床为基础，首先应该把普通机床改造成带有通信接口的数控机床，然后用物流设备把它们连接成柔性制造系统。如果以加工中心等数控机床为基础，如果这些机床已经带有通信接口，就直接地用物流设备把它们连接起来。以老设备为基础设计柔性制造系统，应该注意以下两个问题。

（1）保证新增加的物料流通畅　这不仅涉及物料输送设备的选择和输送线的布局，还涉及工件交换和刀具交换的方式、结构尺寸、制造精度。

（2）保证新构造的信息流通畅　这取决于柔性制造系统中若干规格、型号、功用不同的计算机系统之间的有效集成，信息流通畅才能实现对机械设备的统一管理和控制。

根据预定目标从零开始设计制造柔性制造系统能够得到更加圆满的结果，但是方案设计阶段必须慎重。为了防止工作失误带来投资风险，开发柔性制造系统可以采取一次规划、分步实施的方法。例如：第一步，物料输送、系统监视等工作让人介入完成；第二步，系统监视有人介入，其他工作实现自动化；第三步，使柔性制造系统具有自诊断和系统监视的功能；第四步，与包括自动仓库在内的物流系统结合，实现柔性制造系统的 24 小时无人运行。

2. 绘制平面布局图

绘制柔性制造系统的平面布局图是方案设计的一项基本工作，其步骤如下。

1) 布局制造设备

零件谱工艺分析是制造设备布局的工作基础。制造设备的布局应该适合整个零件谱，并且与零件谱的制造工艺流程相协调，制造设备的布局还应该与物流系统的设计交叉考虑，制造设备应该沿着物料输送路径来布置。

2) 规划人行通道和物料输送通路

这项工作不仅与安全问题有关，还涉及物料输送自动化的目标，即是使工件的输送实现自动化，还是使工件和工夹具的输送都实现自动化。实现工件和工夹具的自动输送，虽然可以采用同一套物料输送设备，但是，为了使物料输送通路和物流管理软件的设计能够更加简便，就应该对它们分别采用两套不同的物料输送设备。

3) 选定物料输送设备

选定了物料输送设备，就可以在柔性制造系统的布局图上画出物料的入口、出口，以及工序之间的物料交换装置。

4) 确定辅助工作区

辅助工作区包括保管材料、毛坯、半成品、成品、外购件的自动仓库，在托盘上装卸工件的作业区,工夹具准备和保管区,工件清洗和检测区,切屑处理区,中央控制室,等等。

3. 方案确定

设计柔性制造系统应该提出几个方案,通过对比选优。可以参照以下条件对设计方案进行评价:

(1) 物流系统是否简单;
(2) 是否便于操作人员工作;
(3) 是否易于操作和维护;
(4) 车间各作业点是否能够相互观察;
(5) 环境是否宜人;
(6) 各机器设备的工作负荷是否平衡;
(7) 制造系统是否便于扩充和改造;
(8) 设计方案是否符合预定目标;
(9) 运行费和维护费是否合理;
(10) 投资回收率是否合理。

11.3.5 控制系统

1. 控制系统分类

按照作用范围,可以把柔性制造系统的控制系统分成单台设备的控制和制造系统的控制。可编程逻辑控制器(PLC)对物料输送设备的控制和数控系统(NC)对制造设备的控制属于单台设备的控制。制造系统的控制可以分为两种方式:群管理和多级分布式控制。

2. 群管理

把若干台控制设备组合成一个有机整体,使其承担制造系统的生产管理和控制,这种控制方式就是群管理。可以按照下述途径实现群管理。

1) 集中监视

设计制造一个集中监视器,监视每台设备的运行状态。如果某台设备出现故障,就点亮相应的报警灯,并告诉系统管理人员是哪一台设备发生了什么故障。集中监视器还监视每台制造设备的作业是否符合工艺流程,监视设备的运行节拍和运行状态,监视刀具的磨损和破损,监视加工的质量,处理制造系统的紧停、火灾事故等。集中监视系统不能自动管理制造系统的运行状态。

2) 集中管理

集中管理系统的主计算机能够根据监视的结果、制造系统的运行状态、作业计划,远距离地向制造设备指定新的作业条件,变更并管理它们的运行状态。集中管理系统能够采集制造设备的运行状态信息和制造条件的数据,能够采集生产统计、故障分析、运行状态分析、工件分析等数据,能够根据这些数据来管理和控制制造系统的运行。

3) DNC(direct numerical control)系统

图 11-5 是 DNC 系统的结构框图。用一台计算机控制若干台控制设备,这种管理控制方式称为直接数控(DNC)或群控。DNC 计算机可以把上位计算机的数控程序直接传送给制造系统的各台数控装置,该上位计算机存储着这些数控设备的运行程序。DNC 是一种功能强大的群管理方式,具有数控文件的存储和分配、作业调度、制造状态的统计报表、刀具寿命管理、系统管理等功能。

3. 多级分布式控制

与群管理方式相比,多级分布式控制是一种技术水平更高的制造系统控制方式。如图 8-12 所示,采用多级分布式控制就是以"树结构"把柔性制造系统的各计算机系统连接成计算机网络系统。多级分布式控制方式可以构筑柔性更高的柔性制造系统。如果生产计划发生改变、制造设备出现故障,原材料或刀具供应不及时,加工质量不符合要求,有紧急作业需要插入,对于这类突发事故,它都能够便捷地拿出处理对策。

实施多级分布式控制,同时采用分布式数据库,可以把制造信息的管理和制造设备的控制分离开来,从而能够构筑出大型的柔性制造系统。

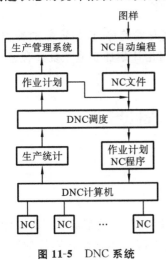

图 11-5 DNC 系统

11.3.6 软件规划

计算机软件是柔性制造系统的基本组成部分之一,柔性制造系统的性能好坏,技术水平高低,不仅与硬设备有关,还取决于计算机软件的规格和质量。计算机软件价格昂贵,所以在设计柔性制造系统时,也应该像选定硬设备那样选定必要的软件,使设计既能达到预定的技术目标,又不会增加太多成本。

柔性制造系统的软件可以分成设备控制软件和制造系统管理软件两类。加工中心、车削中心等数控机床,焊接机器人、组装机器人等装配机械,自动小车、搬运机器人等物料输送设备,坐标测量机等检测仪器,堆垛机这类用于仓库的物料存取装置,以及监测、诊断系统,它们都是在设备控制软件的控制下运行的。制造系统管理软件包括:生产规划软件、作业规划软件、制造系统管理软件、刀具管理和刀具室管理软件、物流管理软件、生产统计报告软件、制造系统的预防和维护软件,等等。

11.3.7 柔性制造系统的作业状态和故障的监测

柔性制造系统是投资巨大的制造系统,为了收回投资,应该让它可靠地、连续地运行,如果出现故障,应该及时找出原因,排出故障。为此,可以采取以下两种对策。

(1) 让柔性制造系统具有一定的备用能力,当故障发生时,启动备用能力,使制造系统继续运行。

(2) 让柔性制造系统具有自动检测和自诊断功能,故障发生后,使制造系统尽快地恢复运行。为此,柔性制造系统的主要设备分别设置了以下功能:①毛坯尺寸检测、零件尺寸检测;②刀具补偿;③刀具寿命管理、刀具破损检测;④功率监控;⑤切削速度和进给速度的自适应控制;⑥自诊断和报警,等等。

11.3.8 制造系统扩展性和柔性的讨论

设计柔性制造系统的时候,还要展望产品的中长期发展趋势,设想产品的种类、规格、产量发生变化时扩展柔性制造系统的可能措施,讨论让柔性制造系统具有怎样的柔性才能适应这些变化。

11.4 柔性制造系统的布局设计

11.4.1 柔性制造系统的布局与评价

1. 概述

柔性制造系统的布局关系到柔性制造系统的整体性能,对柔性制造系统的设计、制造、运行、维护的全过程都有直接影响,合理的布局还能降低柔性制造系统的开发费用,缩短开发周期。

柔性制造系统的布局方案虽然用一张布局图来表达,但是,要想设计出一张合理的布局图,就应该进行大量深入的研究。对柔性制造系统各组成单元的正确认识是柔性制造系统布局设计的基础,确定了柔性制造系统的布局,又对各组成单元的设计和实施形成约束。因此,要从局部和全局角度,反复规划柔性制造系统的每个组成单元,使它们成为能够协调一致运行的制造系统。

柔性制造系统的布局方案首先受制于开发目标、经济与技术实力、预定完成的期限,此外还受到以下具体因素的直接影响:

(1) 厂房的面积与结构;
(2) 制造工艺流程和生产的组织形式;
(3) 基本制造设备;
(4) 物料输送设备和物流路径;
(5) 制造经验、习惯;
(6) 其他。

柔性制造系统的构造复杂,其布局受到众多因素的影响。不同因素有不同的处理方法,因此,运行中的柔性制造系统虽然很多,但很难看到完全一样的布局方案。

从事柔性制造系统的布局设计,应该尽量收集实例,借鉴其可取之处,还应该结合自己的具体情况,展开认真全面的分析研究,千万不要简单搬用任何一个成功的方案。

2. 基于故障分析表的柔性制造系统的布局评价

有人提出了如图 11-6 所示的流程图,用来描述柔性制造系统布局设计的步骤和工作内容。从图 11-6 可以看出,布局设计是柔性制造系统初步设计的一个结果,对布局方案进行评价,是一项必不可少的工作。下面通过实例来介绍评价布局方案的故障分析表法。

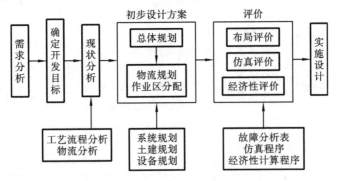

图 11-6 布局设计的工作流程

某生产加工中心和数控车床的机床厂设计了一个柔性制造系统的布局方案,如图 11-7 所示,加工中心组成的加工线 A 和加工线 B 是主加工区,普通机床加工基准面的区域是预加工区,自动仓库是工件、托盘、夹具的存储区,装卸站和托盘缓冲站组成的区域是装卸作业区,包括刀具预调站在内的区域是刀具准备和保管区。

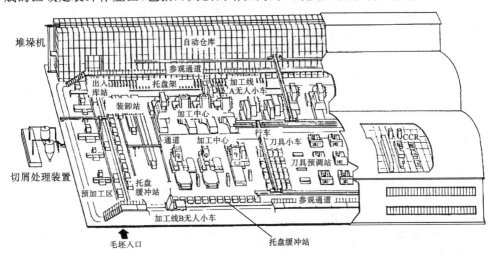

图 11-7 布局方案

该厂采用故障分析表对布局方案展开了评价。对图 11-7 布局方案进行评价的故障分析表如表 11-1 所示,该表以面向柔性制造系统的工艺流程为主线,从作业内容、环境条件、操作条件出发,分析工艺流程的每个环节的故障表现形式、产生原因、不良影响、解决措施。

表 11-1 故障分析表

序号	工艺流程	作业内容	故障形式	产生原因	不良影响		故障等级	解决措施
					系统	产品		
1	输入	毛坯输入	物流阻塞	1.输入过多; 2.场地不够	无	无	4	增设场地
2	前工序	基准面加工,放到托盘上	1.加工差错; 2.工件落下	1.人为原因; 2.堆垛机操作失误	无	损伤	3	无
3	搬运	送到自动仓库入口	1.工件散落; 2.入库位置有误	1.工件在托盘上没放好; 2.无人小车停位不准	无	无	4	在入库处安放定位装置
4	暂时保管	保管加工前的工件	不能进出库	堆垛机坏	不工作	无	1	无
5	搬运	把工件和夹具送到装卸站	等待搬运	无人小车的运力不足	效率低	无	2	提高速度
			不能搬运	无人小车坏	不工作	无		修正行车位置
6	安装工件	把工件装到夹具上	1.工件落下; 2.物流路线交叉; 3.工人走路多; 4.没估计处理量	1.在各输送线路上从事其他作业; 2.起吊作业多	人员伤亡	损伤	1	变更布局
7	搬运	把工件运到托盘缓冲站	1.上下出故障; 2.输送出故障	无人小车坏	不工作	无	2	使用行车
			运力不足	控制方式不完善	效率低	无	3	改变控制方式
8	加工	自动加工工件	定位有误	有切屑黏着	生产效率降低	废品	2	加强日常检查、维护
			刀具破损	负载大磨损		损伤	3	
			漏油	油管损坏		无	4	
			过热	切削液不良		损伤	3	
			加工出错	读错程序段		废品	2	

续表

序号	工艺流程	作业内容	故障形式	产生原因	不良影响 系统	不良影响 产品	故障等级	解决措施
9	搬运	从加工中心送到托盘缓冲站	1. 上下出故障；2. 输送出故障	无人小车坏	不能工作	无	2	使用行车
		从缓冲站送到装卸站	运力不足	控制方式不完善	效率低	无	2	改变控制方式
10	拆卸工件	从夹具上拆下工件，并放在托盘上	1. 工件落下；2. 输送路线变更；3. 工人走路多；4. 没掌握好库存量	1. 在各输送线路上从事其他作业；2. 起吊作业多	人员伤亡	损伤	1	变更布局
11	搬运	从装卸站搬运到自动仓库	入库位置有误	无人小车停止精度差	无	无	4	在入库处安放定位装置
12	保管	装配前临时保管	不能进出库	堆垛机坏	不能工作	无	1	无

从故障分析表可以看出，装卸作业区的作业方式和布局是影响制造系统正常运行的首要问题。为了寻求布局合理的装卸作业区，设计人员给出了如图 11-8 所示的四个新方案，让用户和设计部门各派 5 人组成的 10 人小组来选择，方法是：每个人按照 11 项条款给每个方案打分，"好"给 2 分，"一般"给 1 分，"差"给 0 分，哪个方案的总分最高就取哪个方案。最后采用了 A 布局方案。这 11 项条款是：①扩展性；②柔性；③物流通畅；④工艺性；⑤厂房面积利用率；⑥硬设备单一性；⑦管理方便；⑧建设费用；⑨运行费用；⑩安全性；⑪故障对策。

11.4.2　影响柔性制造系统布局的技术因素

技术因素对柔性制造系统的布局有直接影响，本节列举若干实例来说明技术因素与柔性制造系统布局的关系，希望能够显示出具有规律性的设计思想。

1. 厂房与柔性制造系统布局

1) 厂房对柔性制造系统布局的影响

厂房是影响柔性制造系统布局的"硬"因素。在现有车间规划柔性制造系统的布

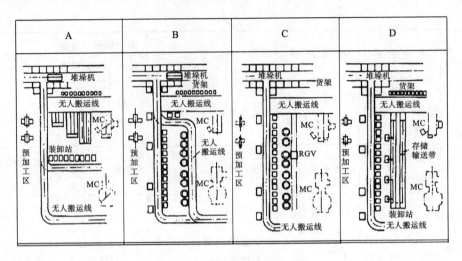

图 11-8 四种装卸区布局方案

局,不仅厂房的面积和长宽比例制约着设备的选型与布局,而且一个房柱、一扇大门都可能导致几个不同方案。主体设备应该与车间的地基、供电、供气等状况相互兼容,厂房的净空高度和起重条件也有可能推翻一个"理想"的布局方案。

柔性制造系统对运行环境的较高要求会提高厂房的建设或改造费用,所以有效地用好每一寸厂房便成为布局设计的基本准则之一。

2) 实例

例 11-1 布局方案与厂房结构完美结合的例子。

为了形成每月生产 50 种、1.8 万台伺服电动机的生产能力,FANUC 公司建造了一个大型柔性制造自动化系统,其布局如图 11-9 所示。从图 11-9 可以看出,设计者综合考虑了柔性制造系统的布局和厂房结构的设计,使两者达到完美结合的境界,其特点表现在以下几个方面。

(1) 一楼的布局　一楼便于设备进场、安装、物料输送,因此把需要大量设备、吞吐较多物料的加工子系统布置在一楼。加工子系统拥有由 54 台机器人组成的 60 个加工单元,能够承担电动机零件的制造任务,机器人和自动导向小车配合从事物料的输送。

(2) 二楼的布局　二楼便于营造良好的制造环境,因此把电动机装配子系统布置到二楼。由数台机器人为主体设备组成的装配子系统平行地排成几行,机器人从自动导向小车的托盘上取出零件,完成自己的组装作业,然后把组装完毕的组件放进送料装置,送到相邻的组装单元。

(3) 立体仓库　立体仓库把加工子系统与装配子系统(即一楼与二楼)连接成一个完整的伺服电动机制造系统,加工子系统(一楼)制造的电动机零件存放在立体仓库,然后按照伺服电动机的组装需求取出来送给装配子系统(二楼)。立体仓库能够

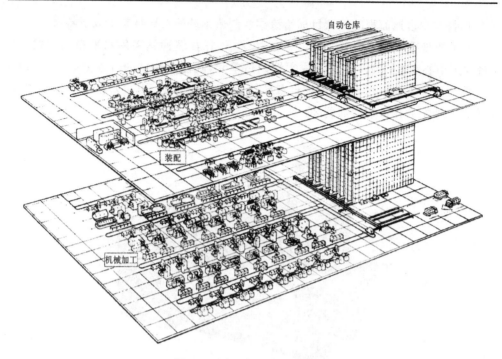

图 11-9 布局与厂房有机结合

充分利用厂房的面积和空间,不仅是加工子系统和装配子系统共有的物料存储设备,还是两个子系统结合的枢纽,不论以什么标准来评判,立体仓库的配置和布局都是合理的。

例 11-2 减少占地面积的例子。

如图 11-10 所示的柔性制造系统由 3 台加工中心组成,可以承担加工中心、数控车床的 80 多种中小零件的制造任务,托盘尺寸为 300 mm×300 mm,最大工件尺寸为 300 mm×300 mm×300 mm,最大工件质量为 80 kg,2 台加工中心从事粗加工,1 台加工中心从事精加工。

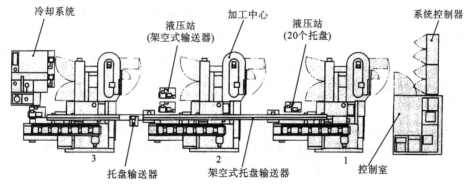

图 11-10 为减少占地面积的 FMS 布局

尽量减少占地面积的设计目标给该柔性制造系统的布局带来了以下特点。

(1) 托盘缓冲站的垂直布局　一般情况下，托盘缓冲站采用水平布局方式，由1台加工中心和6~10个托盘组成柔性制造单元，托盘缓冲站的占地面积与主机相当。为了减少占地面积，设计者垂直布局托盘缓冲站（见图11-11），使每台加工中心的托盘缓冲站的托盘数增加到20个。

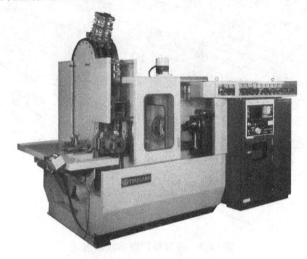

图11-11　托盘缓冲站垂直布局

(2) 托盘的架空输送　因为工件的粗精加工安排给不同的加工中心完成，所以必须考虑加工中心之间的工件输送。为了减少占地面积，设计者采用了架空式托盘输送器，如图11-10所示，它是1台在3台加工中心上方行走的有轨自动小车，能取走位于托盘库顶端的托盘，能把托盘送到托盘库顶端的空位。

2. 工艺流程与柔性制造系统布局

1) 工艺流程对柔性制造系统布局的影响

许多机械零件的毛坯必须经过多道工序加工才能变为成品。为了减少工序之间输送工件的时间，为了防止工件输送过程中的交通阻塞，按照工艺流程来布局柔性制造系统的基本制造设备就成为一种自然而然的选择。特别是轴、齿轮这类机械零件，它们的主要工序不仅有严格的先后顺序，而且相关制造设备的类型又截然不同，所以，基于工艺流程的布局便成为其柔性制造系统布局的特色。

2) 实例

电动机轴是电动机的关键零件之一，它们的规格很多，但是形状和结构基本相同，可以采用柔性制造系统来混流制造。电动机轴的制造工艺流程如表11-2所示。

表 11-2　电动机轴加工工艺流程

工　序	加 工 工 艺	机床与工装	搬 运 设 备
—		—	输入传送带
1		• 数控车床 1 • 自动检测补偿装置	机器人 1
2		• 数控车床 2 • 工装同上	转向器 1
3		• 加工中心 • 特殊夹具 • 自动测量装置	机器人 2
4		• 数控磨床 1 • 定尺寸测量装置 • 砂轮自动修整	转向器 2
5		• 数控磨床 2 • 工装同上	机器人 3
—		—	输出传送带

(1) 电动机轴的毛坯(经过切端面、打中心孔的棒料)由进料传送带进入柔性制造系统;

(2) 机器人 1 从进料传送带上抓起一个毛坯送给数控(NC)车床 1,让它完成工序 1 规划的车削作业;

(3) 工序 1 完成后,机器人 1 把抓起的工件掉头后送给数控车床 2,让它完成工序 2 规划的车削作业;

(4) 工序 2 完成后,机器人 1 把工件送到转向器 1;

(5) 机器人 2 从转向器 1 上抓起一个工件送给加工中心,让它完成工序 3 规划的铣削键槽作业;

(6) 工序 3 完成后,机器人 2 把工件送到转向器 2;

(7) 机器人 3 从转向器 2 上抓起一个工件送给数控(NC)磨床 1,让它完成工序 4 规划的磨削作业;

(8) 工序 4 完成后,机器人 3 把抓起的工件掉头后送给数控磨床 2,让它完成工

序 5 规划的磨削作业;

(9) 工序 5 完成后,机器人 3 把电动机轴送到输出传送带。

按照上述工艺流程,设计者完成了如图 11-12 所示的布局设计。该电动机轴柔性制造系统的车削段全长 4 m、铣削段全长 3.5 m、磨削段全长 4 m,为了使整个柔性制造系统能够布局在车间内 4 m×3.5 m 的矩形区域,特别增设了两台转向器。

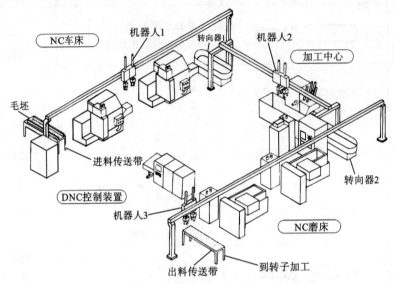

图 11-12　工艺流程与 FMS 布局

该柔性制造系统可以制造直径为 15～60 mm、长度为 160～680 mm 的电动机轴,与常规制造系统比较,其机床台数减少了 87%,工人减少了 90%,电动机轴的制造周期由 7 天缩短到 15 min。

3. 基本制造设备与柔性制造系统的布局

1) 基本设备对柔性制造系统布局的影响

基本设备的功能和规格,对柔性制造系统的布局有直接影响。为了适应柔性制造自动化的需要,人们推出了加工中心、车削中心等高性能的加工设备,使不同种类机床分担的作业能够由一台机床集中完成。选用这类设备构筑柔性制造系统,工艺流程显然就不是影响布局的重要因素。为了提高生产效率,为了应付突然发生的故障,柔性制造系统常常让多台同型机床并行作业,于是,其布局就具有"机群"的特色。

2) 实例

如图 11-13 所示的棱体类零件的柔性制造系统能够加工大约 2 000 种零件,零件边长为 50～1 000 mm。从图 11-23 可以看出,它拥有 12 台基本的制造设备,其中 7 台是配备了托盘交换器(APC)的加工中心,5 台是配备了托盘交换器和机器人的车削中心,它们分作两个机群,密集地布局在矩形作业区内。为了理解布局方案,对物料流动的过程作如下说明。

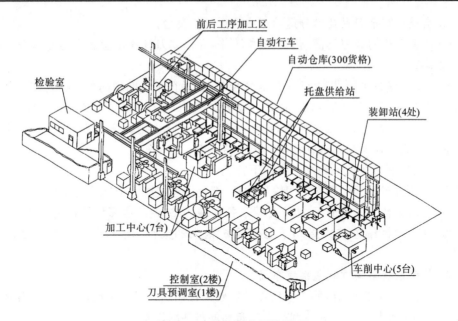

图 11-13　按机群布局的 FMS

(1) 作业规划和物料准备　主要涉及：

① 根据主计算机下达的日生产信息，柔性制造系统的控制计算机自动编制出各数控机床的作业时间表、各装卸站的作业时间表；

② 根据控制计算机的指令，堆垛机把为完成作业计划所需要的托盘、夹具、毛坯分组；

③ 在装卸站，工人按照终端显示器的指令把毛坯装夹到托盘上。

(2) 工件流动的过程是：

① 工件毛坯装夹到托盘上后，被堆垛机存放到自动仓库；

② 实施作业计划，托盘（含毛坯）被送到托盘供给站；

③ 托盘供给站上的托盘（含毛坯）被自动行车分送到各托盘交换器的缓冲工位；

④ 托盘交换器拥有加工工位和缓冲工位，接受加工的工件占用加工工位，等待加工的工件占用缓冲工位，加工完成后托盘交换器旋转，缓冲工位变成加工工位，加工工位变成缓冲工位；

⑤ 加工工位的工件进入机床接受加工，缓冲工位的工件被自动行车送回到托盘供应站；

⑥ 自动行车把托盘供给站上的托盘送给装卸站，工人从托盘上把工件拆卸下来。

(3) 刀具流动的过程是：

① 在刀具预调室，工人按照终端显示器的指示，预调好完成作业计划所需要的刀具，并把它们放置在刀具托盘上；

② 自动行车把刀具托盘分送给相应机床的工具台;

③ 机床刀库的老刀具被新刀具置换下来,存放老刀具的托盘被自动行车送回到刀具预调室。

整个柔性制造系统共有 28 个物料交换站,自动行车借助编码器在物料交换站停靠,停靠位置精度达到±1 mm。在各个物料交换站,采用示教的方法确定自动行车起吊的上、下位置。为了安全作业,自动行车安装了防止物料意外坠落的装置,安装了防止自动行车对人员造成伤害的超声波传感器。

上述柔性制造系统的布局具有以下特色:

① 自动行车在不同设备之间输送物料,把它们连接成一个制造自动化系统;

② 输送物料不占用地面,也不必设置托盘缓冲站,使厂房面积得到充分利用;

③ 这种物料输送方式给予了制造系统很大的柔性,便于基本设备的更换或调整。

4. 物流系统与柔性制造系统布局

从上述实例可以看到,物流系统能够影响柔性制造系统的布局。实际上,物料输送设备和物流路径是影响柔性制造系统布局的最活跃因素。

1) 工业机器人与扇形布局

用固定式机器人输送物料,物流路径就是以机器人的立柱中心为圆心、机器人的手臂为半径的圆弧,沿着该圆弧布置基本设备,就成为一种自然的布局方案。

图 11-14 是直流伺服电动机柔性装配系统的平面布局图,从图可以看出,该装配系统的主体设备沿着大型机器人 M1 划出的圆弧分布,构成了一个扇形工作区。

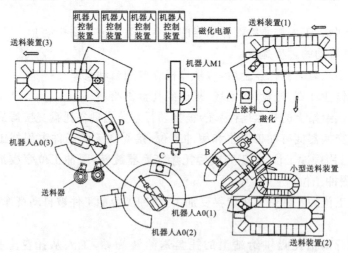

图 11-14 机器人与 FMS 的扇形布局

伺服电动机的装配过程如下。

(1) 从回转式送料装置(1)上,机器人 M1 取出电动机法兰盘,把它送到工位 A

上涂料。

(2) 机器人 M1 把法兰盘搬到工位 B,机器人 A0(1) 把油封放进法兰盘,压床压配油封。

(3) 从送料装置(1)上,机器人 M1 取出电动机壳,送到工位 A 磁化后再把它搬到工位 B 的法兰盘上。机器人 A0(1) 从小型回转式送料装置上取出电动机转子,搬到压床上压好轴承后把它插入电动机壳。接着,A0(1) 从送料装置(2)上取出电动机壳盖,把它放到电动机壳上。

(4) 机器人 M1 把电动机组件从工位 B 搬到工位 C,机器人 A0(2) 把螺钉拧进电动机组件。

(5) 机器人 M1 把电动机组件从工位 C 搬到工位 D,机器人 A0(3) 把垫圈和螺母放在螺钉上,并拧紧螺母。

(6) 机器人 M1 把装配好的电动机搬到送料装置(3)上。

2) 输送机与环状布局

输送机(即传送带)是刚性自动线常用的物料输送设备。输送机结构简单,种类较多,造价低廉,工作可靠,技术成熟,因此,设计柔性制造自动化的物流系统时,输送机也是人们考虑的一种基本方案。沿着输送机布置基本设备,可以形成环状布局方案。

如图 11-15 所示的加工汽车箱体的柔性制造系统采用滚子式输送机输送物料,输送速度达到 40 m/min,沿着输送机的物流路径布置了 7 台加工设备,其加工流程如下。

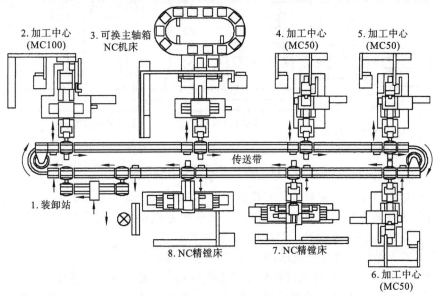

图 11-15　传送带与 FMS 的环状布局

(1) 在装卸站,工人把毛坯装夹到托盘上。
(2) 毛坯被输送机送到加工中心 MC100 进行粗加工。
(3) 工件被输送机送到可换主轴箱数控(NC)机床进行钻孔和特殊铣削,该机床的主轴箱库存储有 14 个主轴箱,主轴箱交换时间约为 10 s。
(4) 工件被输送机送到 MC50 型加工中心进行后续加工,MC50 共有 3 台,彼此可以替代。
(5) 工件被输送机送到数控精镗床,精镗高精度孔。
(6) 工件绕行一圈被输送机送回装卸站,工人从托盘上卸下完工的零件。

3) 有轨自动小车(RGV)与直线布局

作为物料输送设备,有轨自动小车具有一些突出优点:可以搬运大型工件(与机器人相比),能够实现物料的随机输送(与输送机相比),定位精度高、造价低(与自动导向小车相比)。设计棱体类零件的柔性制造系统,有轨自动小车是物料输送的首选设备;受铁轨制约,采用有轨自动小车的柔性制造系统均为直线布局。

如图 11-16 所示的柔性制造系统承担着大约 30 种柴油机汽缸盖的加工任务,工件质量为 20~450 kg。

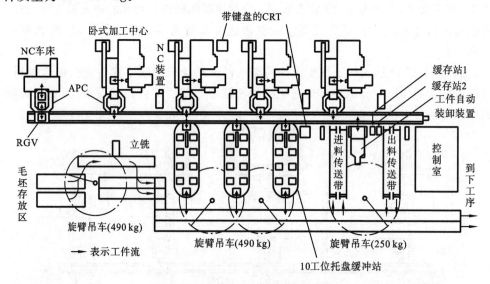

图 11-16 RGV 与 FMS 的直线布局

该柔性制造系统的主机是配有托盘交换器的数控立式车床、4 台同型加工中心,物料输送设备是有轨自动小车。主体加工工序和主机布置在轨道的一侧,准备工序和辅助设备布置在轨道的另一侧,加工流程如下。

(1) 工人操作普通立式铣床,铣削出汽缸盖的基准平面。
(2) 批量较小、加工时间较长的汽缸盖被工人水平地装夹到托盘上,存入托盘缓冲站;批量较大、加工时间较短的汽缸盖(10 种,每种年产 500 件以上)被工件自动装卸装置水平地装夹到托盘上,存入工件自动装卸工位的缓存站。

(3) 有轨自动小车从托盘缓冲站（或缓存站）取出汽缸盖,送给数控立式车床（或加工中心）加工燃烧室（或四侧的孔、面）,加工完毕后汽缸盖被有轨自动小车送回到托盘缓冲站（或缓存站）。

(4) 有轨自动小车从托盘缓冲站库取出经过车削加工的汽缸盖,把它送到加工中心加工四侧的孔、面,加工完毕后汽缸盖被有轨自动小车送回到托盘缓冲站。

(5) 在托盘缓冲站（或缓存站）,工人（或自动装卸装置）把侧面已经加工的汽缸盖由水平装夹转换成竖直装夹。

(6) 有轨自动小车把竖直装夹的汽缸盖从托盘缓冲站（或缓存站）取出送给加工中心,完成加工后汽缸盖又被有轨自动小车送回到托盘缓冲站（或缓存站）。

(7) 工人（或自动装卸装置）卸下完工的汽缸盖。

4) 自动导向小车（AGV）与灵活布局

工业机器人、输送机、有轨自动小车的机械结构对物流路径的约束极大地限制着柔性制造系统的布局形式。自动导向小车（AGV）能够克服它们的缺点,可以把分散的作业区连接成一个柔性制造系统,从而使布局设计变得十分灵活。

图 11-17 是一个高水平的柔性制造系统的平面布局图,被加工对象是 F16 战斗机的小型复杂箱体（大多为铝合金铸件）,其零件虽然多达 100 种,但一批加工中每种不超过 2 件。

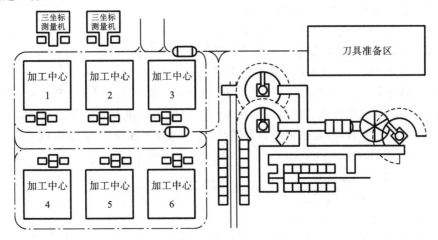

图 11-17　AGV 与 FMS 的灵活布局

如图 11-17 所示,整个柔性制造系统分为 4 个作业区,即工件装卸存储区、加工区、检测区、刀具准备区,两台自动导向小车把 4 个作业区连接成为一个制造系统。自动导向小车的采用,不仅使每个作业区都能够按照自己的特点布局,还从整体上使各种设备布置得紧凑合理。

加工区拥有 6 台型号相同的五轴联动加工中心,每台加工中心配备了 114 个刀座的刀库,刀库中存放了两个接触式传感器,一个在刀具的使用前后检测该刀具是否破损,另一个检测工件在加工中心的位置状态。工件加工完毕后,自动导向小车把它输送给检测区,让三坐标测量机检测其加工精度。

在刀具准备区,经过预调的刀具被放置到托盘上,自动导向小车把刀具托盘输送到加工中心后面的托盘台架上。小型机器人把新刀具放进机床刀库,把机床刀库中的旧刀具放进刀具托盘。在必要时刻,自动导向小车把存放旧刀具的刀具托盘运回刀具准备区。

在工件装卸存储区,两台具有视觉的机器人把工件毛坯装夹到托盘的夹具上,存入立体仓库。被机器人从夹具上拆卸下来的成品零件经过悬浮液去毛刺后,也存入立体仓库。立体仓库有 400 个货格,配备有堆垛机。工件装卸存储区设置了一个托盘交换站,装夹有毛坯的托盘在此处被自动导向小车取走,经过加工或检测的工件和托盘又被自动导向小车送回到这里。

5. 其他因素与柔性制造系统的布局

用大量资金打造、由先进制造技术支撑的柔性制造系统的运行效果决定着企业的命运,任何一个企业都会谨慎而周密地对待设计和制造中的每个问题,因此,柔性制造系统布局不仅与企业的经济实力、技术实力有关,还会打上企业文化的印记。

1) 一个为技术开发和展示实力的柔性制造系统布局方案

某生产加工中心和数控车床的机床厂推出了如图 11-18 所示的柔性制造系统,以下因素直接影响着设备的选型和布局:

(1) 使本厂中小零件的制造方式合理;
(2) 开发面向柔性制造系统市场的软件技术和硬件技术;
(3) 向用户展示已经实用化的柔性制造自动化系统。

这个具有示范意义的制造系统可以使人们相信,该厂不仅能够生产主机,还能够把最流行的设备集成为柔性制造自动化系统。它还可以使人们相信,该厂拥有实用化的柔性制造系统软件,包括生产管理软件、加工过程管理软件、成本管理软件、数据

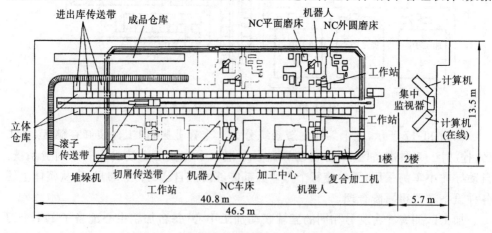

图 11-18 技术开发、实力展示与 FMS 的布局

管理软件、系统运行管理软件、运行控制软件、机器人控制软件、自动巷道车控制软件、设备监视软件、质量管理软件、库存管理软件等。

2) 设备选型和布局的特点

从图 11-18 可以看出,在设备选型和布局上该柔性制造系统具有以下特点。

(1) 主机的种类多、技术水平高　达到设计目标后,制造系统将拥有 10 台主机,项目实施的第一阶段布局 5 台(实线所示),第二阶段增加相同的 5 台(虚线所示)。5 台机床分属 5 个类型,即复合加工机、加工中心、数控车床、数控平面磨床、数控外圆磨床。前三类机床是自产的产品,其中,复合加工机专用于柔性制造系统,它是一种新型高效机床,不仅具有加工中心的全部制造能力,还拥有车削功能和工件分度功能;数控车床的性能有很大的改进,扩充了铣削功能,可以完成 X、Z、C 三轴联动的数控加工。

(2) 配置了各种主流的物料输送设备　配置的物料输送设备包括工业机器人、输送机(传送带)、自动巷道小车(堆垛机),此外还配备了收集切屑的切屑输送机(传送带)。

(3) 立体仓库把各种单台设备连接成制造自动化系统　采用立体仓库不仅作为物料存储设备,同时还作为制造系统的连接枢纽。该立体仓库拥有 2 排、6 层、46 列、543 个货格,被布置在厂房中央,把各种单台设备连接成一个柔性制造自动化系统。工作站是立体仓库的窗口。物料出库的过程是,立体仓库中存放的托盘(含工件)被自动巷道小车取出,送到工作站,然后被机器人从工作站取走,送给机床。进库的过程是,已加工的工件被机器人从机床中取出,送到工作站,然后被自动巷道小车从工作站取走,存入立体仓库。立体仓库的 3 条进出库传送带沟通了柔性制造系统与外部的物料联系,即:从外部送来的托盘(含工件)放置在滚子传送带上,被进出库输送机存入立体仓库;进出库传送带从立体仓库取出的托盘(含工件)被放置在滚子传送带上,等待取走。

3) 制造系统的运行

上述布局特点还可以从制造系统的运行过程中体现出来。制造系统的运行过程如图 11-19 所示,图中画出的 6 台计算机实际上是位于二楼控制室的一台在线的主计算机。运行过程可以分为 5 个步骤。

(1) 制订采购计划　根据下达的生产指令和数据管理存储的信息制订出原材料和外购件的采购计划。

(2) 物料入库　把购进的坯料安放到托盘上,送进立体仓库,在立体仓库进出口的计算机终端把坯料的品种、价格、入库时间输入到主计算机。

(3) 加工　各台数控机床按照自己承担的作业计划运行,加工过程如下。

① 送料。自动巷道小车把货架上的托盘(含坯料)送到工作站,同时,主计算机把运行程序送给数控装置和机器人。

② 加工。机器人从托盘上取出坯料送给数控机床,装夹好坯料后开始切削加

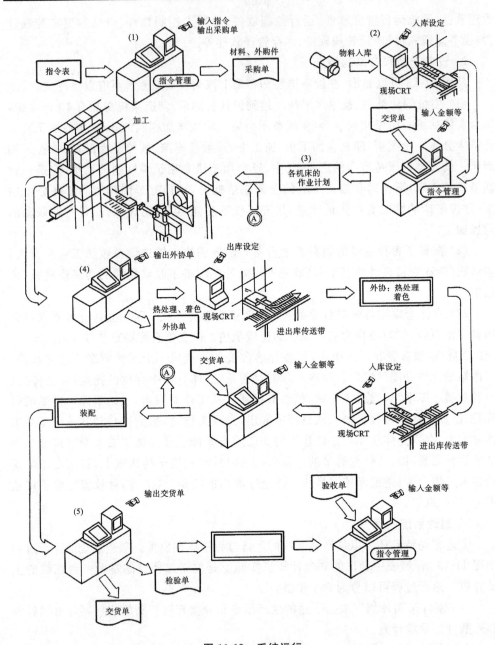

图 11-19 系统运行

工,同时自动监视加工循环时间、工具寿命、主轴功率,自动检测工件尺寸精度。加工完成后,机器人把工件搬回托盘,接着再取一个坯料送给机床加工。托盘上可放置4~6个坯料。

③ 入库。托盘上的坯料全部加工完毕,自动巷道小车就把托盘搬回货架。该托盘的工件如果有后续切削工序,就以托盘为单位把它们送给另一台机床;如果无后续

切削工序,该托盘的工件就作为成品存放到立体仓库之中。

（4）外协工序　工件如果需要热处理、着色,制造系统便发出外协计划单,按照计划单让工件出库。

（5）成品处理　工件走完了全部工艺流程就作为成品存放在立体仓库,并被附上交纳单据、测量数据、检测报告。

11.5　柔性制造系统设计方案的评价

11.5.1　评判依据

完成了柔性制造系统的设计,应该对设计结果进行评价,决定设计方案的取舍。评价柔性制造系统不能偏重于某一侧面,应该综合考虑以下因素。

（1）柔性　产品的品种和批量变化后,制造系统能否快速地重新组织生产。

（2）效率　能否以少量人员迅速地完成生产任务。

（3）可靠性　故障率小,能够支持制造系统长期无人运行。

（4）开机率　辅助时间少,工序切换容易,基本制造设备停机时间短。

（5）经济性　投资回收效率高,产品单件制造成本低。

11.5.2　经济性的评价方法

对柔性制造系统进行评价,经济性是一项不应忽视的重要指标,该项指标的制订取决于工厂的发展规划和经营战略。评价柔性制造系统的经济性,可以采用投资回收期法或投资流法。

1. 投资回收期法

从项目建成之日起,用项目效益偿还投资费用所需要的年限,称为投资回收期。设定投资回收期（单位:年）需要计算使用柔性制造系统能够减少的费用、能够获到的效益、项目投资额度。

投资回收期法（payback period method）又称投资返本年限法,它采用以下计算式来评价柔性制造系统的经济性:

$$效益 = 获益 - 投入 + 残值 \tag{11-3}$$

式中,"投入"包括:①柔性制造系统的制造费和配套基建费;②柔性制造系统的设计和研究费;③柔性制造系统的服役期内所付贷款利息;④柔性制造系统的服役期内所付的运行费（如电费、保养费等）。

"残值"是指柔性制造系统的服役期满后还拥有的经济价值。

"获益"可选用下面某一个公式计算:

$$获益 = 裁减人员数 \times 人年劳务费 \times 柔性制造系统的服役期 \tag{11-4}$$

或

$$获益 = 降低单件制造费 \times 年制造量 \times 柔性制造系统的服役期 \tag{11-5}$$

设柔性制造系统的服役期(年)等于投资回收期,如果效益的计算结果为正值,那么从经济性的角度可以接受柔性制造系统的设计方案。

2. 投资流法

投资流法与开发柔性制造系统的策略有关。如果采用"全面规划、分期实施"的策略,就可以把每期的投资排成一个序列,按照时间顺序分析每期"投入"和"获益"之间关系,这种评价方法就是投资流法。例如:第一期,购入全部数控机床(主机),让单机运行,实现加工制造自动化;第二期,配备物流系统,把单机连成一条生产自动线,实现物料输送自动化;第三期,增加各种自动化功能,实现柔性制造系统的最终设计目标。

每期投入的强度不等,获益的表现方式和大小也不一样,各期经济性评价的总和就是对柔性制造系统的经济性评价。

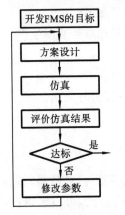

图 11-20　计算机仿真的地位

11.5.3　综合评价方法

对柔性制造系统的设计方案进行综合评价常常采用计算机仿真的方法,它在柔性制造系统的方案设计中处于如图 11-20 所示的地位。

有人采用计算机仿真的方法对图 11-21 所示的柔性制造系统进行综合评价,图 11-22、图 11-23 所示为计算机仿真分析的部分数据。最后确定,如果让加工中心的开机率达到 90%,柔性制造系统必须有两个装卸站,有轨自动小车(RGV)的运行速度应该为 20 m/min,每种工件应该配备两套夹具,托盘缓冲站应该有 15 个托盘工位。

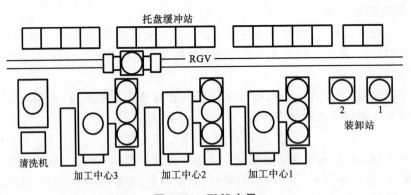

图 11-21　FMS 布局

11.5.4　经济性与柔性

对柔性制造系统进行评价,还要恰当把握柔性与经济性之间的关系。柔性与经济性的关系如图 11-24 所示,图中,纵坐标 Y 表示制造费用和销售利润,横坐标 X 既

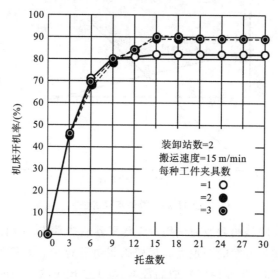

图 11-22 仿真数据 1

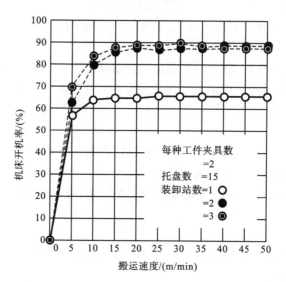

图 11-23 仿真数据 2

表示销售量又表示生产量,多品种小批量生产的生产量是多个品种的产量总和。点 A 是单一品种大量生产的费用曲线与临界效益曲线的交点,点 B 是多品种小批量生产的费用曲线与临界效益曲线的交点,称 A、B 两点为临界点。当生产量小于临界生产量时,那么就得不到应有的经济效益。

11.5.5 柔性制造系统的评价实例

为了更好地推销自己的产品,国外某著名公司组建了一个部门为用户服务,其任

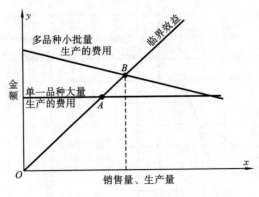

图 11-24　柔性与经济性

务是：用本公司的实践经验和业绩向用户宣传柔性制造系统，为用户设计柔性制造系统的初步方案，对初步方案的合理性和投资效果进行评价。本评价实例取材于该部门提供的资料，编译时，把原始资料中的数据，按 100 比 1 的汇率进行了转换。

1. 三步工作法

该部门按三步工作法开展工作，主要有以下三项工作。

1) 宣传

向用户介绍公司的经营思想、产品的开发思想、产品的特征，让用户对公司产生良好印象。同时，还给用户介绍本公司采用柔性制造系统加工零件的实例，介绍开发柔性制造系统的经验。

2) 提案

向用户介绍本公司生产的柔性制造系统在各地运行的状况、成功案例、失败案例，让用户认识到本公司拥有丰富经验和强大实力。同时听取用户介绍自己的现状和期求，提出与用户需求相适应的设计方案，并采用计算机仿真评估设计方案的合理性和投资效果。

3) 确认

如果用户决定引进柔性制造系统，就进行提案书的最后确认工作。

2. 投资效果评估

人们普遍感到，柔性制造系统拥有比单机更好的投资效果，然而投资效果的准确预测却很困难。为此，该公司开发出计算机仿真软件用来预测各种条件下的投资效果。

1) 用户需求

某用户期望采用柔性制造系统加工箱体零件，工件有 30 种，尺寸为 400～500 mm，柔性制造系统的建设费用和工夹具费用从银行借贷获得，要求达到如表 11-3 所示的技术、经济指标。表中各项目的意义如下：

表 11-3 技术、经济指标

指 标	数 据	指 标	数 据
零件平均加工时间	60 分钟/个	材料费提高率	0%
日平均加工零件数	55 件/日	劳务费(1人·1天/8小时)	5000 美元/月
工件平均装卸时间	5 分钟/件	劳务费提高率	5%
柔性制造系统平均运行天数	22 天/月	运行费和一般管理费	1 万美元/月
有人运行时间	8 小时/天	运行费和一般管理费提高率	3%
无人运行时间	15 小时/天	利息	8%
运行率	85%	偿还年数	10 年(定率)
产品单价	75 美元/件	税率	58%
产品单价提高率	0%	还贷与税后盈利的比率	90%
材料费	10 美元/件		

(1) 零件平均加工时间 柔性制造系统加工各种不同零件,平均每件需要的加工时间;

(2) 日平均加工零件数 平均每天加工零件的件数;

(3) 工件平均装卸时间 工人在装卸站装夹毛坯或拆卸工件,每件平均所需的时间;

(4) 柔性制造系统平均运行天数 柔性制造系统每月平均运行天数;

(5) 运行率 主机的实际运行时间与 24 小时(每天)之比,它与工序准备、设备定期保养、机器故障、待工待料等因素有关;

(6) 产品单价 把毛坯加工成产品,平均每件产品的售价;

(7) 产品单价提高率 产品每天售价的波动率;

(8) 材料费 原材料的购入价格;

(9) 劳务费 工人每月工作 22 天、每天工作 8 小时所获得的报酬;

(10) 运行费和一般管理费 柔性制造系统运行和维护所需要的费用称作运行费,包括电费、工具费、油费等,维持公司运作和发展分摊给柔性制造系统的费用称作一般管理费,两者的比例为 4:1;

(11) 利息 项目投资从银行借贷的利息;

(12) 偿还年数 采用 10 年定率的税率与经常性盈利的税金之比;

(13) 还贷与税后盈利的比率 偿还借贷占税后盈利的百分比,按规划,90%的纯利润用于还贷。

2) 柔性制造系统的初步方案

根据用户需求,初步选用如图 11-25 所示的柔性制造系统,它是该公司的主导产品。该柔性制造系统的配置为:

图 11-25 FMS 的参考方案

(1) 主机　3台卧式加工中心，工作台尺寸为 500 mm×500 mm，主轴可以安装 50 号锥柄的刀具，能够加工 400～1 250 mm 尺寸的箱体；

(2) 物流系统　采用 45 个货格的立体仓库存储工件和毛坯，让堆垛机完成立体仓库与加工中心之间的工件交换，制造系统总共配备 44 个托盘；

(3) 人员配备　制造系统有两个装卸站，每班配备一个工人。

根据该公司数据库的资料，该柔性制造系统的售价为 204 万美元，刀具费为 27.8 万美元。

3) 投资效果评估

运用计算机仿真的方法对上述方案进行评估，检验能否满足用户的要求。

(1) 盈亏计算　盈亏计算结果如表 11-4 所示，表中数据为柔性制造系统运行一年的盈亏状态。第一年度制造系统运行并不完善，因此销售额和材料费仅按正常年度的 90% 计算。

表 11-4　柔性制造系统的盈亏计算表　　　　　　　　　　　　单位：万美元

科　目	第一年	第二年	第三年	第四年	第五年
销售额	101.930	113.256	113.256	113.256	113.256
制造成本	83.636	68.944	58.876	50.741	46.954
材料费	13.068	14.520	14.520	14.520	14.520
折旧费	56.924	40.290	29.712	21.049	16.713
劳务费	4.044	4.246	4.459	4.682	4.916
运行管理费	9.600	9.888	10.185	10.490	10.805
销售毛利润	18.294	44.312	54.380	62.515	66.302

续表

科　　目	第一年	第二年	第三年	第四年	第五年
销售和一般管理费	2.400	2.473	2.546	2.623	2.700
营业利润	15.894	41.839	51.834	59.892	63.602
营业外费用（支付利息）	18.550	14.209	10.039	6.398	3.097
税前利润	−2.656	27.630	41.795	53.494	60.505
税金	0	14.485	24.241	31.026	35.093
税后利润	−2.656	13.145	17.554	22.468	25.412
可还贷额	54.268	52.120	45.511	41.270	39.584
借贷余额	177.610	125.490	79.979	38.709	−0.875
结转亏损额	2.656	0	0	0	0

表 11-4 中，各项费用的计算方法如下：

$$销售额 = 日平均加工零件数 \times \frac{柔性制造系统}{年运行天数} \times 产品单价 \quad (11\text{-}6)$$

$$制造成本 = 材料费 + 折旧费 + 劳务费 + 运行管理费 \quad (11\text{-}7)$$

其中，材料费＝日平均加工零件数×柔性制造系统年运行天数×单件材料费，折旧费＝设备投资费的 10 年定率＋工夹具的 3 年定率，劳务费＝使柔性制造系统运行 1 年的劳务费，运行管理费＝0.8×(运行费＋一般管理费)。

$$销售毛利润 = 销售额 - 制造成本 \quad (11\text{-}8)$$

$$销售和一般管理费 = 0.2 \times (运行费 + 一般管理费) \quad (11\text{-}9)$$

$$营业利润 = 销售毛利润 - (销售费 + 一般管理费) \quad (11\text{-}10)$$

$$营业外费用(支付利息) = 支付项目和工夹具费的借贷利息 \quad (11\text{-}11)$$

$$税前利润 = 营业利润 - 营业外费用(支付利息) \quad (11\text{-}12)$$

$$税金 = 0.58 \times (税前利润 - 上年度的结转亏损额) \quad (11\text{-}13)$$

$$税后利润 = 税前利润 - 税金 \quad (11\text{-}14)$$

$$可还贷额 = 折旧费 + 0.9 \times 税后利润 \quad (11\text{-}15)$$

$$借贷余额 = 借贷 - 可还贷额 \quad (11\text{-}16)$$

$$结转亏损额 = 折旧费 - 可还贷额 \quad (11\text{-}17)$$

从表 11-4 可以看出，采用该柔性制造系统的初步设计方案可以在 5 年内还清 231.878 万美元的借贷。

(2) 投资回收期　依据投资回收期也能预测投资的效果，柔性制造系统的投资回收期通常定为 5 年。本项目的投资回收期如图 11-26 所示，图中的横坐标表示年度,纵坐标表示还未回收的投资金额,即表11-4中的借贷余额,点表示每年度的借贷余额,连接各点的曲线与横坐标的交点就是能够收回全部投资的年度。从图11-26可以看到,本项目的初步设计方案拥有较好的经济性。

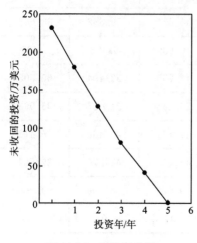

图 11-26 投资回收期　　　　　　　　图 11-27 投资利润率

(3) 投资利润率　　预测投资效果的另一方法就是计算投资利润率。本项目的投资利润率如图11-27所示,图中的横坐标表示年度,纵坐标表示经常性盈利与设备投资金额之比,从图可以看出,本项目的初步设计方案,第2年投资利润率就能达到12%,第3年达到18%,第4年进一步上升到23%……

4) 方案比较

除了柔性制造系统(FMS),加工中心(MC)或柔性制造单元(FMC)也能达到用户的要求。依据以下五个条款,对上述的柔性制造系统、带托盘交换器的加工中心、六托盘的柔性制造单元等三个初步设计方案进行比较,可以发现,柔性制造系统是最好的方案。

(1) 主机数量　　为完成预计生产目标,应该配备一定数量的主机。可以按照以下计算式确定主机的最小必要台数,即

$$必要主机数量 = 主机日运行时间 \div 单台主机日运行时间 \qquad (11\text{-}18)$$

其中,主机日运行时间=日平均加工零件数×零件平均加工时间,单台主机日运行时间=(有人运行时间+无人运行时间)×运行率。

根据用户提供的数据:

① 零件平均加工时间为1小时/件,日平均加工零件数为55件/天;

② 加工中心的有人运行时间为10小时/天,由于带有托盘交换器(两工位),因此无人运行时间为2小时/天,主机的运行率为70%;

③ 柔性制造单元的有人运行时间为8小时/天,由于带有六托盘缓冲站,因此无人运行时间为6小时/天,主机的运行率为81%;

④ 柔性制造系统的有人运行时间为 8 小时/天,无人运行时间定为 15 小时/天,主机的运行率为 85%。

把以上数据代入式(11-18),可以算出,加工中心的方案需要配备 7 台主机,柔性制造单元的方案需要配备 5 台主机,柔性制造系统的方案只需要配备 3 台主机。

表 11-5 所示为主机必要数量的方案分析结果。

表 11-5 机床必要数量

数 据	MC	FMC	FMS
日运行时间/小时	55	55	55
单台机床日运行时间/小时	8.4	11.3	19.6
机床必要数量/台	7	5	3

(2) 设备投资额 表 11-6 所示为三种方案的设备投资金额及其相关数据,其中机床价格含有主要配套设备,可以看出,柔性制造系统方案的设备投资金额最少。

表 11-6 设备投资金额

方案	机床数/台	机床(工夹具)的价格/万美元	产量/(件/日)	无人运行时间/(小时/天)	每班(每天)人数/人	主要配套设备
MC	7	266.861/19.25	55	2	2.8/3.5	40 刀座的刀库、监控系统、切屑输送器
FMC	5	242.604/25.5	55	6	1.7/1.7	120 刀座的刀库、监控系统、切屑输送器
FMS	3	204.128/27.75	55	15	0.7/0.7	160 刀座的刀库、监控系统、切屑输送器

工夹具费按以下方法计算:设每套夹具价值 0.35 万美元,每把刀具价值 0.025 万美元。加工中心方案的每台主机配 5 种夹具、40 把刀具,因此 7 台主机的工夹具费为 19.25 万美元;柔性制造单元方案的每台主机配 6 种夹具、120 把刀具,因此 5 台主机的工夹具费为 25.5 万美元;柔性制造系统的每台主机配 15 种夹具、160 把刀具,因此 3 台主机的工夹具费为 27.75 万美元。

(3) 盈亏计算 表 11-7 为加工中心方案与柔性制造单元方案的盈亏计算表,表中的方格如果只填一个数据,说明两方案的计算结果相同;计算结果如果不同,斜线"/"左边是加工中心的数据,右边是柔性制造单元的数据。从表 11-4、表 11-7 可以看出,项目投产的第 5 年,柔性制造系统的方案能够还清全部借贷,加工中心的方案欠 67 万多美元,柔性制造单元的方案欠 34 万多美元。

表 11-7 MC/FMC 的盈亏计算表   单位:万美元

科目	第一年	第二年	第三年	第四年	第五年
销售额	113.256	113.256	113.256	113.256	113.256
制造成本	108.351/97.764	93.259/90.931	83.438/70.18	75.807/61.603	71.881/57.349
材料费	14.52	14.52	14.52	14.52	14.52
折旧费	63.231/63.644	46.801/46.029	35.58/34.45	26.487/25.017	21.03/19.863
劳务费	21/10	22.05/10.5	23.153/11.025	24.31/11.576	25.526/12.155
运行管理费	9.6	9.888	10.185	10.49	10.805
销售毛利润	49.05/15.492	19.997/22.325	29.818/43.076	37.449/51.653	41.375/55.913
销售和一般管理费	2.4	24.72	25.45	26.23	27.02
营业利润	25.05/13.092	17.525/29.853	27.272/40.531	34.826/49.03	38.674/53.21
营业外费用（支付利息）	22.089/21.448	18.597/17.026	14.938/12.607	11.204/9.006	8.024/5.794
税前利润	−19.584/−8.356	−10.72/12.827	12.334/27.824	23.622/40.024	30.65/47.417
税金	0	0/2.593	0/16.196	8.874/23.214	17.777/27.502
税后利润	−19.584/−8.356	−10.72/10.234	12.334/11.728	14.748/16.81	12.873/19.915
可还贷额	43.647/55.288	45.729/55.234	46.681/45.005	39.76/40.146	32.616/37.787
借贷余额	232.464/212.818	186.735/157.582	140.054/112.577	100.294/72.434	67.678/34.644
结转亏损额	19.584/8.356	20.656/0	8.322/0	0	0

(4) 投资回收期 三种方案的投资回收期如图 11-28 所示,从图中可以看出,加工中心的方案需要 7.3 年才能收回全部投资,柔性制造单元的方案需要 6 年,柔性制造系统的方案只要 5 年。加工中心方案的设备投资费最高,为 276 万美元;柔性制造系统方案的设备投资费最低,为 232 万美元。

(5) 投资利润率 三种方案的投资利润率如图 11-29 所示,从图中可以看出,到了第三年,加工中心方案的投资利润为 4%,柔性制造单元方案的为 10%,柔性制造系统方案的为 18%。

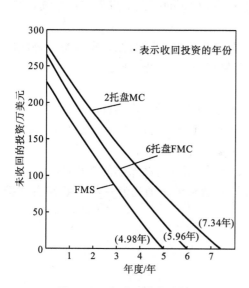

图 11-28 投资回收期比较

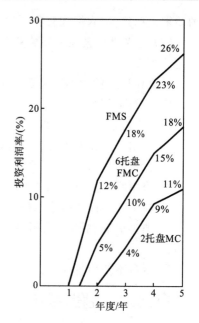

图 11-29 投资利润率比较

11.6 设 计 实 例

为了提高对市场的快速响应能力,捷克 VUOSO 机床与加工研究院和该国的主要机床制造厂合作,实施了研究与开发柔性制造自动化技术的规划。以下简要介绍其设计指导思想和主要对策。

11.6.1 设计的指导思想

研究与开发面向中小批量生产的柔性制造系统,设计的指导思想如下:
(1) 按照成组加工原则组成的零件组能够以混流方式进入制造系统;
(2) 加工设备采用自动化水平和生产效率都很高的数控机床,工件自动输送装置把各台数控机床连接成自动化制造系统,它能够在夜班无人运行;
(3) 制造系统具有刀具寿命监控、刀具破损检测、刀具自动输送和交换等功能。

11.6.2 零件谱及其工艺分析

1. 零件谱

以 TOS 工厂(铣床和加工中心制造厂)的铸铁箱体零件作为加工对象,零件最大边长为 400 mm,孔的最高精度为 IT6 级,各孔中心距公差为 ±0.015 mm,按照具有相似的加工复杂性或相似的工件形状把 40 种不同箱体零件分成 8 个零件组。

2. 工艺分析的要点

(1) 修改设计 对零件设计和加工工艺进行审核修改,使其符合柔性制造系统的要求。例如,引入标准直径系列,减少制造系统使用的刀具种类。

(2) 工夹具　箱体毛坯装夹在 500 mm×500 mm 的托盘上进入制造系统,并完成全部加工。

一个典型零件的加工需要三次装夹,每次都装夹在不同的托盘夹具上。每次装夹之后,工件需要加工 40~70 min,加工需要使用 20~25 把刀具。

(3) 工艺方法　主要的工艺方法有:
① 采用卧式加工中心完成箱体的基本加工,使用经过改进的铣刀和镗刀;
② 精密轴承孔的加工,小孔使用铰刀,大孔使用具有自动补偿功能的镗杆;
③ 采用圆弧插补的工艺方法加工较大直径的孔,使用铣刀;
④ 在箱体零件的两个(或三个)箱壁上镗孔,使用具有减振器的细长镗杆;
⑤ 典型分布的孔系采用多轴头来钻削,多轴头像普通刀具一样安装在主轴锥孔内;
⑥ 尽量不使用特殊的刀具。

11.6.3　制造系统的结构

研究人员开发柔性制造系统,依据了以下原则:

(1) 机床应该保持尽可能高的利用率,可以赋予某些工件特别优先权,使它们能够快速地享受制造系统提供的服务;

(2) 让机械设备的负荷均匀,可以配置两台(或两台以上)同型机床,当某台机床发生故障时,其作业可让另外同型机床来继续完成;

(3) 允许几种零件同时进入制造系统(即"混流"),相同工件的最后精加工要用同一个托盘送给同一台机床上去完成;

(4) 多数刀具固定存放在机床的刀库内,部分刀具在机床间流动,在线监控刀具的寿命。

图 11-30 所示为该院研制的柔性制造系统的结构框图,如图所示,制造系统由无

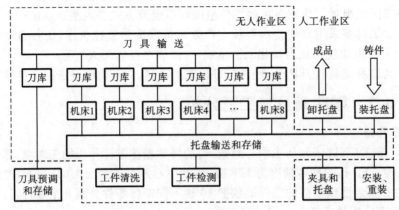

图 11-30　FMS 的结构

人作业区(虚线包围的区域)和人工作业区两部分组成。无人作业区拥有8台主机、刀具存储与输送系统、托盘(即工件)存储与输送系统、工件清洗、工件检测、切屑输送等设备,人工作业区包括工件装卸站、重装站、夹具库、刀具预调站等,工作人员白班和中班在该区域工作。

11.6.4　主机与工夹具

除测量机从英国进口,其余设备都选用捷克的产品。8台主机是TOS工厂生产的TP400型卧式加工中心,该加工中心配置了托盘交换装置和144个刀座的大容量刀库,具有4轴(X、Y、Z、A轴)联动功能,机床的旋转工作台能作分度运动或连续转动,数控系统能控制主轴周向定位(控制增量为0.036°),具有自动测量与刀具补偿功能。采用IS050锥度的刀具,最大刀具直径为180 mm,最大刀具质量为25 kg,多轴头最多钻孔数为4个,采用具有自动补偿功能的特制镗杆镗孔。

11.6.5　物流系统

柔性制造系统建在一个150 m×30 m的新车间中,各个作业站(包含主机)沿着两排3层300个货格的立体仓库布置,立体仓库通过短程往返工作台与作业站相连,在两排货架之间行走的堆垛机担负着输送托盘(即工件)的任务。

物料在制造系统中流动,具有以下特点。

1. 入库

不同的工件毛坯都存放在制造系统的入口处,按照计算机设定的时间,工件毛坯被工人装夹到指定的托盘上,经过轮廓检测机的检查,被堆垛机存放到立体仓库,同时计算机把毛坯的位置信息告诉工作人员。

2. 加工

把毛坯加工成合格产品的工艺流程是:①轮廓检测;②第一次加工;③清洗,检测;④重新安装;⑤第二次加工;⑥清洗,检测;⑦离开制造系统。

3. 排队

进入立体仓库的托盘(即工件)按照流动顺序被放置到某一个等待队列。工件、毛坯、半成品在立体仓库中排成了若干个等待队列。当某个作业站空闲的时候,调度系统就从适当的等待队列中选择一个适当的托盘(即工件),给它附上该作业站的地址并把它编进输送队列,堆垛机不断地把输送队列的托盘(即工件)输送到指定的作业站。

4. 刀具管理

为了保证柔性制造系统能够24小时连续运行,工人应该在白班准备好所需要的全部刀具,并把报废和超过寿命的刀具从制造系统取走。

11.6.6 系统控制

系统控制采用了如图 11-31 所示的多级分布式控制结构,特作如下说明。

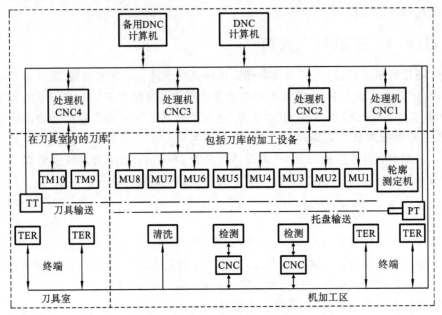

图 11-31 FMS 的控制系统

1. DNC 计算机

图 11-31 中的"DNC 计算机",其"DNC"应该是"distributed numerical control"的缩写,即分布式数控。DNC 计算机是捷克自产的 ADT4500 型小型计算机,它位于最上层,管理着存有制造系统全部信息的数据库,组织并管理着整个制造系统的运行,其作业包括以下内容。

(1) 接受月生产计划,制订周生产计划,运用计算机仿真的方法制订最优日作业计划。

(2) 提出刀具、夹具、毛坯的需求清单,提前 24 小时把有关信息传送到相应人工作业区。

(3) 在毛坯进入制造系统之前,把与其相关的工艺信息如工艺流程、数控程序、刀具信息、托盘及夹具的安装信息、检测用信息、轮廓检测操作用信息等,输入数据库。

(4) 通过可编程逻辑控制器 NC920(图中的 TT、PT)控制刀具和托盘的输送设备。

为了保证制造系统的可靠运行,还备用了一台 DNC 计算机,正常情况下,让它从事工艺设计和自动编写数控加工程序的工作。

2. 处理机

制造系统采用群控方式来控制加工中心的运行。处理机 CNC2 和处理机 CNC3 都管理着 4 台加工中心，它们能从 DNC 计算机获取加工程序、刀具补偿、加工原点偏置等必要的工艺数据，同时还能向 DNC 计算机发送有关的加工信息。

3. MU1~MU8

MU1~MU8 是指数控系统 NS750 和 NS850，它们控制加工中心的运行。

4. CNC

CNC 是指惠普公司生产的小型计算机，它们控制着英国 LK 刀具公司制造的两台检测仪。检测仪自动检测的结果应该传送给 DNC 计算机，因为这些数据可能影响柔性制造系统中的托盘和刀具的流动。

5. 终端

人工作业区的终端都直接与 DNC 计算机相连，DNC 计算机把工件的装卸、工件的重装、夹具组装等指令传送到指定的作业站，工人完成任务后，通过终端向 DNC 计算机做出相应的回答。

思考题与习题

11-1 设计柔性制造系统应该采取怎样的步骤？

11-2 确定柔性制造系统的目标、确定零件谱、零件谱工艺分析等工作为什么是柔性制造系统初步设计的首要工作？

11-3 柔性制造系统详细设计涉及哪些工作？每项工作涉及哪些具体内容？

11-4 布局设计对柔性制造系统有何重要意义？试归纳柔性制造系统布局的规律。

11-5 可以采取什么方法对柔性制造系统布局方案进行评价？

11-6 试举例说明厂房、工艺流程、基本制造设备、物流系统等因素对柔性制造系统布局的影响。

11-7 如何对柔性制造系统设计方案进行评价？

11-8 若给出柔性制造系统的开发目标，你能制订出开发计划，提出一个设计方案吗？

柔性制造自动化系统的开放

12.1 柔性制造自动化系统的开放

12.1.1 概述

在 CIM（计算机集成制造）哲理的指导下，机械制造业采用计算机和信息处理技术，构筑出一些能覆盖市场营销、企业管理、加工制造整个生产过程的柔性制造自动化系统，称其为计算机集成制造系统（CIMS）或工厂自动化（factory automation，FA）。

在生产实践中，人们逐渐认识到，以"集成"为目标构筑柔性制造自动化系统会使制造系统变得过于庞大和复杂；设计、制造、维护不仅需要大量资金和时间，且制造系统一旦建成，就会失去一些宝贵的柔性。面对产品生命周期的日益缩短，面对制造业跨地区合作进程的加快，人们不仅要求制造系统有更大的柔性，制造设备有更长的服役期，而且希望建立一种方便、迅速地构筑制造系统的方法。

为了解决上述问题，人们提议让柔性制造自动化系统开放。所谓开放就是使制造系统的结构要素模块化，使各结构模块之间的接口标准化，依据这些措施，不同厂商提供的结构要素能够自由地组合成一个制造系统。

12.1.2 开放的目的和可能性

1. 开放的目的

柔性制造自动化系统走向开放，从制造系统的结构上看，就是把以大中型计算机和大型数据库为中心的集中式制造系统改变成由计算机网络和微型计算机组合起来的分布式制造系统。使制造系统开放，主要基于以下两个目的。

1) 突出子系统的特点

从开放的角度来看，设计柔性制造自动化系统的首要问题，不是制造系统的整体优化，而是那些能够显现制造系统特征的结构要素（即子系统）的应用特点；设计者规划它们的应用途径，用它们构筑出宜人的制造系统。

2) 长期应付市场的急剧变化

符合各种企业和车间特征的分布式制造系统能够长期应付市场的变化,当产品或生产方式发生部分变动时,人们只需要改造部分子系统,不必变更整个制造系统。

2. 开放的可能性

计算机和信息处理技术的发展为柔性制造自动化系统的开放提供了可能性。微(小)型计算机的性能和可靠性获得了极大提高,由专用数控装置控制运行的数控机床、由PLC控制的设备,也可能由通用微型计算机来控制;因此,由大型计算机担负的信息处理,由专用控制装置担负的控制处理,可以用小型计算机或微型计算机来代替。

把集中式制造系统改变成分布式制造系统,给计算机软件的开发工作也带来了新思路。分布在制造系统中不同环节的微型计算机配备了相应的特色软件,这些软件如果完全由自己开发,它们的费用要比集中式制造系统的软件费用高很多。为了减少软件的开发和维护费用,分布式制造系统可以使用通用软件包。

3. 开放的关键技术

柔性制造自动化系统由集中走向分布应该解决以下问题:
(1) 把制造系统划分成若干个子系统,确定各个子系统的功能与结构;
(2) 确定各个子系统的互联接口;
(3) 构筑通用平台,使各子系统能够互联并实现资源共享。

12.1.3 分布式制造系统的模型

分布式制造系统的建模多采用如图12-1所示的面向对象的建模方法。该方法把整个制造系统分解成若干个独立的结构要素(即子系统),称这些结构要素为"对象"(object),通过在公共平台上组装"对象"来构筑较大规模的制造系统。

图12-2所示为美国半导体制造业研究开发协会(SEMATECH)提出的分布式制造系统模型,该模型把制造系统的一切活动称为"工厂服务",分成为产品规格管理、车间管理、员工管理,车间管理进一步细分为材料管理、机械控制、计划管理、日程进度管理、制造过程管理,因此SEMATECH模型的结构要素不是硬件,而是工厂的管理功能,整个制造系统不是层次结构,而是网络结构。

该模型定义了130多种管理功能,它们或者与设备、夹具、工具有关,或者与管理人员的职责相联,分别记述了各自的服务(service)、控制、状态与信息的关系。企业的这些活动称为"对象"(object),对象的接口用接口定义语言(IDL)记述,并用通用平台CORBA把对象组合起来。

制造系统的开放不是某个机床厂或软件公司的行为,而是若干企业寻求标准化的协同动作。这种为了实现开放而开展的标准化工作如果不公开其技术规范,就会失去自身存在的意义,因此标准化工作也必须开放地实施。

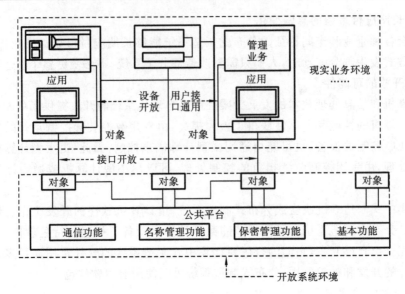

图 12-1 面向对象的建模方法

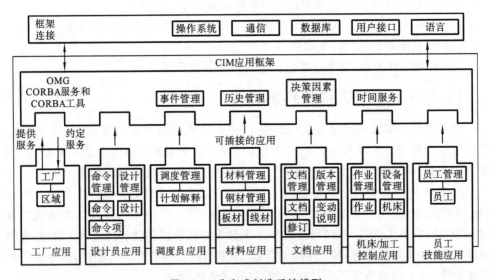

图 12-2 分布式制造系统模型

12.2 分布式信息处理系统

12.2.1 概述

分布式信息处理技术在商务信息处理系统中已经获得了广泛应用,采用该项技术构筑的信息处理系统具有良好的扩展性,当商务的活动范围或业务量增大的时候,公司适当增加计算机或应用程序就能赢得工作的主动权。分布式信息处理技术也受到制造业的高度重视,被认为是实现制造系统开放的关键技术。

开放各用户之间的接口是分布式信息处理技术的特征。分布式信息处理系统大多以面向对象的概念为基础,它把核心数据密封在暗盒中,只许用户访问其信息接口(即"对象")。由于各结构要素(子系统)之间的接口明确而吻合,因此,分布式信息处理系统的自律性和扩展性都很好。

12.2.2 OMG 与 OMA 参考模型

1. OMG

OMG(object management group)成立于1989年,是信息处理领域最大的国际性组织。该非营利组织的使命是普及面向对象的技术,制定其技术标准,给产业界提供开发分布式信息处理系统的指南,给计算机软件的互用、再用、移植提供标准。OMG 的成员已经发展到了 600 多家公司,OMG 仅决定参考模型及其标准,供 OMG 成员自由选用。

2. OMA 参考模型

OMG 为分布式信息处理系统建立了如图 12-3 所示的 OMA(object management architecture)参考模型,该模型由 5 个结构要素组成。

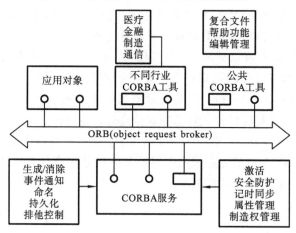

图 12-3　OMA 参考模型

1) 通信中介

在参考模型中,通信中介 ORB(object request broker,ORB)可以直译为"对象经纪人",在对象之间进行信息交换,它充当中介的角色。信息的收信单元的地址就是对象,对象分配有标识符(以便对其唯一地识别),ORB 管理这些标识符,同时,还要维护管理对象的位置信息。建立 ORB 要求达到这样的目标:对象如果发布处理的请求信息,该请求信息抵达远处某对象后,处理就会被启动,返回的应答就是处理的结果。

有了 ORB，分散布置的不同类型的机械设备就能相互启用，多个对象系统也能无缝地结合起来。有了 ORB，用户就大可不必了解通信协议（即通信数据格式），也大可不必知道通信对象的物理位置（即只需指出逻辑名）。

2) CORBA 服务

服务（service）就是为参考模型提供一些基本功能，具体说来，CORBA 服务能够提供的基本功能有对象的生成/消除、对象命名、对象持久化（面向对象数据库）、对象的激活等。

3) CORBA 工具

在很多应用中通用的必要服务称为 CORBA 工具（facility）。利用 CORBA 工具，可以构筑出办公自动化系统。

4) 行业接口

行业接口（domain interface）是"通用对象"为金融、通信、制造等行业（domain）提供的接口。最初，OMG 制订的标准没有考虑这些行业；基本标准制订后，为了推动标准的普及，才把它们纳入标准化的范围。例如，为制造业构筑制造系统，规定了制造数据交换接口。

5) 应用接口

有些行业虽然不属于 OMG 标准化的范围，应用接口（application interface）还是能够为这些行业提供接口，支持其对象完成各自业务。

上述 5 个结构要素可以分成两类：对象（或称接口）、对象之间的通信中介（即 ORB）。软件模块都以对象的面目存在于参考模型之中，对象一会儿充当向其他对象请求信息的访问者，一会儿扮演为其他对象提供服务的服务员。在分布式信息处理系统中，对象之间就是这样传送信息完成信息处理业务的。

借助 ORB，借助 CORBA 服务、CORBA 工具、行业接口等服务功能，借助服务功能接口的标准化，OMA 能够克服采用不同厂商的设备构造分布式环境带来的麻烦，开发出基于参考模型的计算机软件。

12.2.3 CORBA

CORBA（common object request broker architecture）是 OMG 制定的关于 ORB 的标准，CORBA2.0 规定了接口定义语言（interface definition language，IDL）与 C++等语言的变换、互联协议、接口库等。

1. IDL

分布式信息处理系统中的对象是分散存在的，用户向这些对象发送服务请求信息，首先应该知道各个对象能以何种形式提供何种服务，即应该知道信息接口的名称与类型。提供服务的对象只有明确地定义和通报信息接口的名称与类型，用户才能向它发送信息。

定义信息接口的类型的计算机语言就是 IDL。IDL 对信息接口的名称、自变量、自变量的类型及其输入、输出、返回值的类型等,都做出了定义。IDL 本身是独立语言,但也可以与 C、C++、Smaltalk、COBOL 等编程语言组合应用。

有了 IDL,就可以不去了解对象的实现方法和实现语言,把对象组合成一个信息处理系统。

2. 互联协议

依据 CORBA,各个公司可以自主开发 ORB。如果用这些 ORB 构筑局部业务领域,那么在该业务领域中,可以采用灵活多样的通信方法,即:

(1) 如果业务领域对某一进程停业,则可以用函数调用的方法进行通信;

(2) 如果业务领域对某一计算机停业,则可以在进程之间通信;

(3) 如果业务领域对局域网停业,则可以借助其局域通信协议通信。CORBA 规定的通信协议,就是多家公司组成的业务领域之间的相互通信协议,并且要求必须安装 TCP/IP 的基本通信协议 IIOP(Internet IOP)。

12.3 控制装置的开放

12.3.1 概述

20 世纪 80 年代开展的工厂内部通信网络标准化的活动也属于柔性制造自动化系统的开放研究,那时,数控(NC)系统、可编程逻辑控制器(PLC)等控制装置仅仅被看成一个结构要素,没有考虑它们自身的开放性。依托各自的技术秘密,制造厂商设计制造控制装置,使别人无法改进或增加它们的功能,因此这些控制装置不能满足用户的多样化需求,缺少必要的柔性去面对市场的变化。

制造业要求控制装置开放,而计算机技术能为控制装置的开发提供微型计算机平台,创造出良好的开放环境。控制装置的开放可以分成外部接口和内部接口的开放。与控制装置相互连接的机器(或系统),其接口称为外部接口,外部接口的标准化和公开属于外部接口开放的课题。把控制装置的内部功能模块化,功能模块之间的接口称为内部接口,为了使功能模块能够自由地组合成一个系统,其接口也应实现标准化。

12.3.2 数控装置的开放

1. 数控装置的参考模型与开放

1) 参考模型

如图 12-4、图 12-5 所示的数控装置的结构模型,是国际机器人 FA 技术中心(IROFA)下属的数控开放政策委员会归纳提出的参考模型。图 12-4 描述了数控装置的 8 个外部接口,其中接口 1、2、3 是上位设备(或系统)接口,接口 4、5、6 是下位设

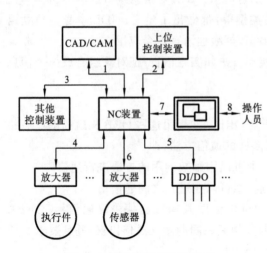
图 12-4　NC 装置的外部接口

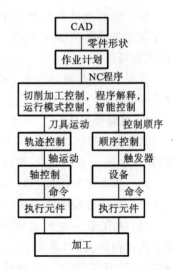
图 12-5　NC 装置层次控制模型

备(或系统)接口,接口 7、8 是人机接口。

图 12-5 所示为数控装置的层次控制结构模型,该模型的 7 个层次分别属于规划部、控制部、执行部。图 12-4 所示数控装置对应着中间的控制部,其上位设备接口对应着规划部,下位设备接口对应着执行部。

2) 数控装置的开放

外部接口开放,就是实现上位设备接口、下位设备接口、人机接口的标准化。上位设备通常用网络连接,因此上位设备接口标准化就归结为通信协议和数据交换的标准化。由于柔性制造自动化已经有了网络协议标准,因此数据交换的标准化就成为数控装置开放的主要研究课题,例如运行状态数据、数控数据的形式等。

对数控装置来说,伺服驱动接口的开放是下位设备接口开放的重大研究课题,有人建议采取伺服总线来解决这一问题。

在人机接口方面,各个生产厂商已经做出了不同程度的公开,但是人们仍然期待人机接口通用化,让在一个工厂运行的各种数控装置都有统一的操作屏幕显示。

为了开发下一代数控装置,美国 GM、Ford、Chrysler 三大汽车公司推出了如图 12-6 所示的开放式模块化体系结构控制器(open modular architecture controller,OMAC)提案,企图使数控装置的功能模块的接口标准化。该提案认为,数控软件应该依托微型计算机,应该模块化,应该采用通用的应用程序接口(application program interface,API)。从图 12-6 可以看出,在"底层结构"和 API 的支持下,数控装置的功能模块能够实现自由组装。

开放式数控装置应如何构成?对此,人们提出了如图 12-7 所示的几种方案:

(1) 微型计算机通过高速通信线路与现有的数控系统构成一个控制装置;

(2) 在微型计算机内增加一个单元,使它具有数控功能,担负运动控制;

(3) 把数控功能划归给微型计算机,独立单元只负责运动控制。

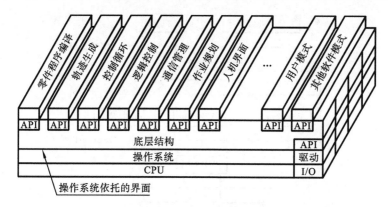

图 12-6 开放式 NC 装置模型

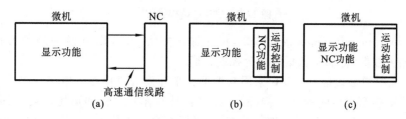

图 12-7 开放式 NC 装置的结构方案

然而,开放式数控装置最终采取什么结构,还要取决于计算机硬件的性能,取决于操作系统实时多任务的特征。

2. OSEC 结构模型

为了给工业用控制设备增加具有高附加值的信息处理功能,为了对该控制设备的开放式结构方案进行设计、验证、制定标准,6 个分别生产制造机床、控制装置、计算机、软件的公司组成了开放式系统环境(open system environment,OSE)研究会,以柔性制造自动化机械设备为对象,开展了许多有意义的工作,推出了开放式系统环境控制器(open system environment for controllers,OSEC)结构模型。1997 年,OSE 研究会扩大到 18 个公司。

1) OSEC 结构

OSEC 结构模型如图 12-8 所示,它描述了一种以专用、分布、开放为目标的自律式的工业用控制装置的逻辑功能和结构。OSEC 结构具有以下特点。

(1) 构造方法 有人提出了一种数控装置的层次模型,它由规划、控制、驱动三大部件的 6 个模块构成。"规划"包括 CAD 和作业计划,"控制"包括加工过程控制、轨迹控制、离散事件控制、机器控制,"驱动"涉及实施机械加工的执行机构。OSEC 把该模型重新构造成 CAD/CAM、实时控制、机械操作、生产过程管理 4 个模块,以事件驱动管理为核心把 4 个模块互联起来。

(2) CAD/CAM 模块 OSEC 的 CAD/CAM 模块,从对已经定义的形体如何加工的角度出发,把积累的加工经验编制成软件,并用开放式系统环境语言(open

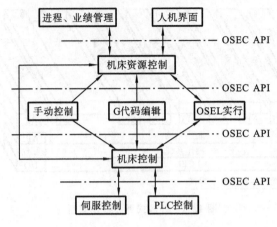

图 12-8 OSEC 结构模型

system environment language,OSEL)记述加工方法。OSEL 还统一地把形状数据转换为加工数据,把加工数据转换为控制代码。

(3) 人机界面设计 OSEC 采用软件平台来开发人机界面。由于开发一种新界面只需要更换原来界面的某个构件,因此很容易制作和改良图形用户接口(graphic user interface,GUI)等操作软件。此外,对采用面向对象技术建模的标准的"机器资源"来说,它们还可以采用其软件部件。

(4) 控制系统 按照功能,OSEC 把控制系统分成机器控制模块和驱动控制模块,确定模块的结构,按每个功能推进软件的部件化,定义软件部件的标准接口(OSEC API)。机器控制模块是加工过程控制的一部分,从事轨迹的插补和生成,驱动控制模块从事伺服电动机的轴控制、DI/DO 控制。

(5) 生产过程管理 OSEC 结构有从事移动信息发送、收集、统计的接口,对生产现场的机器着重进行实际业绩管理和作业监视。

2) 机器资源

为了独立于机器和操作系统(OS),OSEC 把机械设备的控制功能称做机器资源,包括:① 操作台、普通数控装置等设备提供的内部操作;② 作业指示、作业实际业绩收集、运行状态监视;③ 数控装置的加工数据设计。

图 12-9 所示为机器资源的类别模型,如果机器的种类或结构有所不同,应该针对具体机器修改该模型的对象部件。图 12-9 中具有代表性的对象部件有:

(1) NC Machine 该部件描述数控机床的功能,定义数控机床所特有的运行模式切换等操作;

(2) NC Resource 它是把构成数控机床的各种资源汇集起来的部件;

(3) Spindle 该部件描述主轴的功能,定义与主轴有关的操作,定义表示其内部状态的属性;

(4) Axis 该部件描述伺服轴的功能,定义直线轴和旋转轴的共同属性及操作;

(5) Tool Changer 该部件描述刀具交换器的功能;

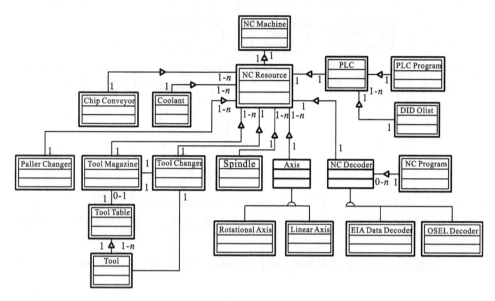

图 12-9 机器资源的类别模型

(6) Coolant 该部件描述冷却装置的功能；

(7) NC Card 该部件（图中未画出）描述数控控制卡的功能，是连接数控控制卡的接口，连接实际数控控制卡的接口由该部件派生而成，被安装到每块数控控制卡；

(8) NC Decoder 该部件描述数控数据译码器的功能，定义那些与数据形式无关的基本操作，定义表示其内部状态的属性。NC Decoder 之下还有 EIA Data Decoder 和 OSEL Decoder 两个部件。

用面向对象技术建立起来的上述数控机床模型，能够把软件系统与控制系统分离开来，使操作、作业管理等软件的开发工作变得简单。该模型能够为不同类型的数控机床导入派生对象，还能够沿用其基本软件。

3) OSEL

对待描述网络环境中加工过程的数控代码，OSE 很重视其通用性。目前使用的数控代码是 20 世纪 60 年代美国电子工业协会（electronic industries association, EIA）开发的 G 代码，它依存于具体的数控机床。可以预测 G 代码会成为数控装置通用、开放的一大障碍。OSEL 是一种描述加工方法的数控编程语言，设计者期望用 OSEL 取代 G 代码，实现数控装置的通用、开放。如图 12-10 所示的 OSEL 具有以下特征：

(1) 把孔、槽等称为加工特征，用"类"（class）描述加工特征的加工过程，为"类"建立程序库，使它成为与采用加工特征库构造的 CAD 系统所对应的 CAM 系统；

(2) 既有不依存于机床的加工特征类程序库，又有依存于刀具的刀具类程序库和依存于机床的机床类程序库，因此可以保证加工程序的可移植性；

(3) 最终输出的运动控制指令是控制轴的直线（或圆弧）插补运行指令，因此能

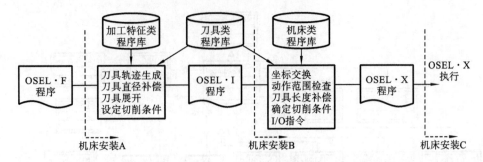

图 12-10　OSEL 处理流程

够为复杂加工过程编写加工程序。刀具直径补偿这类耗费时间的操作采用非实时处理,位置指令输出这类简单操作采用实时处理,因此能够按照硬件的规模来选择实际安装的方案;

(4) 能够直接表达曲线和曲面,拥有与现存的 EIA 数据、刀位坐标数据的互换功能。

12.3.3　PLC 的开放

PLC 的开放途径虽然与数控装置大体上相同,但是它属于通用控制装置,其开放重点还是与数控装置有所区别,探讨连接传感器和输入/输出点的现场网络标准化,探讨编程环境的开放,是 PLC 开放的主要研究课题。

图 12-11 所示的开发环境不依赖特定的 PLC,能在微型计算机上实现。图中

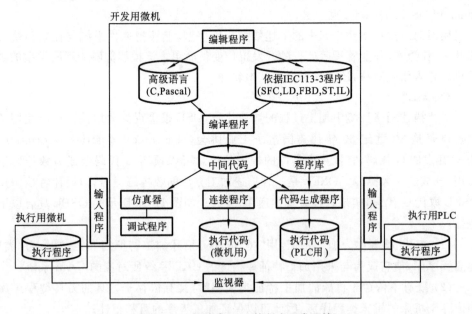

图 12-11　开放式 PLC 的程序开发环境

IEC113-3 是国际电工委员会(international electrotechnical commission,IEC)制定的关于 PLC 编程语言的国际标准,涉及的编程语言特征是:① SFC 是一种用图形表示的应用结构式语言;② IL 是一种助记符语言;③ ST 是一种文本语言;④ LD 是梯形图语言;⑤ FBD 是一种图形语言。

人们提出了一些构筑开放式 PLC 的方案。如图 12-12 所示,方案(1)、(2)利用现有 PLC 的各种 I/O 单元,利用 IEC113-3 相应软件作为开发工具;方案(3)、(4)利用微型计算机的软、硬件资源。

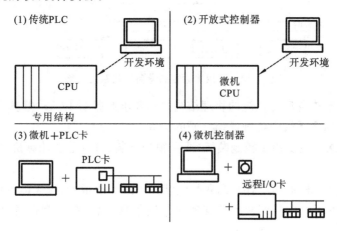

图 12-12 开放式 PLC 的方案

12.4 通信系统的开放

12.4.1 概述

柔性制造自动化系统中,控制设备之间的通信连接,目前基本上采用设备生产厂的专用网络,在该网络上,用户要连进其他厂家的设备是一件麻烦事情。

用自家网络连接自家设备虽然可以使制造系统产生出最好的性能,但是构筑一个较大的柔性制造自动化系统往往又要选用多个厂家的设备。为了解决这一矛盾,人们在寻求控制装置开放途径的同时,也向各厂家控制设备的网络通信连接提出了开放要求。

标准化是实现网络通信系统开放的有效途径,通信系统的标准化应该顾及已经在市场上享有较高声誉的企业标准。

12.4.2 开放式柔性制造自动化网络结构

第 8 章已经提到,多级分布式控制系统是对柔性制造自动化系统进行管理和控制的最完备形式,图 12-13 从通信的角度对它做出了新的描述。从图 12-13 可以看出,多级分布式控制系统由信息网和控制网两部分组成。信息网挂在位于上位的公司主干网上,控制网则包括单元网、工作站网、构件网。

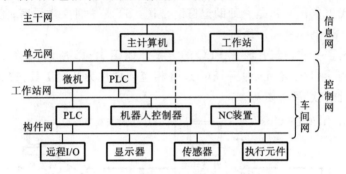

图 12-13　开放式柔性制造自动化系统网络

虽然柔性制造自动化系统的物理结构并不要求照搬图 12-13,但参照图 12-13 可以清晰地理解制造系统中各种通信之间的关系:

(1) 信息网　主要担负控制装置(或监视控制装置)与上位计算机之间进行生产管理信息的通信;

(2) 单元网　根据作业计划向各控制装置下达作业指令,收集运行信息;

(3) 工作站网　向控制装置传递实时控制信息,或者在控制设备之间进行控制数据通信;

(4) 构件网　把控制装置与终端设备(远程 I/O、各种传感器、执行元件等)连接起来,向这些设备传送 I/O 数据。

12.4.3　通信网络的开放

对信息网来说,有一部分区域网络使用了 ISO 标准的 OSI(open system interconnection)协议,在厂内通信中,以太网(Ethernet)和 TCP/IP 协议(transmission control protocol/internet protocol)则进一步获得普及推广。

以太网是一种局域网络(local area network,LAN),其信息传输速度虽定为 10 Mb/s,但有些已达到 100 Mb/s,级别为 1 Gb/s 的以太网标准化工作也开始了。TCP/IP 是在以太网上通常使用的中间层协议。

以太网作为信息网也可以与工厂主干网连接,例如,由光纤分布式数据接口(fiber distributed data interface,FDDI)构筑的主干网,由异步传输模式(asynchronous transfer mode,ATM)构筑的主干网。FDDI 信息传输速度达 100 Mb/s,ATM 达 155 Mb/s 或 622 Mb/s。制造厂把从事企业管理的微型计算机连接到柔性制造自动化系统的信息网上,就能够实时地利用制造现场的数据。

为了与信息网综合起来,单元网这一级近来也较多采用以太网。以太网不仅已经成为办公自动化系统的开放网络,而且还扩大应用到微型计算机的控制系统。

工作站网和构件网可以统称为车间网。IEC 与美国仪表协会(Instrumentation

Society of America,ISA)就车间总线(field bus)的国际标准化课题进行了合作研究，开始是为检测仪表行业进行研究，后来发现检测仪表行业与柔性制造自动化领域在信息传输方式上没有本质区别，因而把研究目标同时指向这两个行业。继在使用双扭总线的物理层正式采用IEC标准之后，又在其他协议层大力推行标准化工作。

1994年以北美为中心的车间总线协会也开始从事相关研究，IEC/ISA标准是其工作依据，该协会希望用已有技术补充完成IEC/ISA标准，向社会推出实用的车间总线。他们认为，用于检测仪表行业的车间总线不应是简单的通信线路，在其通信应用层协议之上增加用户层，在用户层上把PID等控制功能定义成功能块，设定与应用相应的联合动作，向各车间机器输入参数，就能使车间机器之间的分布式控制变成可能。

12.5 生产过程控制的开放

12.5.1 概述

把信息处理和控制有机地结合起来，是提高自动化制造系统柔性的重要途径，图12-14所示为一种典型的生产过程控制的信息系统，它由3个层次构成：处理设备一级数据的车间管理层，从事生产过程控制的分布式控制系统层，进行生产管理的信息系统层。

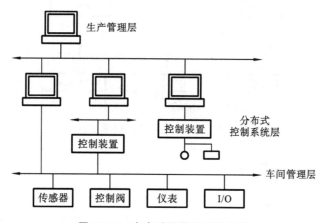

图 12-14　生产过程控制信息系统

把若干台设备(子系统)连成一个制造系统，其首要问题就是统一设备的接口，因为设备接口的千差万别不仅增加制造系统的构筑难度，还会使制造系统的变更失去应有的灵活性。为此，人们试图应用微软公司的对象连接嵌入(object linking and embedding,OLE)技术统一生产过程控制中各设备的接口，这就是所谓面向过程控制的OLE(OLE for process control,OPC)研究。

12.5.2 基于 OPC 技术的制造系统

柔性制造自动化系统中,设备之间数据交换接口的标准化是 OPC 研究的课题之一。迄今为止,制造系统中设备之间的数据交换采用如图 12-15 所示的连接方式,图示制造系统由 A、B、C 三种"服务"组成,每种服务有两种"用户",此时制造系统的接口就多达六种。所以,传统的连接方式不仅需要大量时间开发接口,而且当制造系统增加服务或改变操作数据时,还应该对接口进行改造。

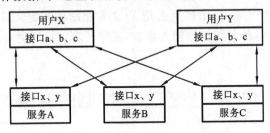

图 12-15 用传统方法构筑的制造系统

借助 OPC 技术构筑制造系统(见图 12-16),只需采用统一的接口,因而能够克服传统连接方式的缺陷。该制造系统由三部分组成:① OPC 服务,其职能是按照用户模块的要求收集数据,并提供服务;② OPC 接口,其职能是使用 OPC;③ 用户模块,其职能是接收服务。

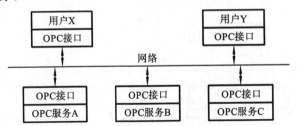

图 12-16 用 OPC 构筑的制造系统

12.5.3 OPC 技术

1995 年,美国 5 家公司合作提出了基于 OLE 技术的 OPC 标准,经过众多生产厂家和用户的长期评议,1996 年 8 月 OPC1.0 问世了。如上所述,OPC 是数据供给单元和数据使用单元的接口标准,可编程逻辑控制器(PLC)、分布式控制系统(distributed control system,DCS)、条码阅读机、分析仪器等,都被看做数据供给单元。

OPC 技术在制造系统中处于图 12-17 描绘的位置,其作用表现为:

(1) 把来自物理设备的原始数据,提供给分布式控制系统(DCS)或数据采集监控(supervisory control and data acquisition,SCADA)系统,提供给制造自动化控制系统;

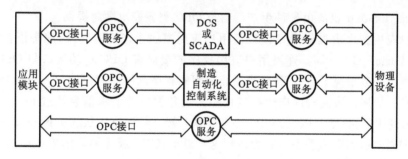

图 12-17 OPC 在制造系统中的位置

（2）把来自分布式控制系统、数据采集监控系统、制造自动化控制系统的数据传送到上位的应用模块；

（3）把应用模块与物理设备直连连接起来。

12.5.4 OPC 的安装形态与开发语言

OPC 的安装可以采取以下形态：

（1）流程服务（in-proc server）模式，即安装到与用户相同的设备上、与用户相同的处理流程中；

（2）局域服务（local server）模式，即安装到其他处理流程中；

（3）远程服务（remote server）模式，即安装到网络其他设备上。

如图 12-18 所示 OPC 的安装形态，采用了远程服务模式，依托 OLE/COM 技术，OPC 构筑其中用户应用模块和 OPC 服务模块。

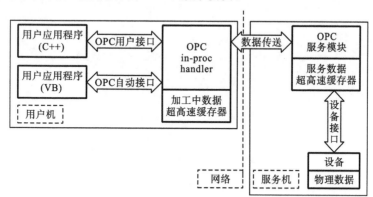

图 12-18 OPC 的安装形态和开发语言

OPC 服务模块是生产 DCS 或 I/O 设备的厂商提供的软件，安装在图 12-18 所示的服务机中。用户应用模块安装在图 12-18 的用户机中，其中 in-proc handler 是一种数据超高速缓冲存储器，是用来完成服务与用户之间的数据缓冲连接的程序。OPC 没有限定 in-proc handler 的标准，但为了节省网络间的通信时间，提供良好功能,in-proc handler 也应由硬件生产厂商与 OPC 服务模块同时提供。

用户应用程序由提供用户接口的用户应用模块生产厂商开发,编程语言有 VB(Visual Basic)、C++等。连接用户应用程序的接口有 OPC 自动接口与 OPC 用户接口两种。一般情况下,用 VB 这类语言编写的程序利用前者,用 C++ 编写的程序利用后者。从用户应用程序向生产过程控制设备发出的请求信息经过 in proc handler 传送到服务机(已上网)的 OPC 服务模块,OPC 服务模块从相关设备读取数据,并把数据逆向送到应用程序中。为达到这一要求,OPC 服务模块的生产厂商应依据 OPC 标准,为 OPC 模块开发出相应的功能。

思考题与习题

12-1 柔性制造自动化系统为什么走向了开放?开放的可能性和关键技术是什么?

12-2 试描述一个分布式制造系统的模型。

12-3 信息处理系统如何开放?试举例说明。

12-4 控制装置为什么也要开放?试说明数控装置和 PLC 如何开放。

12-5 站在通信系统开放的角度如何看待多级分布式控制系统?通信网络如何开放?

12-6 试举例说明生产过程控制的开放途径。

基于柔性制造的先进生产模式

快速地推出市场需求的物美价廉的产品,不仅取决于产品设计能力、先进制造技术和装备,还取决于企业的营销策略和管理水平。现代市场竞争机制、计算机科学与信息处理技术,也推动了工商管理学科的发展,使它与先进制造技术融合,创造出了一些先进生产模式。

13.1 计算机集成制造系统(CIMS)

1973年美国的一篇博士论文提出了计算机集成制造(computer integrated manufacturing,CIM)的制造哲理,主张用计算机网络和数据库技术,把生产的全过程集成起来,以此协调并提高企业对市场需求的响应能力和劳动生产率,获取最大经济效益,从而使企业的生产不断发展、生存能力不断加强。

CIM哲理很快被制造业接受,并演变成一种可以实际操作的先进生产模式——计算机集成制造系统(CIMS)。

13.1.1 CIMS的理想结构

众所周知,一个工厂不仅有制造产品的车间,有从事产品设计、工艺设计、质量管理的技术部门,还有从事市场营销、物质采购与保管、生产规划与调度、财务管理、人事管理的职能部门。

如果车间已经采用了柔性制造系统(FMS),如果技术部门已经采用了计算机辅助设计(CAD)技术,计算机辅助设计、计算机辅助编制工艺、计算机辅助制造实现了一体化(CAD/CAPP/CAM),计算机辅助质量管理(CAQM)也得到应用,如果各职能部门把计算机和信息处理技术应用到了每个科室,那么,借助局域网络(LAN)和公用数据库把整个工厂连成如图13-1所示的整体,工厂就成为一个自动化水平很高的CIMS。当然,这种CIMS需要很大的技术支撑和资金投入,很难有效地实施,只是CIM制造哲理的一个理想目标。

日本的企业和学术界称为FA(factory automation)的工厂自动化系统,实质上也属于CIMS范畴。在追求CIM理想目标的道路上,各个企业都是根据自己的具体情况制定切实可行的方案,因为CIMS虽然拥有同一个哲理,但是没有树立标准的样

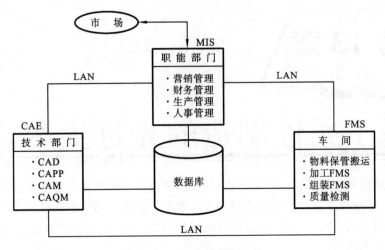

图 13-1　CIMS 的理想结构

板。图 13-2 是对 FA（即 CIMS）的一种比较详细的描述。

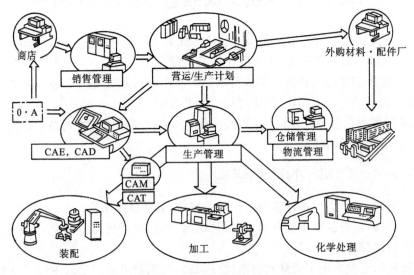

图 13-2　对 CIMS 的一个具体描述

13.1.2　管理信息系统(MIS)

CIMS 中职能部门的管理工作是由称为 管理信息系统(management information system, MIS) 的计算机软件系统完成的,其基本功能结构如图 13-3 所示。

MIS 是在采用现代企业管理原理,推广应用计算机技术的过程中逐步完善形成的,其发展经历了物料需求计划(material requirements planning, MRP)、制造资源计划(manufacturing resource planning, MRP Ⅱ)、计算机集成生产管理系统(computer integrated production management system, CIPMS)等阶段,并以 MRP Ⅱ 或 CIPMS

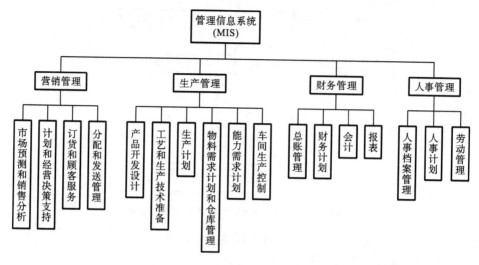

图 13-3　管理信息系统(MIS)的结构

作为自己的子系统。

1. 物料需求计划(MRP)

早期,为了保证生产计划顺利实施和生产任务按时完成,人们开发出了名为 MRP 的计算机软件,它依据主生产计划,按照产品结构,逐步分解求得全部零件的需要量、投料或采购的日期、完成或交货的日期,并对照库存信息编制出生产进度计划、外购原材料、零配件的采购计划。MRP 输出的文件有:

(1) 计划生产的订货通知单;

(2) 未来计划预发放的订单报告;

(3) 因变更订货交付期而重新安排生产进度的通知;

(4) 因改变主生产计划而取消订货的通知;

(5) 库存状态报告。

MRP 虽然从理论上能保证实现最小库存量,能保证生产按时获得足够的物料,但实际运行中由于没有考虑工厂完成生产计划的现实能力,没有考虑市场提供物料的现实能力,因此使用 MRP 并不能达到理想的效果。

2. 制造资源计划(MRPⅡ)

在不断改进完善 MRP 的基础上,人们开发出了制造资源计划(MRPⅡ)。

MRPⅡ是一种商品化的软件,在制造业中得到了推广应用,它增强了工厂的现代生产管理能力,其基本结构如图 13-4 所示。从图 13-4 可以看出,为了克服 MRP 的不足,MRPⅡ增加了能力需求计划、生产活动控制、采购和物料管理、成本和经济核算等功能模块,其核心是 MRP 和能力需求计划(capacity requirements planning,CRP)。

MRPⅡ能计算出为完成生产计划对设备和人力的需求量、设备的负荷量,进而推算出工厂的实际生产能力。MRPⅡ还能根据 MRP 的输出和库存管理策略编制物料外购计划。因此,当工厂生产能力和物料供应能力不能满足主生产计划的要求时,

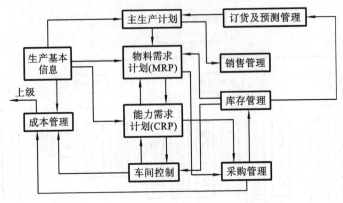

图 13-4 制造资源计划(MRP Ⅱ)的基本结构

MRP Ⅱ 能及时采取相应的平衡措施,或者调整作业计划。

3. 计算机集成生产管理系统(CIPMS)

MRP Ⅱ 的作用范围涉及生产管理的各个基本环节,已经成为集成了这些环节的信息的企业生产经营管理计划系统。人们把人工智能技术引进到 MRP Ⅱ,使它具有高层决策的支持功能,把现代经济理论引进到 MRP Ⅱ,使其输出优化。以 MRP Ⅱ 为基础的这类开发工作,使 MRP Ⅱ 发展成为计算机集成生产管理系统(CIPMS),CIPMS 的结构如图 13-5 所示。由于 CIPMS 与 MRP Ⅱ 有如此紧密的渊源关系,因此人们有时等同地看待它们。

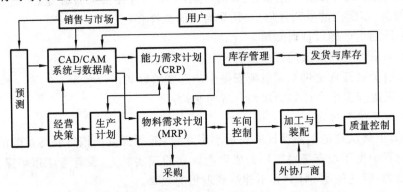

图 13-5 计算机集成生产管理系统(CIPMS)的结构

13.1.3 CIMS 实例

20 世纪 80 年代初期出现的下述实例,虽然代表着当时的设计思想和技术水平,但今天看来,它仍是 CIM 哲理的明晰描述,能够清楚地表达出 CIMS 的结构要素以及要素之间的"集成"关系。

1. 总体结构

日本的日立制作所设计了一个如图 13-6 所示的 CIMS,力图把公司内有代表性的 10 个车间、12 个系统集成起来，完成机械加工、钣金加工、机电产品装配、机械产品装配等制造任务。该 CIMS 的物理布局如图 13-7 所示。

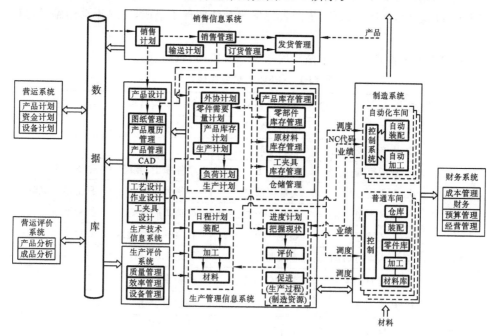

图 13-6　CIMS 的一个实施方案

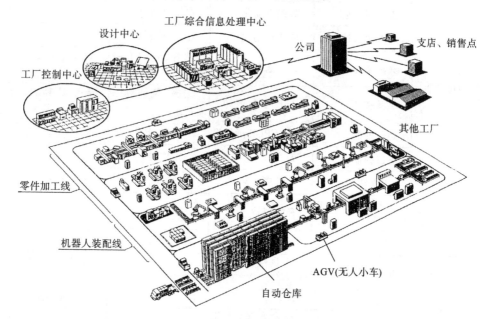

图 13-7　CIMS 的一种物理布局

2. 分步实施的阶段目标

该公司把规划的实施分成了三个阶段,各个阶段的工作目标如表 13-1 所示。从表 13-1 可以看出,在第一阶段,生产管理信息系统实现了集成,物料流动的路径也确定下来。

表 13-1 中的符号"—"表示该阶段与前一阶段的目标相同。

表 13-1　CIMS 的分步实施计划

系统性能		第一阶段目标	第二阶段目标	第三阶段目标
基本功能	1. CAD/CAM	能用 CAD 信息	在线集成	—
	2. 生产管理信息	在线集成	—	—
	3. 适用范围	零件加工	零件加工、装配	全部制造
	4. 设备改造	大规模改造	小规模改造	只更换工夹具
	5. 对应产量变化	应大规模改造系统	改造扩展系统	扩展系统
	6. 工艺顺序	顺序一定	有顺序,但可跳跃	顺序自由
	7. 无人运行时间	有人监视	不足 12 小时	12 小时以上
自动化功能	1. 原材料供给	离线自动化	在线自动化	—
	2. 成品入库	离线自动化	在线自动化	—
	3. 工件装卸	人工	人工操作、自动夹紧	自动
	4. 工序间搬运	离线自动化	在线自动化	—
	5. 厂房间搬运	离线自动化	在线自动化	—
	6. 夹具装卸	人工选择、装卸	选择、装卸有一项自动	自动选择、自动装卸
	7. 工具装卸	人工选择、装卸	选择、装卸有一项自动	自动选择、自动装卸
	8. 运行控制	NC、CPU+通用机	NC、CPU+通用机	NC 或 CPU 控制
	9. 适应控制	无	分段控制	连续控制
	10. 工件清洗	保留清洗站	自动清洗	自动清洗
	11. 后加工(去毛刺)	有处理站	自动处理	—
	12. 切屑处理	有处理站	自动处理	—
可靠性	1. 检测	自动检测、报警停止	—	自动检测、反馈补偿
	2. 运行管理	异常停止	—	有监视功能
	3. 刀具管理	寿命管理、人工交换	—	异常监视、自动交换
	4. 故障处理	无支持功能	重要工序支持	全支持

续表

系统性能		第一阶段目标	第二阶段目标	第三阶段目标
效率	1. 工时减小	30%~40%	40%~50%	50%以上
	2. 辅助人员减少	10%~20%	20%~30%	30%以上
	3. 工作完成时间缩短	20%~30%	30%~40%	40%以上
	4. 在制品减少	10%~20%	20%~30%	30%以上

3. 生产管理控制系统

生产管理控制系统的代表性功能及其相互关系如图13-8所示。用传统方法管理生产,存在计划不精确、准备工作进展慢、生产数据收集困难、预算管理麻烦等问题,采用图13-8所示的生产控制系统,能够有效地解决上述问题。此外,它还能发挥如下重要作用:

(1) 当生产计划变动时,能够同步地实现动态调度;
(2) 能够适时地为制造和设备维护提供信息;
(3) 能够在线监测异常状态,在线自动收集实际进度数据。

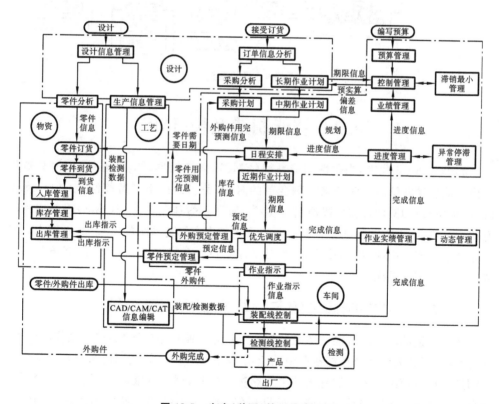

图13-8 生产(装配)管理控制系统

4. 网络系统

信息集成是 CIMS 的一个关键技术，日立制作所采用图 13-9 所示的网络系统来集成制造信息。图中，M-200H 和 M-180 是大型计算机，前者负责计算机辅助设计 (CAD)，后者负责制订生产计划。中型计算机 HIDIC 从事进度管理、作业准备管理、运行管理，小型计算机 SHOPCOM 承担着机器控制和生产管理的任务，以光纤作传输介质的环状网把各制造中心的 SHOPCOM 与 HIDIC 互联起来。

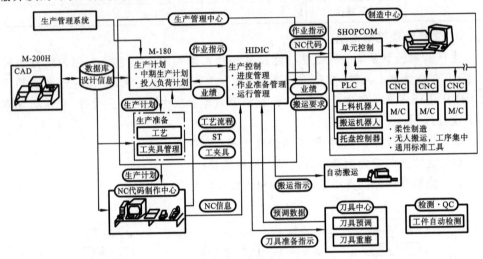

图 13-9 网络系统

13.2 智能制造系统(IMS)

20 世纪 80 年代末，当柔性制造系统(FMS)、计算机集成制造系统(CIMS)被工业界广泛接受并给制造业带来深刻变革的时候，美国又提出了智能制造(intelligent manufacturing, IM)的概念，智能制造技术(IMT)和智能制造系统(IMS)很快成为研究的一个热点，人们在不断寻找智能制造系统与现有制造系统的继承关系，努力充实智能制造系统的内涵，扩展其外延，企图使智能制造系统成为 21 世纪能够被制造业普遍采用的制造系统。

13.2.1 智能制造系统与计算机集成制造系统

智能制造的思想和智能制造系统的研究计划刚刚产生的时候，遇到这样的质疑："智能制造"与"人工智能在制造业中的应用"有什么不同？智能制造系统与计算机集成制造系统有何区别？人们提出这类问题决非偶然，因为智能制造系统的不少研究项目与计算机集成制造系统的研究项目相似，例如，1988 年开始实施的第二期欧洲信息技术研究开发战略计划(ESPRIT)，其中关于计算机集成制造的 39 个研究项目中,有 17 项也可列为智能制造的研究项目(见表 13-2)。此外,智能制造的不少基本原理和方法,在计算机集成制造中也可以找到自己的"根"。

智能制造系统(IMS)也是一个高度自动化的制造系统,计算机集成制造系统(CIMS)是其萌发的土壤,计算机集成制造系统奠定了智能制造系统形成和发展所必备的物质、理论、技术等前提条件。

表 13-2 ESPRIT 第二期计划中部分研究项目

编 号	项 目 名 称
2017	工序及装配件的三坐标视觉自动检查
2043	工厂环境用移动自律机器人(MARIE)
2091	加工零件的视觉在线检查(VIMP)
2127	CIM 环境中自动识别用全息摄影(HIDCIM)
2172	分散式智能执行装置及传感器(DIAS)
2349	生产系统的自我修复式控制及管理
2428	专家系统智能工序管理(IPCES)
2434	工厂分散管理用智能实时 CIM 控制装置
2439	固定式制造的实时监控及管理(ROCOCO)
2457	制造环境的智能计划及管理(FLEXPLAN)
2483	自律型移动机械的知觉及航路系统(PANORAMA)
2527	采用分散数据库和结构模型的 CIM 系统(CIDAM)
2626	设计代码自动处理用智能系统(AUTUCODE)
2637	高级机器人操纵系统(ARMS)
2640	机器人磨削加工集成智能工序控制及检查(ICI)
2656	车间系统用智能驱动(IDRIS)
2671	CIM 用智能库多传感系统(KB-MUSICA)

13.2.2 智能制造

智能制造的倡导者们认为,智能制造系统是 21 世纪的制造系统。他们还认为,在计算机集成制造系统中广泛应用的人工智能,是一种基于知识的智能,即"知识型智能",其特征是:基于知识库和规则库,通过逻辑推理寻找隐含在前提中的结论。智能的本质不在于被动地获取某种信息,而在于能动地发现、发明、创造。研究生命信息的活动规律,把这种创造型智能应用到制造系统中,是智能制造的研究任务。

1. 智能制造系统

人工制品与生物有着类似的产生、发展、消亡的生存周期,在其生存周期内都存在复杂的信息活动。生物依据遗传因子承载的信息,不断吸收外界信息来决定自己的生长繁衍策略,生物具有自己发掘、处理信息的能力,即"创造型智能"。生物信息大体可以分成 DNA(脱氧核糖核酸)型和 BN(脑神经细胞)型,前者是依存于遗传因子的先天信息,后者是通过学习获得的。

与以计算机集成制造系统为代表的具有"知识型智能"的制造系统相对应,具有"创造型智能"的智能制造系统应该闪烁着生物的特征,创造型智能制造系统的概念图如图 13-10 所示,它具有以下主要特征。

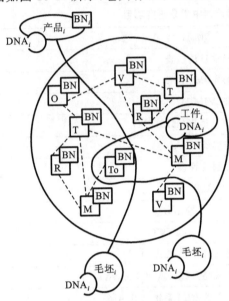

图 13-10　创造型智能制造系统的概念图
M—机床；R—机器人；T—检测设备；
V—自动小车；To—工具；O—操作人员

(1) 构成制造系统的基本单元,如工件、机床、工具、测量机、机器人都应该模拟具有自律性的生物。

(2) 工件持有 DNA(脱氧核糖核酸)型信息,从毛坯成长为产品。

(3) 其他基本单元主要依据 BN(脑神经细胞)型信息,培育工件成长。在培育过程中,工件毛坯处于主动地位,它把自己的去向、如何细化、在何处检测、怎样接触等信息不断对外传播,搬运小车、机床、测量仪、机器人等单元对这些信息作出相应答复;如果不能应答,工件毛坯则自主地选择其他替代单元。对加工误差这类异常情况,则根据 DNA(脱氧核糖核酸)型信息来诊断、修复。

(4) 毛坯成长为产品后,继续保持着 DNA 型信息,同时根据 BN(脑神经细胞)型信息来自组织、自学习、自修复,不断适应环境变化,与其他人工制品协调发挥自身功能。

(5) 能够伴随社会、文化的进步展开新一代产品的设计。

(6) 能够融合在自然中,与生态环境协调,和人类以及其他生物共生。

很显然,这种具有创造型智能的制造系统,完全区别于仅具有知识型智能的制造系统,它是以工件主动发出信息、设备进行应答的展成型系统,是对产品种类和异常变化具有高度适应性的自律系统,是不以整体集成为前提条件的非集中管理型系统。

2. 智能加工和智能机床

1) 智能加工的技术特征

在产品设计和工艺设计的基础上,把毛坯加工成合格的零件,是产品制造过程中的一个基本环节,目前具有一定技能和经验的人仍在这一环节中起着决定性作用。例如,在镗床上加工箱体零件,工人不仅需要准备刀具(如铣刀、镗刀等)、装夹、校正工件,选定切削速度、走刀量、切削深度、冷却液,在加工过程中,还应该注视加工状态的变化,感触工艺系统的振动和温度,聆听机床运行和切削加工发出的声音,观察切屑的形状和颜色,根据自己的经验判断加工过程是否正常,并作出相应处理措施,若加工正常则继续加工,振动过大则减少切削用量,有刺耳噪声或切屑发蓝则更换切削刀具,等等。

加工过程中,技术工人的职责可以归结成三点,即:

(1) 用自己感觉器官(眼、耳、鼻、舌、身)监视加工状况;

(2) 依据自己的感觉和经验,判断(用大脑)加工过程是否正常,并作出相应决策;

(3) 实施相应处理(主要用四肢)。

让机器代替熟练技术工人完成上述工作,是智能加工追求的目标。智能加工技术是一种柔性和自动化水平都更高的制造技术,它不仅能够减轻人们的体力劳动,还能够减轻脑力劳动,使产品制造连续、准确、高速地自动进行。与现有加工方式相比,智能加工的技术特征是实时、高效、综合地应用了三项基础技术,即:① 多传感器信息融合和处理技术;② 人工智能技术;③ 实时控制技术。

采用智能加工技术的系统具有自进化的能力,即该系统能自主地选择数据,能不断地积累自己的经验,能根据连续监视获取的状态信息创造出新知识。依据智能加工技术设计制造出来的机床,对操作人员的技术水平没有多高要求,采用该机床不仅能够有效地完成常规制造,而且可望顺利地实施微细加工和太空制造。

2) 智能加工的研究课题

加工过程中,最重要的物理现象有变形、热、振动、噪声,因此智能加工综合地应用了力传感器、热传感器、变形传感器、声传感器、视觉传感器。例如:用扭矩-推力传感刀杆检测作用在刀具上的切削力,用六轴力传感工作台检测作用在工件上的力,用扭矩传感主轴检测刀具施加在机床上的力,用热传感刀杆检测传递给刀具的热量,用热流传感工作台检测传递给工件的热量,用应变仪检测机床的变形,用视觉处理系统监测工作环境的状态,等等。

依据加工现象和加工工艺的知识,建立加工过程的物理模型,是智能加工研究的核心课题。加工过程的物理模型是一个前馈系统,根据该物理模型,不仅可以调整当前的加工状态,而且还能预测未来的加工状态,因为已知当前的状态,只要该状态仍然继续,那么,未来的状态就可以预测。把预测值与期望值进行比较,就能找到它们之间的差别,就能作出调整系统的决策,就能计算出相关的调整量,就能把调整量送给执行机构的控制器,驱使执行机构动作。

智能加工过程中,传感、计算、执行都必须实时完成。此外,工件从装夹到最后检验,也应该安排在一道工序内完成,使物理模型的预测和执行机构的修正动作有比较稳定的对应关系。除装卸工件外,智能加工是在没有人的干预下自动进行的。

借助人工智能技术,建立独立的加工状态分析和处理模块是智能加工研究的关键课题之一。该模块能够对监视信息进行数据处理和知识处理,进而作出推论或学习,从而代替操作人员的决策活动。信息处理与决策是实时地按事件驱动方式完成的。

智能加工系统并不排斥人的智慧,因此,开发性能优良的人-智能机器界面,也是智能加工研究的一个重要课题。该界面能够把智能机器的内部信息提示给人,支持人参加智能机器的决策,从而发挥人特有的创造性能力。该界面还能让智能机器简便迅速地获取人的创造性成果,使人类的技术不断继承、发扬。

开发加工状态分析和处理模块,可以采用神经网络技术,因为神经网络能并行地处理各种信息源的不同信息,进行模糊推论,发掘出潜在的结论。开发人-智能机器界面,常常以知识库为基础,知识库中收集了大量来自专家的知识,采取演绎法进行推论可以得到明确的结论。以知识库为基础开发出的人机界面有很高的开放性。

图 13-11 是智能磨削系统的基本结构框图,工艺设计系统能够对加工条件进行设计、评价、优化,加工故障处理系统能够分析故障原因并作出处理。

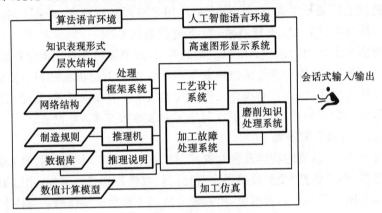

图 13-11　智能磨削系统的基本结构

3) 智能机床

智能机床是承担智能加工任务的基本设备,其基本结构如图 13-12 所示,具有以下特征。

(1) 在切削过程中,传感器对加工精度、刀具状态、切削过程状况进行在线监测,依据神经网络系统,诊断刀具的磨损和破损、工艺系统的颤振等异常状态。故障发生时,启动事件驱动型知识处理机,参照以前的诊断结果,决定如何定时地修正哪种加工条件。

(2) 由预测推理模块对异常情况进行事前推理,并提供处理对策表。

(3) 对现实发生的异常状态应该采取什么处理对策,则由控制推理模块来决定。

(4) 预测推理和控制推理两模块共同对机床实施控制,为了确保实时性,应该进行时间管理,该功能由管理模块分担。

加工中心是一种高性能、高效率机床,它成功地应用了一些高新技术,因此以加工中心为基础开发智能加工中心,就成为研究智能机床的首选课题。

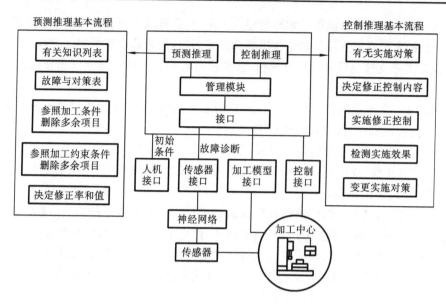

图 13-12　智能机床的基本结构

图 13-13 所示为智能加工中心主机的一种结构方案,从图 13-13 可以看出,采用尽可能多的传感器是智能加工中心的一大结构特点。该方案选用了以下传感器。

(1) 用一个六轴力传感工作台检测沿 X、Y、Z 三轴的分力和绕三轴的分力矩。六轴力传感工作台固定在两维失效保护工作台上,当力超过了额定载荷,失效保护工作台能够自动移动并发出报警信号。

(2) 安装刀具的刀杆有内装式力传感器、失效保护元件、可塑性元件,该刀杆可以检测和传递切削力的信息,保护机床安全运行。

(3) 变形传感器布置在立柱和主轴箱的表面,直接检测在热和力作用下的结构变形。

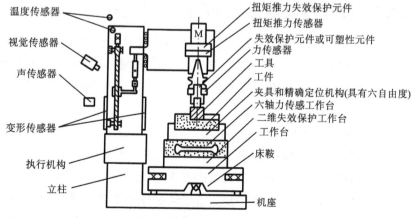

图 13-13　智能加工中心的主机结构

(4) 为了监测机床温度场和环境温度的影响,在机床表面布置了一些热传感器。

(5) 机床附近还安置了视觉传感器和声传感器,用来监视整个加工过程。

该方案把立柱也设计成执行机构,它能根据智能控制器的命令作出相应的补偿移动。

如图 13-14 所示的智能加工中心的控制方案,能够实时地对加工过程进行智能处理,进而控制机床运动,其特征如下。

(1) 设计人员和专家们的期望值,存储在"工艺知识库"中。

(2) "传感器"输出的是多种物理现象的量化值,"物理模型"输出的是加工过程的当前状态值和预测值。

(3) "存储、判断、评价"模块具有存储加工过程中全部信息的能力,能评判有关信息,输出其修正值,还能不断改进有关算法,使整个智能控制系统自我进化。

(4) 期望值、当前值、预测值、修正值是"比较与计算"模块的输入,把它们处理成为控制命令值之后送到执行机构的控制器,使机床作出符合实际状态的运动。

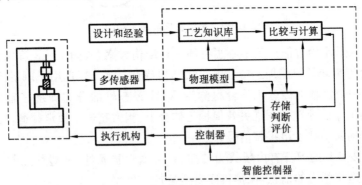

图 13-14　智能加工中心的控制方案

13.2.3　智能制造系统与新自由主义经济

智能制造技术是一种先进制造技术,智能制造系统是一种更理想的制造自动化系统。然而,研究智能制造的意义并不局限在技术层面,智能制造的最主要倡导者之中,就有人把智能制造系统(IMS)描绘成一种新自由主义经济的提案,其主要论点如下。

1. 制造技术的社会意义

制造技术是与人类社会同步发展的一门基本技术。工业革命不仅使制造业从手工作坊方式转变成以机械化为特征的大生产方式,而且创造出市场经济模式取代了自给自足的自然经济模式。市场竞争促进了制造业的发展,单一品种、大批量生产采用了流水线和自动化,多品种、中小批量生产采用了柔性制造系统,一些有效的生产管理方法也应运而生。

2. 自由主义经济的"裂缝"

以先进的制造技术为支撑,生产出大量社会财富,创造出供大于求的生产能力,同时也向被称为自由主义经济的传统市场经济模式提出了质疑。

自由主义经济是一种以销售产品来获取利润的市场经济,它是欧洲用武力方式建立起来当今用和平方式维持着的一种经济。按照自由主义经济的运行法则,一个国家的产品可以"自由地"销往其他国家(或地区),谁拥有先进的产品设计和制造能力,谁就能在别人的领地获取丰厚的效益,并对该国(或地区)的技术、经济及社会稳定带来威胁。因此,受到威胁的国家(或地区),就用贸易壁垒和各种立法手段来阻挡外界对自己的损害,其结果又会挫伤拥有先进制造技术的卖方牟取更大利益的积极性;使以国际市场为生存条件的国家可能走向经济崩溃。这就是自由主义经济的所谓"裂缝"。

在自由主义经济框架下,卖方为了维护自己的权益,借助专利保护产品的设计方案,采取保密措施保护产品的制造技术。因此,自由主义经济是对产品而言的自由主义经济,对知识而言它则是全封闭经济。知识就是财富,依靠战争来掠夺财富的时代已经结束,企业要获取经济利益只有通过积累与企业有关的知识来积累财富。从制造技术的角度看,自由主义经济的"裂缝"还会扩大。因为先进制造技术在全球的分布已经很不均衡,制造技术的积累具有正反馈特征,进一步扩大了先进制造技术分布的不均衡程度。这就是说,拥有新产品、新技术的卖方能够从市场上获得利润,从而有资金投入开发更好的产品和技术,进一步增强竞争力,投资越多,知识积累越快,知识和财富的贫富差别就越大。

3. 新自由主义经济的提案

欧洲、美国、日本都对与经济模式和社会结构相关联的制造技术持有危机感,他们认为欧、美、日三方对智能制造系统的联合研究也许是解决危机的突破口。

研究智能制造系统不仅要开发21世纪的制造系统,还要建立制造工程的科学体系,该体系拥有制造工程的自己的语言,反映了迄今为止制造业获得的基础理论和方法,描绘出以各国现状为特征的"社会优化"格局。

智能制造系统是一种能矫正自由主义经济弊病的"新自由主义经济"提案,其特征是:在国际市场上交易的主要对象是知识,社会最优的工厂制造产品,并为身边的消费者提供最好的消费品。在市场上买卖知识,在家中制造用品,新自由主义经济模式就是产品民族化、知识国际化。

智能制造系统的倡导者们认识到,通过智能制造系统的共同研究来建立制造工程的体系,不是什么单纯的技术问题,而是经济、商贸、文化等不同领域的知识融合,因此关注智能制造技术的时候,也应该站在社会的高度,应该有更广阔的视野。

13.3 精良生产(LP)

精良生产(lean production,LP)又译为精益生产、精简生产,它是人们在生产实践活动中不断总结、改进、完善而形成的一种先进生产模式。

13.3.1 福特生产模式与丰田生产模式

1. 福特生产模式

第二次世界大战结束后,百废待兴,各种商品奇缺,面对庞大的卖方市场,美国福特汽车公司创造出了大批大量生产方式。福特生产模式具有以下特点。

1) 产品设计

汽车由上万个零部件组成,结构十分复杂,只有组织不同专业的人员共同工作才能完成汽车的设计。为了保证整台汽车的设计质量,福特方式把一台汽车分解成若干个组件,某个设计人员把精力集中在某个组件的设计上,依靠标准化和互换性等技术措施,他可以不去关心别人的设计工作,只需要把自己的设计做得尽善尽美。

2) 零件加工

福特方式注重工序分散、高节奏、等节拍的工艺原则,推崇高效专用机床,采用刚性自动线或生产流水线制造汽车零件。

3) 劳动组织

采用了专门化分工的劳动组织形式,即工人们分散在生产线的各个环节,不停地重复某个简单的工作,成为生产线的附庸;高级管理人员负责生产线的管理,制造质量由检验部门和专职人员把关,设备维修、清洁等都由专门人员承担。

4) 物料管理

组装汽车需要不少外购零部件,为了保证组装作业不受外购件的影响,物料管理采取了大库存缓冲的办法。

2. 丰田生产模式

目前,质量、产量、效益都位居世界前列的日本丰田汽车公司,当初的年产量还不足福特的日产量。在考察福特公司的过程中,丰田没有盲目崇拜福特的辉煌成就,面对福特模式中大量的人力和物力的浪费,如产品积压、外购件库存量大、制造过程中废品得不到及时处理、分工过细使人的作用不能充分发挥、等等,他们结合本国的文化背景以及自己的企业精神,提出了一套新的生产管理制度,经过20多年的完善,它成为了行之有效的丰田生产模式。

为了消除生产过程中的浪费现象,丰田模式采取了如下对策。

1) 按订单组织生产

丰田模式把零售商和用户也看成生产过程的一个环节,与他们建立起长期、稳定的合作关系。公司不仅按零售商的预售订单,在预约的期限内生产出用户订购的汽车,还主动派销售人员上门与顾客直接联系,建立用户数据库,通过对顾客的跟踪和需求预测,确定新产品的开发方向。

2) 按照新产品的开发组织工作组

该工作组打破了部门界限,变串行方式为并行方式开展工作,从产品设计到投产的全过程中,都承担着领导责任。工作组长被授予了很大权力,一系列举措激励着每个成员协调、努力地工作。

3) 成立生产班组并强化其职能

为了按照订单组织生产,丰田模式推广应用了成组技术,生产中尽量采用柔性加工设备。丰田模式按工序段把工人分成班组,要求工人们互相协作搞好本工序段的全部工作。工人不仅是生产者,还是质检员、设备维修员、清洁员,每个工人都赋有控制产品质量的责任,发现重大质量问题有权让生产停顿下来,召集全组商讨解决办法。组长是生产人员,也是生产班组的管理人员,定期组织讨论会,收集改进生产的合理化建议。

4) 组建准时供货的协作体系

丰田模式以参股、人员相互渗透等方式组建成了唇齿相依的协作体系,该体系支撑着以天为单位的外购计划,使外购件库存量几乎降到零。

5) 激发职工的主动性

丰田生产模式能否实施,完全取决于拥有高度责任心和较高业务水平的人。为了使职工产生主人翁的意识,发挥出最大的主动性,丰田公司采用了终身雇佣制,推行工资与工种脱钩而与工龄同步增长的措施,并不断地对职工进行培训,提高他们的业务水平。

13.3.2 精良生产及其特征

丰田生产模式不仅使丰田公司一跃成为举世瞩目的汽车王国,还推动了日本经济飞速发展。为了剖析日本经济腾飞的奥秘,1985年,美国麻省理工学院负责实施了一项关于国际汽车工业的研究计划,上百人走访了世界近百家汽车厂,用了5年时间收集到了大量第一手资料,资料分析结果证实了丰田模式对日本经济的推动作用。

1990年,由3位主要负责人Womack、Jones、Roos撰写出版了《The Machine That Changed The World》(《改造世界的机器》),该书对丰田生产模式进行了全面总结,详尽地论述了这种被他们称为"精良生产"的生产模式。按照作者们的观点,一个采用了精良生产模式的企业应该具有如下特征。

(1) 以用户为"上帝" 其表现为:主动与用户保持密切联系,面向用户,通过分析用户的消费需求来开发新产品。产品适销、价格合理、质量优良、供货及时、售后服务到位等,是面向用户的基本措施。

(2) 以职工为中心 其表现为:大力推行以班组为单位的生产组织形式,班组具有独立自主的工作能力,能发挥出职工在企业一切活动中的主体作用。在职工中展开主人翁精神的教育,培养奋发向上的企业精神,建立制度确保职工与企业的利益同步,赋予职工在自己工作范围内解决生产问题的权利,这些都是确立"以职工为中心"的措施。

(3) 以"精简"为手段　其表现为:精简组织机构,减去一切多余环节和人员;采用先进的柔性加工设备,降低加工设备的投入总量;减少不直接参加生产活动的工人数量;用准时(just in time,JIT)和公告牌(日文"看板"、英文"Kanban")等方法管理物料,减少物料的库存量及其管理人员和场地。

(4) 综合工作组和并行设计　综合工作组(team work)是由不同部门的专业人员组成,以并行设计方式开展工作的小组。该小组全面负责同一个型号产品的开发和生产,其中包括产品设计、工艺设计、编写预算、材料购置、生产准备及投产等,还担负根据实际情况调整原有设计和计划的责任。

(5) 准时(JIT)供货方式　其表现为:某道工序在必要的时刻才向上道工序提出供货要求。准时供货使外购件的库存量和在制品的数量达到最小。与供货企业建立稳定的协作关系是保证准时供货能够实现的措施。

(6) "零缺陷"工作目标　其表现为:最低成本,最好质量,无废品,零库存,产品多样性。

显然,精良生产的工作目标指引着人们永无止境地向生产的深度和广度前进。

13.4　敏 捷 制 造(AM)

20 世纪 70 年代末,经过深入的调查研究,日本政府确立了 20 世纪 80 年代发展本国经济的战略思想,即以制造业为主力军,走技术立国和贸易立国的道路。

在正确的战略思想指导下,日本的机床、汽车、家电等行业迅速地走到世界的前列,占领了本来属于美国等先进工业国家的市场。例如,自 1982 年起日本机床产值一直居世界首位,1988 年日本机床工业总产值已占当年世界机床生产总产值的 1/4;与此相反,1980 年美国数控机床的自给率为 80%,到了 1985 年机床进口率达到 50%,其中大部分是日本产品。又如,到了 1989 年,美国汽车在世界市场上的占有率从 75%降到 25%,相反日本则抢占了 30%的国际市场。还有家电,美国是发明电视机的国家,但在 1987 年美国电视机只占有 15%的国内市场,其余的市场份额几乎全被日本电视机享用。

20 世纪 80 年代中后期,美国从巨额贸易赤字和经济空前滑坡中再次认识到制造业在国民经济中的基础作用,重新把制造技术列为应该重点支持发展的关键技术。为了夺回已经失去的市场,在政府的支持下,大学与工业界走到一起,研究出了一些振兴制造业的策略,敏捷制造(agile manufacturing,AM)是其中最引人关注的一种战略思想。

13.4.1 制造的敏捷性

1991年向美国国会提交的研究报告《21st Century Manufacturing Enterprise Strategy:An Industry Led View & Infrastructure》首次提出了敏捷制造的思想。这项由里海大学牵头,以美国13家大公司为主、有100多个单位参加的研究计划,在广泛的调查研究中发现了一个重要而普遍的现象,即企业营运环境的变化速度超过了企业自身的调整速度。面对突然出现的市场机遇,虽然有些企业因为认识迟钝而失利,但是有些企业已看到了新机遇的曙光,只是由于不能完成相应调整而痛失良机。为了向企业界描述这种市场竞争的新特征,为了向企业指明一种制造策略的本质,研究者们在讨论达成共识的基础上,找出了"agility"(敏捷)这个单词。

敏捷制造又被译为灵捷制造。何谓制造的敏捷性(agility)? agility思想的主要创始人Rick Dove说,agility从字面上讲几乎每个人都可以找到适合个人需要的解释,简单的直译和直观上的感觉都会导致不同的定义。Rick Dove认为,敏捷性是指企业快速调整自己以适应当今市场持续多变的能力。他还认为,制造的敏捷性可以表现为随动和拖动两种形式,即敏捷性意味着企业可以采取任何方式来高速、低耗地完成它需要的任何调整;同时,敏捷性还意味着高的开拓、创新能力,企业可以依靠不断开拓创新来引导市场,赢得竞争。

制造的敏捷性不主张依靠大规模的技术改造来刚性地扩充企业的生产能力,不主张构造拥有一切生产要素、独霸市场的巨型公司。制造的敏捷性提出了一种在市场竞争中获利的清新思路。

13.4.2 敏捷企业

1. 敏捷企业的特点

在市场竞争中企业要回答许多问题,例如:某个新思想变成一种新产品的设计周期有多长? 一项新产品的建议需要经过多少批示才能实施? 为了生产新产品,企业能以多快速度完成调整? 能否随时掌握生产进度并控制生产中出现的问题? 企业的职工素质是否与市场竞争相适应?

敏捷制造认为,企业只有把自己改造成敏捷企业(agile enterprise)才能正确回答这些问题,并使企业在难以预测、持续多变的市场竞争中立于不败之地。敏捷企业具有以下特点。

(1) 敏捷企业精简了一切不必要的层次,使组织结构得到了尽可能的简化。

(2) 敏捷企业是一个独立体,能够自主地确立企业的营运策略,在产品开发、生产组织、营销、经济核算、对外协作等方面能够通畅地实施自己的计划。

(3) 敏捷企业的职工有强烈的主人翁责任感、很好的业务知识和技能,能够从容不迫地迎接机遇和挑战。企业也把决策权下放到最低层,让每个职工有权对自己的工作做出正确的决策。

(4) 敏捷企业的制造设备和生产组织方式具有更加广义的柔性,能够敏捷地把获利计划变成事实。

2. 敏捷企业的评价

可以用 RRS 结构来判断一个企业是否敏捷。RRS 是指企业的诸生产要素可重构(reconfigurable)、可重用(reusable)、可扩展(scalabe),该结构进一步细化就成为下列敏捷化设计的十准则。

1) 组成生产系统的各子系统是封装模块

模块的内部结构和工作机理不必为外界认知,这一性质称为封装。该准则强调子系统的独立性和功能的完整性。对生产企业来说,设计、加工、装配、销售等部门都可成为封装模块。对制造环节来说,物料搬运设备、数控机床、夹具都可称为封装模块。此外,一个柔性制造单元或一个柔性制造系统也可以划作一个封装模块。

2) 生产系统具有兼容性

该准则强调,组成生产系统的各子系统应该采用标准、通用的接口。

对生产企业来说,应该采用统一的信息管理系统来管理企业全部营运活动。对制造环节来说,还应考虑人机接口的标准化、通用化。

3) 辅助子系统可置换

该准则强调,某子系统被置换后不影响其他子系统的运行,更不会对整个系统造成破坏。对生产企业来说,外协单位及其信息库属于辅助子系统。对制造环节来说,专用工艺装备、小型辅助设备属于辅助子系统。

4) 子系统能够跨层次交互

该准则强调,子系统之间无须经过各自层次就可以直接对话。

5) 按动态最迟连接的原则来建立敏捷企业

该准则认为,生产系统内部的各种联系和关系都是暂时的,在各子系统之间建立直接、固定的联系应该尽可能迟。

6) 信息管理和运作控制应该采用自律分布式结构

对生产企业来说,应该采用自律分布式的生产信息管理系统,统一管理分布在各子系统(部门)的数据库。对制造环节来说,各子系统(如,加工设备)能自动记录自身的工作状态和相关数据,还能请求并执行新任务。

7) 组成生产系统的各子系统相互之间保持自治关系

该准则强调,应该采用动态规划的组织原则和开放式的体系结构。对生产企业来说,可采用基于订单的生产组织系统。对制造环节来说,制造设备可配置动态单元控制器,车间生产则采用实时调度方式。

8) 生产系统规模可以扩大或缩小

对生产企业来说,可以通过外协方式来扩大自己的生产能力。对制造环节来说,可以通过增加(减少)加工设备来扩大(缩小)加工能力。

9) 组成生产系统的子系统应该保持一定冗余

该准则能使生产系统恢复(当某子系统被破坏时)或扩大自己的生产能力。对生产企业来说,可以建立一个资源调配管理系统和外协单位信息库,用来确立备用子系统。对制造环节来说,可以采用多台同型设备组成一个制造单元(子系统)。

10) 生产系统采用可扩展的框架结构

该原则强调,敏捷企业应该拥有一个开放式的集成环境和体系结构,应该能够保证企业原有生产系统与新的生产系统协调工作。

十准则中,第一至第三准则属于可重构,第四至第七准则属于可重用,第八至第十准则属于可扩展。

把企业设计成敏捷企业,还需要建立敏捷性的评价体系。Rick Dove 等人提出的评价方法采用了列表方式,以成本(cost)、时间(time)、健壮性(robustness)、适应性(scope of change)4 项指标来衡量企业敏捷性。其中,成本是指完成敏捷化转变的成本,时间是指完成敏捷化转变的时间,健壮性是指敏捷化转变过程的坚固性和稳定性,适应性是指对未知变化的潜在适应能力。

美国通用汽车公司的一家冲压厂为了更好地组织 700 多种车身的生产,把车身专用测量夹具(看成子系统)改成通用测量夹具,从表 13-3 可以清晰地看到,车身夹具(一个子系统)由专用变为通用后,其敏捷性得到极大提高。

表 13-3 车身夹具敏捷性评价

项 目	专用夹具	通用夹具	评 价
成本	7 万美元	0.3 万美元	成本低
制造	37 星期	1 星期	时间省
	20% 返工	1% 返工,易于调整	健壮性好
使用	4 件/小时	40 件/小时,调整时间为 3.5 分钟	时间省
	100% 精确	重组、重用,100% 精确	健壮性好
	60% 可预测性	100% 可预测性	适应性好
	有条件使用	允许创新	适应性好
	单一检测过程	多种机遇	适应性好
结构特征	针对一种车型定做、专用	通用底座与可调触头组合而成,可重用	适应性好
		触头组件可重构	适应性好
		触头组件、测量部件可扩充	适应性好

敏捷制造认为,在敏捷企业内部,职工教育体系和信息支撑系统起着关键作用。在快速多变的竞争环境中,企业要获得生存和发展的空间,必须面对层出不穷的新事物、新技术,能否迅速地认识、接受、掌握它们,职工素质是决定因素之一。企业有了高素质的职工队伍,才能顺利完成各种调整,迎接新的挑战,因此在企业内部对职工

进行职业培训和再教育是保持和提高企业竞争能力的一项重要措施。敏捷企业的人员组成有很大柔性。相对稳定的职工队伍是企业的核心,企业根据工作需要还应该在人才市场招聘大量临时职工,企业骨干与临时职工组合成一个个拥有自治权的业务组,一项工作完成后业务组便自行解体,其大部分成员回归人才市场。

计算机信息支撑系统已成为企业日常运行的一个有机组成部分,占据核心位置,因此该系统也应该具有很高的敏捷性。

13.4.3 动态联盟

对制造业来说,某种设想(或某项技术)如果能够推出受市场欢迎的新产品,那么它出现之日便是市场竞争开始之时。敏捷制造认为,看到新机遇的敏捷企业,应该尽量利用社会上已有的制造资源,组织动态联盟来迎接新的挑战。

动态联盟(virtual organization)与虚拟公司(virtual company)是同一个概念,这种新的生产组织模式具有如下特点。

1. 盟主

盟主是动态联盟的领导者。如果一个敏捷企业抓住了新的机遇,并且有实力把握竞争的关键要素,它就应该成为盟主。盟主承担的任务,最终应该落实给企业的业务组。

2. 盟员

盟员是动态联盟的基本成员,每个盟员都拥有不可替代的作用,掌握了竞争某要素的敏捷企业应该成为盟员。盟员承担的任务,最终也应落实给相应的业务组。

3. 时限性

动态联盟具有显著的时限性,随着新机遇的发现而产生,随着新机遇的逝去而解体,是为一次营运活动而组建的非永久性同盟。所谓动态就是指这种时限性。

4. 虚实性

动态联盟不是具有独立法人资格的企业实体,从这层意义上讲,它是虚拟的公司。然而,动态联盟又是一个实实在在的商务组织,它由若干归属于各自企业实体的业务组构成,有明确的工作目标,有以法律文件为依据的同盟章程,有从产品开发到售后服务一套完整的营运活动,其结构特点是:

(1) 动态联盟是一个跨越地域(或国界)、架设在若干企业之间的网状组织;

(2) 业务组是网上的节点,该网把各业务组的活动协调成敏捷的整体动作,使每个业务组都发挥出最大潜能,并创造出最大综合效益;

(3) 动态联盟的活动穿透了单个企业,其活动不受任何一个企业的约束;

(4) 联盟的成员不必为各自所属的企业负责,但是应该为联盟的章程负责。

5. 协同性

追求共同利益是敏捷企业结盟的思想基础,每个成员都有各自独特的优势,不可取代的作用,预期分配的利益。经过优化组合形成的动态联盟,就是一个优势互补、利益共享的协同工作实体。

动态联盟是为了赢得一次市场竞争而采取的生产组织模式,因此,结盟过程与竞争的战略、策略、方法密切相关。看到新机遇的敏捷企业,首先从战略的高度规划出整个营运活动的流程,确定相应的作业单元以及各作业单元的资源配置。接着,根据企业内和社会上的资源状况,设计作业单元的组织形式(即作业组),确定其运作的基本策略。这些工作完成后,该敏捷企业就采用恰当方法确定结盟的伙伴,在达成共识的基础上最后结成动态联盟。

从敏捷性的立场看,建立动态联盟应遵循"建立联系尽可能迟,解除联系尽可能早"的原则。

13.4.4 敏捷化工程的结构框架和支撑技术

1. 敏捷化工程的结构框架

为了帮助企业实施敏捷化计划,经过反复讨论,美国敏捷化协会(agility forum)提出了敏捷化工程的结构框架,如表 13-4 所示,影响企业敏捷性的关键因素组成了该结构框架,它表达了电子、汽车、航天、国防、化工、计算机、软件等行业的共识。组成结构框架的关键因素有以下特征:

(1) 对企业竞争能力有重大影响;
(2) 虽有成功的实例,但其实现机制还没有被充分认识;
(3) 工业界已看到其重要性,准备付诸实施;
(4) 不包括那些虽然重要,但已被广大企业理解并采用的因素。

显然,构成敏捷化工程结构框架的关键因素并非固定不变,它们不仅因具体企业而有所不同,而且还随着时间的推移而不断变更。

2. 敏捷化工程的支撑技术

信息技术是实施敏捷化工程的基础,如下技术具有重要的支撑作用。

1) 计算机网络通信技术

敏捷制造提出了动态联盟,这种跨越地域的生产组织模式,只有在计算机网络通信技术的支撑下,才能成为可能。

2) 信息集成技术

一个企业要敏捷地应付市场变化,必须借助计算机和信息处理技术,把企业内的生产管理信息、工程设计信息、加工制造管理控制信息集成起来。这种需求与计算机集成制造(CIM)哲理是一致的,计算机集成制造系统(CIMS)已经为敏捷制造准备了很好的理论、技术、物质的基础。

3) 电子数据交换(EDI)标准化

不同企业的信息交换应该有共同准则,EDI 标准和其他相关标准为其奠定了基础。

表 13-4 敏捷化工程的结构框架

工程名称	主要内容
战略规划	• 战略规划的立足点 • 战略规划的讨论确定 • 战略规划的引进借鉴
商务政策的确认	• 投资规模的确认 • 基础支撑框架的研究和确认 • 商务目标的研究和确认
组织关系	• 商务伙伴之间的组织关系 • 劳资关系 • 合作人之间的关系 • 和供应商的关系 • 信息系统不同单元间的关系 • 不同生产、制造部门间的关系
创新管理	• 产品的创新管理 • 生产工艺的创新管理 • 加工方法、具体工艺的创新管理 • 企业规划、战略研究方面的创新管理
知识管理	• 有关知识的领域范围 • 知识的确认 • 知识的获取 • 知识的淘汰和更新
评价体系	• 领先的评价方法 • 企业运作的评价体系 • 健康和投资等方面的价值评价

4) 并行工程技术

业务组是实施敏捷制造的基本组织单元,由不同专业的人员组成,专业人员以并行的方式协调一致地工作。敏捷制造是跨地域实施的,常采用异地设计、异地制造、并行生产等方法。因此,并行工程提供的理论和方法也是敏捷化工程的技术支撑。

5) 建模与仿真技术

敏捷制造的核心问题是组建动态联盟。为了确保市场竞争的胜利,动态联盟正式运行前必须分析该联盟的组合是否最优,将来的运作是否协调,并且还要对动态联盟的运行效益和风险作出正确的评价。

计算机建模与仿真技术是完成上述工作的最理想工具,虚拟制造系统(virtual

manufacturing system）被认为是虚拟公司（virtual company）即动态联盟（virtual organization）的模型。

思考题与习题

13-1 为什么先进生产模式要以柔性制造自动化技术为基础？

13-2 试阐述计算机集成制造（CIM）、智能制造（IM）、精良生产（LP）、敏捷制造（AM）等先进生产模式产生的背景。

13-3 试描述计算机集成制造系统（CIMS）的结构。

13-4 智能制造系统（IMS）与计算机集成制造系统（CIMS）的区别和联系是什么？为什么要把智能制造系统作为新自由主义经济的提案？

13-5 简述精良生产的特征。

13-6 制造的敏捷性意味着什么？简述动态联盟的组织特点。

参 考 文 献

[1] 鵜澤高吉. 生産自動化マニアル[M]. 新技術開発センター. 昭和58年.
[2] 吴季良. 柔性制造系统实例[M]. 北京:机械工业出版社, 1989.
[3] 张培忠. 柔性制造系统[M]. 北京:机械工业出版社, 1998.
[4] 华中工学院机械制造教研室. 机床自动化与自动线[M]. 北京:机械工业出版社, 1981.
[5] 吉田嘉太郎. FAの現狀と将来[J]. 応用機械工学, 1983(10)増刊.
[6] 大野邦雄. FMC導入における経済的メリット[J]. 応用機械工学, 1991(1).
[7] 牧野洋. 自動組立システムの動向[J]. 精密工学会誌, 1997, 63(11).
[8] 榊原伸介. 組立システムにおける制御技術[J]. 精密工学会誌, 1997, 63(11).
[9] 吉田 富省. 組立システムにおけるセンシング技術[J]. 精密工学会誌, 1997, 63(11).
[10] OMRON. センサ総合カダログ. 1989年
[11] 井原透, ほか. 人間主体の分散型FAシステムの研究[D]. 日本機械学会論文集, 1994(12).
[12] 中澤弘, ほか. 人間中心生産システムの研究(第1報)[D]. 日本機械学会論文集, 1994(6).
[13] 中澤弘, ほか. 人間中心生産システムの研究(第2報)[D]. 日本機械学会論文集, 1994(6).
[14] 菅谷功, ほか. 人間中心生産システムの研究(第3報)[D]. 日本機械学会論文集, 1995(3).
[15] 花井領郎ほか. 自動車部品分野における組立システム[J]. 精密工学会誌, 1997, 63(11).
[16] 編集部. FMSの核であるマシニングセンタはどのように変貌するか[J]. 応用機械工学, 1983(10)増刊.
[17] 伊豫部将三. 横形マシニングセンタ導入のアドバイス[J]. 応用機械工学, 1983(10)増刊.
[18] 寺田規之, ほか. マシニグセンタを基礎としにFMSとその効果的な導入法[J]. 応用機械工学, 1983(10)増刊.
[19] 幸田盛堂. FMSにおける自動計測補正技術とワークの精度管理[J]. 応用機械工学, 1985(8).

[20] 山蔭哲郎.マシニングセンタの自動化機能と加工精度[J].応用機械工学,1983(10)増刊.

[21] 笠原信助.ワークの連続自動供給と回転工具機能でFMCを実現[J].応用機械工学,1985(8).

[22] 山中日出晴.ATC,AJC,計測システムの装備で長時間の自動運転を実現[J].応用機械工学,1985(8).

[23] 桃井昭二.ターニングセンタの高機能と工程の集約化[J].応用機械工学,1988(3).

[24] ヤマザキマザック.自動車用アルミホイール無人生産システム[J].応用機械工学,1993(7).

[25] 編集部.FMSに対応するツーリングシステム[J].応用機械工学,1988(9).

[26] 林天义,等.集成环境下的刀具调度管理系统[J].组合机床与自动化加工技术,1995(4):26-30.

[27] 牧原徳満.加工セルシステムにおけるセンサの役割とその機能[J].応用機械工学,1989(3).

[28] 王志勇,等.钻头破损的声发射在线检测[J].组合机床与自动化加工技术,1991(4).

[29] 杜祥瑛.工业机器人及其应用[M].北京:机械工业出版社,1986.

[30] 渡边茂.产业机器人的应用[M].卜炎,等译.北京:机械工业出版社,1986.

[31] 筑波先端技術研究会.先端技術第五巻ロボット[M].株式会社ラボネート,昭和59年.

[32] 筱塚元雄.FAの担い手自動倉庫と無人搬送車[J].応用機械工学,1983(10)増刊.

[33] 津村俊弘.無人搬送車とその制御[J].計測と制御,昭和62年,26(7).

[34] 张长生,等.机械制造业中的自动化仓库[C].中国机械工程学会机电一体化学术研讨会论文集,1988:193-196.

[35] 高桥辉男.FAとハンドリングテクノロジの課題[J].応用機械工学,1984(8).

[36] 刘友苏,等.自动导向车系统方案分析[J].组合机床与自动化加工技术,1990(12).

[37] 村田广.PCの接続を简素化する省配線システム[J].応用機械工学,1990(3).

[38] 尾关秀树.ネットワークにおけるPCの役割[J].応用機械工学,1990(3).

[39] 長島進.PCにおけるプログラミング言語の多様化[J].応用機械工学,1990(3).

[40] 富士本昭彦.FMSコントローラの機能と適用[J].応用機械工学,1988(3).

[41] 得津勇.パソコンを利用したDNCシステム[J].応用機械工学,1988(3).

[42] 贺井幸久.最新FMSにみる要素技術[J].応用機械工学,1984(8).

[43] 鵜飼久. FA 化に対する NC 装置の機能と特性[J]. 応用機械工学,1992(3).
[44] 飯島康雄. FA システムにおける PC-NC 統合制御装置の機能[J]. 応用機械工学,1990(3).
[45] 太田佳成. FMS における DNC と工程管理[J]. 応用機械工学,1991(8).
[46] 陈家训. CIMS 网络设计技术[M]. 上海:上海科学技术出版社,1993.
[47] 樫村幸辰. FA 運用のための加工監視技術[J]. 応用機械工学,1992(9).
[48] 貝原雅明. FMS を活かす自動監視システム[J]. 応用機械工学,1983(10)増刊.
[49] 藤井進. 多品種 FMS におけるシミュ—レション技術とその實際[J]. 応用機械工学,1985(12).
[50] Andrew Kusiak. 柔性制造系统的建模与设计[M]. 曹永上,等译. 上海:上海科学技术文献出版社,1991.
[51] 王正中. 系统仿真技术[M]. 北京:科学出版社,1986.
[52] 钟守义. 管理系统仿真与 GPSS[M]. 杭州:浙江大学出版社,1988.
[53] 袁柏瑞. 微机 GPSS 及其应用[M]. 北京:清华大学出版社,1987.
[54] 铃木恒治. 自動車エンジンの箱体部品加工用 FMS の開発と評価[J]. 応用機械工学,1991(6).
[55] 佐藤慶. FA,FMS における工場レイアウト技術の実際[J]. 応用機械工学,1985(12).
[56] 柏诚四郎. 開発擔當者が語る省スペース,高能率 FMS の効果[J]. 応用機械工学,1985(12).
[57] 永洞孝昭. MC7 台複合旋盘 5 台,空間搬運クレーンで 2000 種のワークに対応[J]. 応用機械工学,1985(12).
[58] 中野勝夫. モータシャフト加工ライン[J]. 応用機械工学,1982(3).
[59] 北庄健志. 小、中物ワーク切削加工ライン"FMF"[J]. 応用機械工学,1983(10)増刊.
[60] 福田好朗. 生産システムのオープン化の動向[J]. 精密工学会誌,1997,63(5).
[61] 中川路哲男. 分散情報処理によるオープン化[J]. 精密工学会誌,1997,63(5).
[62] 高田祥三. FA 制御装置のオープン化[J]. 精密工学会誌,1997,63(5).
[63] 指田吉雄. FA 通信システムのオープン化[J]. 精密工学会誌,1997,63(5).
[64] 松家英雄. 機械工場におけるオープン化[J]. 精密工学会誌,1997,63(5).
[65] 石田正浩. プロセス制御におけるオープン化[J]. 精密工学会誌,1997,63(5).
[66] 上田完次. 知能化生産システム[J]. 精密工学会誌,1993,59(11).
[67] 井上英夫. 加工の知能化[J]. 精密工学会誌,1993,59(11).
[68] Yotaro Hatamura etc. A fundamental structure for intelligent manufacturing[M]. Precision Engineering,1993,15(4).
[69] 吉川弘之. インテリジェント生産システム(IMS)[J]. 精密工学会誌,

1991,57(1).
[70] 张根保,王时龙,徐宗俊.先进制造技术[M].重庆:重庆大学出版社,1996.
[71] 张申生.从 CIMS 走向动态联盟[J].中国机械工程,1996,7(3).
[72] [美]RICK DOVE.敏捷企业(上)[M].张申生译.中国机械工程,1996,7(3):22-27.
[73] [美]RICK DOVE.敏捷企业(下)[M].张申生译.中国机械工程,1996,7(4):23-26.

图书在版编目(CIP)数据

柔性制造自动化概论(第二版)/刘延林 编著. —武汉:华中科技大学出版社,
2010年6月(2024.7重印)
ISBN 978-7-5609-2573-8

Ⅰ. 柔… Ⅱ. 刘… Ⅲ. 柔性制造系统:自动化系统-高等学校-教材
Ⅳ. TH165

中国版本图书馆 CIP 数据核字(2010)第 092889 号

柔性制造自动化概论(第二版)   刘延林 编著

策划编辑:万亚军
责任编辑:刘 飞   封面设计:潘 群
责任校对:朱 霞   责任监印:熊庆玉

出版发行:华中科技大学出版社(中国·武汉)   电话:(027)81321913
    武汉市东湖新技术开发区华工科技园   邮编:430223

录   排:华中科技大学惠友文印中心
印   刷:广东虎彩云印刷有限公司

开本:710mm×1000mm   1/16   印张:18.25   字数:350 000
版次:2010年6月第2版   印次:2024年7月第13次印刷   定价:48.00元
ISBN 978-7-5609-2573-8/TH·118

(本书若有印装质量问题,请向出版社发行部调换)